ASSESSING THE ACCURACY OF REMOTELY SENSED DATA

遥感数据精度评价

——原理及应用（第三版）

PRINCIPLES AND PRACTICES
THIRD EDITION

[美] 罗素 · G · 康高尔顿（Russell G. Congalton）
[美] 卡斯 · 格林（Kass Green） 著
别 强 黄春林 译

中国环境出版集团 · 北京

图书在版编目（CIP）数据

遥感数据精度评价：原理及应用：第三版 /（美）罗素·G. 康高尔顿（Russell G. Congalton），（美）卡斯·格林（Kass Green）著；别强，黄春林译. —北京：中国环境出版集团，2023.8
书名原文：Assessing the Accuracy of Remotely Sensed Data Principles and Practices Third Edition
ISBN 978-7-5111-5381-4

Ⅰ.①遥… Ⅱ.①罗… ②卡… ③别… ④黄… Ⅲ.①遥感数据—精度—评价 Ⅳ.①TP751.1

中国版本图书馆 CIP 数据核字（2022）第 244195 号

著作权合同登记号 图字：01-2022-6734

Assessing the Accuracy of Remotely Sensed Data Principles and Practices Third Edition/by Russell G. Congalton, Kass Green/ISBN: 978-1-4987-7666-0(Hardback)

出 版 人 武德凯
责任编辑 刘梦晗
封面设计 彭 杉

出版发行 中国环境出版集团
（100062 北京市东城区广渠门内大街 16 号）
网　　址：http：//www.cesp.com.cn.
电子邮箱：bjgl@cesp.com.cn.
联系电话：010-67112765（编辑管理部）
010-67175507（第六分社）
发行热线：010-67125803，010-67113405（传真）

印　　刷 玖龙（天津）印刷有限公司
经　　销 各地新华书店
版　　次 2023 年 8 月第 1 版
印　　次 2023 年 8 月第 1 次印刷
开　　本 787 × 1092 1/16
印　　张 14.25
字　　数 262 千字
定　　价 68.00 元

译者前言

遥感技术发展于20世纪60年代，是随着航天技术出现的一门综合性对地观测技术，它是利用遥感传感器以非接触方式通过电磁波探测地球目标属性、环境参数及变化规律的一门学科。半个多世纪以来，遥感技术在全球变化监测、资源调查与勘察、环境监测与保护、经济活动探查、农作物估产、灾害防治以及国防建设等领域发挥越来越大的作用，成为国民经济和社会发展中不可替代的技术手段。

然而由于遥感影像在获取过程中可能会产生不准确的问题，以及遥感影像在目视解译或计算机分类中也可能会造成误差，遥感数据的精度评价是自遥感产生之初就需考虑的问题，而且随着遥感技术的不断发展变化。遥感数据精度评价包括位置精度和专题精度两个方面，准确掌握遥感数据的精度对数据的生产者和使用者都十分关键，如何对遥感数据本身以及基于遥感数据衍生的产品进行精度评价是学者关注的问题。

本书聚焦于遥感数据精度评价问题，从1999年第一版发布后已更新两次，目前版本为2019年出版的第三版。内容包括地图精度评价的历史、进行精度评价的计划、位置精度评价、专题精度评价基础、参考数据的采集、误差矩阵的差异分析、模糊精度评价以及精度评价案例等。在内容上既全面又新颖，涵盖了目前遥感数据精度评价的最新理论和技术，同时对精度评价的历史、注意问题、方法步骤进行了详细介绍。全书渗透着作者常年致力于遥感数据精度评价的深刻观察，写作上具有完整、清晰的逻辑结构，包含丰富的图表。全书在清晰、完整地介绍遥感数据精度评价理论和方法的同时，介绍了两个精度评价的案例，为读者更好地理解相关理论方法提供参考，因此无论是遥感专业人员还是遥感数据使用者，都能从本书中得到帮助，获得新知。

本书第1-9章由别强翻译校对完成，第10-15章由黄春林翻译校对完成。所有译文由别强审定。限于时间和译者水平，翻译过程中的疏忽和纰漏在所难免，欢迎广大读者和同行批评指正。

原书前言

人类利用遥感数据监测地球的能力在过去几十年迅速提高，这些进步包括微电子、数字传感器技术、面向对象分析、传感器平台、机器学习和云计算等领域取得的重大飞跃。因此评估由遥感数据绘制地图的精度的理论和实践也在不断地发展和成熟。本书的第一版在1999年出版，只有8章内容，第二版在第一版出版10年后出版，扩展到了11章，增加了非常重要的关于位置精度的新章节。本书第三版共15章，包括关于更好地规划评估的章节、修订位置精度的章节、基于对象的精度评价的章节、两个案例章节（基于对象的精度评价案例和加州阔叶林牧场遥感精度评价案例），以及一个强调关键问题的总结章节。

虽然本书提出了执行有效精度评价所需的重要原则，但本书真正的优势在于，对地理相关学者进行有效评估精度所必须了解的考虑因素进行了全面的介绍和讨论，同时，这些概念对用户有效地使用地图也非常重要。本书并未包含文献中建议的所有方法。相反，本书是为那些希望对制图精度进行有效评价，以更好地理解地图的误差、局限性和适用性的人而编写的。因此，本书强调了从地图制图开始就必须考虑的实际问题、精度和成本的权衡、执行精度评价的决策等，并将这种意识贯穿于精度评价和整个制图项目的过程中。

在过去的35年中，作者进行了很多地图精度评价工作，遇到了几乎所有精度评价过程中可能遇到的情况、受到的限制，以及可以想象和难以想象的困难，我们希望本书能够为地图精度评价者和地图用户提供所需的指导和帮助。

CONTENTS 目录

1

绪　言

1.1　为什么需要地图?

地球上的资源是稀缺的，随着人口的增加，资源的稀缺性在增加，价值也在增加。从世界各地的土地利用变化，到热带鸟类栖息地的破碎化、北极熊栖息地的丧失，再到非洲的干旱和世界范围内的战争，在人类活动的作用下，全球资源格局和生态系统发生了很大变化。不断增加的人口和人们对各种资源的需求上涨导致这些资源的价格上涨并加剧资源分配的冲突。

随着资源变得更有价值，对资源类型、数量和范围等信息的及时性和准确性的需求也在增加。例如，分配和管理地球资源需要准确了解资源在空间和时间上的分布，有效地规划应急响应需要知道道路相对于警察局、医院和应急避难所的位置，改善濒危物种的栖息地需要知道栖息地在哪里、濒危物种在哪里以及栖息地和周围环境的变化将如何影响物种分布、种群生存能力，规划未来的发展需要知道人们将在哪里工作、生活、购物和上学，为不断增加的人口种植足够的粮食需要知道有关农业地区空间分布和产量的信息。

因为每个决策会影响资源的状态和位置，以及从资源中获取价值的个人和组织的相对财富。所以，了解资源的位置以及它们在空间上相互作用对实现有效管理至关重要。

1.2　为什么要评估地图的准确性?

关于资源的任何决策都需要地图，而有效的决策需要精确的地图，至少是已知精度的地图。几个世纪以来，地图提供了有关全球资源分布的重要信息。地图帮助我们测量资源的分布范围，分析资源的相互作用，并为特定行动（如开发或保护）确定合适的位置，此外，地图还能够规划未来事件并监控其变化。要想让我们基于地图信息的决策获得预期的结果，就必须知道这些地图的准确性。否则，根据这些地图实施任何决策都会导致不可接受的意外。

假设您希望在湖边的森林中野餐。若有一张显示森林、农作物、城市、水域和荒地覆盖类型的地图，您可以计划野餐的位置。如果地图 100% 准确，即使在不知道地图的准确性的情况下，您依旧能够前往所标注的位置，并最终发现自己身处一个不错的野餐地点。但是，如果地图在空间上不准确，您可能会发现您的野餐地点位于湖中央而不是岸边；如果地图标记不正确，您可能会发现自己位于喷泉旁边的城市或灌溉渠旁边的农田。相反，如果您知道地图的准确性，则可以将已知的准确性期望纳入您的计划，并在准确性较低的情况下准备应急计划。当我们从轻松的野餐示例转向更关键的决策（如濒危物种保护、资源分配、养活不断增长的人口、维持和平行动和应急响应）时，此类知识至关重要。

执行精度评价的原因有很多。第一，最简单的原因也许是好奇心——想知道你制作的地图有多好。第二，除了从这些知识中获得的满足感外，我们还需要或希望通过识别和纠正错误来源来提高地图信息的质量。第三，分析人员通常需要比较各种技术、算法、解译器来测试哪个是最优选项。此外，如果从遥感数据中获得的信息将用于某些决策过程，那么了解其质量的指标是至关重要的。第四，越来越普遍的是，许多测绘项目的合同要求中通常包含某种精度度量。因此，有效的准确性不仅有用，而且可能是必需的。

精度评价决定了根据遥感数据创建的地图的质量。精度评价可以是定性的或定量的、昂贵的或廉价的、快速的或耗时的、设计良好且有效的或随意的。定量精度评价的目标是识别和测量地图误差，对使用地图做出决策的人尽可能有用。

本书的中心目的是介绍进行定量精度评价所需的理论和原则，以及如何有效地设计和实施此类评价。在整本书中，我们强调不存在用于进行精度评价的单一方法。正如没有一种方法可以直接生成地图一样，没有一种方法可以一步评价地图的精度。相反，本书将教您考虑测绘项目的各个方面，并根据合同、经费或条件的优势和局限性来设计和实施最优的评价。本书并不是对所有地图精度评价论文中的每一种可能的想法或方法的学术评论。相反，它是为希望对特定绘图项目进行有效和高效评价的地理空间分析师而编写的。因此，这里强调了此类评价的考虑因素和局限性，以更好地引导分析师完成整个过程。

1.3 地图精度评价的类型

地图精度评价有两种类型：位置精度和专题精度。位置精度负责处理地图要素位置的精度，并衡量地图上的空间要素与其在地面上的真实或参考位置之间的距离（Bolstad，2005）。专题精度负责处理地图要素的标签或属性，并衡量制图的要素标签是否与真实或参考要素标签不同。例如，在野餐示例中，地球表面被分类为森林、水域、农作物、城市或荒地。我们对位置的精度感兴趣，以便可以在湖岸边的森林中找到野餐地点，同时还要对专题的精度感兴趣，以便我们真正最终进入森林，而不是被错误地标记为森林的城市、沙漠或农田。

任何地图或空间精度的准确性都包括位置精度和专题精度，因此本书将两者都考虑在内。但是，由于专题精度比位置精度复杂得多，因此本书对专题精度评价给予了相当多的关注。

1.4 精度评价的关键步骤

如前所述，在位置或专题精度评价中没有一个唯一的方法可以遵照，但是所有的精度评价都包括以下基本的步骤：

①考虑评价中涉及的因素；

②设计适当的抽样方法来收集参考数据；

③进行采样；

④分析数据；

⑤报告统计信息 / 结果。

每一步都必须经过严格的计划和实施。首先，设计精度评价抽样程序，并选择地图上的样本区域。时间和资金限制了我们对地图上每个空间单位的评价，因此需要采用抽样的方式，以样本精度代替总体精度。接下来，收集每个样本的地图和参考数据信息，收集的信息包括以下两种类型：

参考精度评价样本数据：样本点的位置或属性标签，它来源于正确收集数据的假设。

地图精度评价样本数据：从被评价的地图或影像中得到的样本点的位置或属性标签。

将地图与参考信息进行比较，分析比较结果的统计显著性和合理性，介绍评估的方法和结果，形成报告。总之，有效的精度评价需要：①设计和实施无偏的抽样程序；②一致且准确地收集样本数据；③对样本和参考数据进行严格的比较分析并报告结果。

由于在设计和实施精度评价时没有一个唯一的程序可以参照，因此在进行有效评价时，有很多重要的问题需要提出和考虑，本书讨论以下最重要的问题：

（1）关于精度评价抽样方法设计的问题

- 要评估的地图类别是什么，它们如何分布在整个地图中？
- 合适的抽样单位是什么？
- 应该采集多少样本？
- 应如何选择样本？

（2）参考数据如何收集的问题

- 参考数据的来源？
- 如何收集参考数据？
- 收集何时的参考数据？
- 如何确保数据收集的一致性和客观性？

（3）关于如何进行分析的问题

- 连续和不连续地图数据有哪些不同的分析技术？
- 什么是误差矩阵，它应该如何使用？
- 与误差矩阵相关的统计特性是什么，哪些分析技术适用？
- 什么是模糊精度？如何进行模糊精度评价？
- 什么是基于对象的准确性，如何进行基于对象的精度评价？
- 如何对变化地图进行精度评价？
- 如何对由多层数据创建的地图进行精度评价？

1.5 本书的组织结构

本书的组织结构将引导您完成以下每个基本的精度评价步骤：

第 2 章首先回顾地图制作和精度评价的历史和基本假设。

第 3 章是本版新增的一章，目的是为读者提供规划精度评价的框架。任何良好的评估是从绘图项目一开始就进行适当的规划。本章通过确定项目所需的评价组成部分，帮助读者从头制订有效的计划。我们希望每个精度评价开始之前，分析人员能够回顾本章内容。

第 4 章对位置精度评价进行了修订，包括回顾过去使用的标准，并以最新和最有效的 ASPRS 数字地理空间数据位置精度标准（ASPRS，2014）结束。

第 5 章和第 6 章提供了专题地图精度评价的一些基本方法和注意事项，包括引入误差矩阵和对样本设计注意事项的全面审查。

第 7 章专门讨论在收集参考数据期间必须考虑的因素。收集足够且有效的参考数据是任何专题精度评价成功的关键，本章描述了该过程中的许多考虑因素、决策和实际细节。

第 8～第 11 章详细介绍了专题精度评价分析，这比位置精度评价分析要复杂得多，因此需要更多章节。第 8 章讨论可用于误差矩阵的分析技术。第 9 章讨论误差矩阵差异的来源，包括来自地图误差和其他非误差源。第 10 章给出了一些解决方案，通过建议使用模糊精度评价来消除误差矩阵中的非误差差异。第 11 章是一个新章节，介绍了基于对象的精度评价的思路。鉴于从基于像素到基于对象的分类方法的转变，特别是对于高空间分辨率影像，有必要探索在评价中包含对象而不是简单像素的精度评价方法。

第 12 章和第 13 章提供了两个截然不同的案例研究，为读者提供了一些实际示例，说明进行地图精度评价的复杂性。这两个案例研究不是完美的，都存在缺陷和局限性。该案例不是让读者按照任何一个案例研究进行评价，而是使用所提供的思考过程和详细解释来更好地理解整个过程。第 12 章介绍了一个基于多边形的精度评价案例研究，该案例对 2014 年为大峡谷国家公园创建的基于对象的植被图进行了评估，回顾了第 5～第 11 章中介绍的所有方案设计、数据收集和分析方法以及注意事项。第 13 章展现的是一个 20 世纪 90 年代的案例研究，虽然有点过时，但它提供了经典的精度评价方法用于评价两张地图，第一张是通过人工遥感相片解译创建的多边形地图，第二张是使用半自动图像分析创建的基于像素的地图。该案例研究包含着同行评审论文中没有发表的细节和解释，通读该案例研究中的思考过程将有助于读者更好地理解整个精度评价过程。

第 14 章深入研究了精度评价中更高级的主题，包括变化检测精度评价和多层数据精度评价。

第 15 章通过强调作者在过去三十多年实施的数十项精度评价的经验和教训来总结本书。虽然测绘技术在过去三十多年发生了重大变化并将继续快速发展，但测绘和精度评价的基本原则几乎没有变化。本章致力于提醒和鼓励读者了解有效的精度评价的关键组成部分。

2

地图精度评价的历史

2.1 地图是如何生产的?

在飞机发明之前，地图是由人们使用勘测设备和最基本但最复杂的遥感设备——人眼和人脑——对地球表面的观测结果绘制的。到16世纪早期，葡萄牙航海家在海上用星盘、象限仪、直角器和其他早期导航工具进行测量，并以此来绘制非洲海岸的地图。在探索美国西北部的过程中，刘易斯和克拉克能够制作出非常详细的地图。印度梵文学者在19世纪中期通过假扮佛教朝圣者（Hopkirk，1992）秘密地绘制了喜马拉雅山脉的高精度地图，即使用圣珠计算步伐，并在他们的衣服和手杖中隐藏罗盘和其他仪器。然而，这些地图没有一个是无误的，当无法获得地球表面的观测结果时，地图制作者通常会在实地观测结果之间进行插值，得出可能有问题的结果，如加利福尼亚州最早的地图。

最臭名昭著的例子之一是唐纳党在1846年对通过实地观测创建的错误地图的灾难性使用，当他们在从中西部移民期间选择了黑斯廷斯近道（Hastings cutoff）而不是既定的俄勒冈—加利福尼亚小径。结果，他们的旅程增加了数百英里[①]（位置精度误差），被迫穿越意料之外的无水沙漠（专题精度误差），最终试图在深秋而不是在夏天穿越内华达山脉。结果，这群人整个冬天都被困在山顶20英尺[②]的积雪中，几乎一半人死于饥饿、失温和自相残杀。不管地图是如何制作的，不知道地图的准确性会带来灾难性的后果。

今天，大多数地图制作者使用遥感[③]而不是实地观测作为空间信息的主要来源。

① 1英里≈1.609 km。

② 1英尺≈0.304 8 m。

③ 遥感被定义为从远处的有利位置收集和解释有关物体的信息。遥感系统涉及测量物体反射或发射的电磁能，包括气球、飞机、卫星和无人机系统（UAS）上的仪器。

虽然实地观察仍然很重要，但它们已成为遥感数据的辅助，正如现在我们仅需为样本位置提供信息，而不需要对绘图区域进行全面计算。自 1858 年从气球上拍摄到第一张航空照片以来，使用遥感收集的数据已经取代了用于地图制作的地面观测。卫星和飞机提供了人类曾无法获得的周围环境的天顶视图。早在 1783 年第一个载人热气球升空之前，人类就一直幻想着飞行。一旦人类成功地发明了飞行器，就自然而然地想到在这些飞行器上安装镜头，这样飞行员的视角就可以与地面上的人分享。

我们使用遥感数据制作地图，有以下几个原因：

- 相较于根据地球表面的观测结果，创建地图成本更低且效率更高；
- 提供天顶视角（鸟瞰或总览），提高我们对空间关系和观测环境的理解；
- 允许以人类肉眼无法感知的电磁波段（如电磁光谱的红外部分）捕获影像和信息。

遥感数据是不可或缺的，因为它们提供了一个易于理解的视角，非常有用，但若没有技术突破，我们不可能获取这些数据。空天遥感的创新从根本上改变了我们进行战场侦察、资源盘点和管理、灾难研究和应对的方式。使用遥感数据制作地图需要：遥感影像距离与地面距离的精准联动，准确定位的空间要素；了解导致要绘制的要素变化的原因，了解遥感数据和辅助信息如何响应这些变化，以便标记要素。

遥感数据为制作地图提供了很好的基础，一是因为遥感仪器和平台经过严格校准，二是遥感数据的变化与地球表面的变化之间存在高度相关性。然而，遥感数据的变化与地球表面的变化之间从来没有完全的一一对应关系。飞机运动、地形、镜头畸变、云层、阴影和无数其他因素可以结合起来降低影像与地表之间关系的强度。因此，将遥感数据转化为地图需要大量的判断、分析和解译，而在这些遥感项目的许多步骤中都可能出现错误。如图 2-1 所示，可能的误差来源是多重的和复合的。误差可能源于影像的获取、校正和分类、地图的呈现以及地图在决策过程中的应用。精度评价是估计、识别和描述所有错误来源所产生的影响。当然，精度评价本身也可能出现错误。

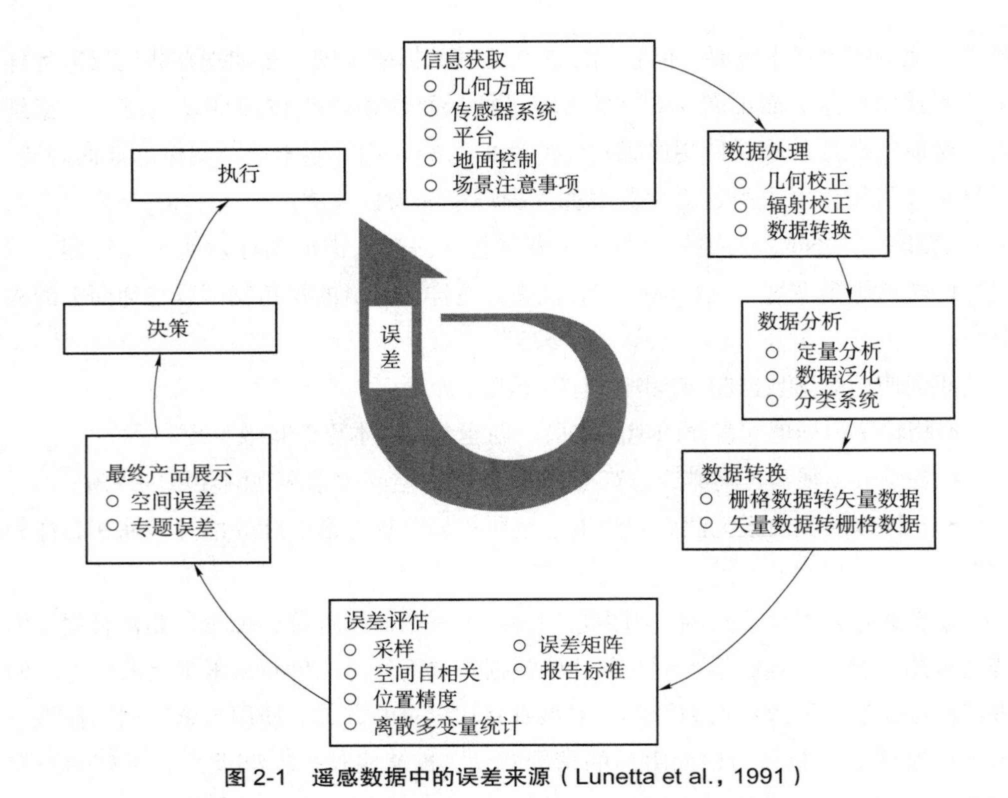

图 2-1　遥感数据中的误差来源（Lunetta et al.，1991）

2.2　精度评价的历史

遥感数据已被广泛接受和使用，这与从中获得的地图信息的质量密不可分。正如我们在 2.1 节中了解到的，使用遥感数据进行地球测绘和监测的历史相对较短。20 世纪 30 年代后，航空摄影（基于模拟摄影测量或胶片的遥感）才被用作有效的测绘工具。卫星和飞机上的数字图像扫描仪和照相机的历史甚至更短，始于 20 世纪 70 年代中期。自 21 世纪以来，高分辨率数字影像的使用才呈爆炸式增长。以下两节（2.3～2.4 节）将简要回顾遥感数据的位置精度评价和专题精度评价的历史。

2.3　位置精度评价

摄影测量学是通过测量航空相片或影像来确定物体物理尺寸的科学，于 1849 年首次使用在拍摄地球表面的图像上（McGlone，2004）。航空摄影测量从飞机上拍摄第一张照片后不久，便开始从航空和卫星平台上获取拍摄的影像，而使用航空照片创建地图的数量呈现爆炸式增长的主要原因是：

- 第一次世界大战后重建欧洲的必要性；
- George Eastman（柯达创始人）发明了胶卷；
- 相机镜头畸变的减少；
- 相机机身的改进，包括增加镜头的坚固性和固定性、保持胶片平整的技术，以及包含用于对齐相机轴的机制；
- 能够使用基准标记来定义图像平面；
- 分析摄影测量方程的发展；
- 立体绘图仪的发明（费里斯州立大学，2007）。

在航空摄影测量的最初，就通过将地图上的样本点坐标与从地面调查或其他一些被认为比地图更准确的独立来源得出的相同点的坐标比较来评价位置精度。在20世纪初，测绘科学家专注于地图制作，并试图描述导致位置误差的每个因素。现在，位置误差评价更加以用户为中心，强调对总误差的估计，而不管来源如何。

1937年，美国摄影测量学会（现为美国摄影测量与遥感学会，the American Society for Photogrammetry and Remote Sensing，ASPRS）成立了一个委员会，负责起草由遥感数据制作地图的空间精度标准。不久之后，美国预算局于1941年发布了美国国家地图精度标准（NMAS）。该标准的第一版于1947年出版，包括：

①水平精度。对于出版比例大于1：20 000的地图，应保证不超过10%的测试点的误差大于1/30英寸[①]；对于出版比例为1：20 000或更小的地图，误差应为1/50英寸。这些精度的限定仅适用于在地面上很容易看到的明显点。例如：纪念碑等标志物、基准点、产权界碑标记；公路和铁路的交叉点；大型建筑物或构筑物的角落（或小型建筑物的中心点）。一般来说，明确定义的内容也将取决于在1/100英寸范围内的地图比例尺上可绘制的内容。因此，虽然两条道路或界址线相交，但在1/100英寸内识别此类以锐角相交的线的交点并不容易。同样，在近距离范围内无法在地面上识别的特征不应被视为有效的测试点。

②垂直精度。适用于所有出版比例尺的等高线图，应保证不超过10%的测试点高程误差超过等高线间隔的1/2。在检查从地图上获取的高程时，可以通过假设该比例地图允许的水平误差内的水平位移来减少明显的垂直误差。

③任何地图的准确性都可以通过将地图上的位置或海拔高度与通过更高准确性勘测确定的相应位置进行比较来测试。

① 1英寸=2.54 cm。

④符合这些精度要求的已发布地图应在其图例中注明这一事实，即标注“此地图符合国家地图精度标准”的字样。

⑤误差超过上述标注标准的地图不应在图例中标注标准精度。

⑥出版地图为草图或是已出版地图的相当比例放大时，应在图例中说明这一事实。如“这张地图是 1：20 000 比例地图的放大图”或“这张地图是已发布的 1：24 000 比例地图的放大图”。

⑦为便于在所有联邦制图机构之间就地图制作的基本信息进行交流和使用，草稿地图和已出版的地图，只要经济上可行且与地图的用途一致，应符合经纬度界限，一般是经纬度 15′，或 7.5′，或 3.75′。

此标准的建立是在美国实现定位精度一致性的关键步骤。然而，NMAS 侧重在地图而不是地面比例尺上测量的误差，多年来随着地图从纸质迁移到可以以可变地图比例打印的数字格式，这造成了新的问题。此外，该标准规定了空间精度的要求，但仅简要讨论了收集样本（参考数据）以确定是否满足这些标准的程序。因此，虽然精度百分比是标准化的，但缺少测量精度的程序。

20 世纪 60 年代，今天的美国国家地理空间情报局（NGA）的前身，即航图和信息中心，印刷了一份题为《误差理论和制图应用原理》的报告（Greenwalt & Schultz，1962，1968），该报告细致地描述了从参考点样本估计位置误差分布的统计基础。

该报告的基本概念源自 19 世纪发展起来的概率论，用于预测向目标发射的炮弹的可能分布。该报告根据误差的可能分布制定了定位精度标准。这篇报告最终成了其他文献的基础，这些文献规定了从一组样本点计算地图误差（ASPRS，1989；DMA，1991；FGDC，1998；MPLMIC，1999；Bolstad，2005；Maune，2007；ASPRS，2014）。然而，与后来的文献不同，该报告只关注如何计算误差，并没有说明应该如何选择或测量样本点。

20 世纪 70 年代后期，ASPRS 规范和标准委员会开始审查回顾 1947 年的出版标准，目的是更新它们以适用于纸质和数字地图。该委员会在 1990 年出版了 ASPRS 大比例尺地图临时精度标准，该标准规定了精度应以地面比例而不是地图比例为准，从而使其同时适用于数字地图和纸质地图，该标准确定了地图比例从 1：50～1：20 000 允许的最大均方根误差（RMSE）（在地面距离处测量）。同时，为如何在地图上识别、测量和分布样本点以及如何收集这些参考点的数据提供了指导。

ASPRS 标准发布后不久，联邦地理数据委员会（Federal Geographic Data Committee，FGDC）基础制图数据小组委员会的特设地图精度标准工作组（the Ad Hoc Map Accuracy Standards Working Group of the Subcommittee on Base Cartographic

Data）制定了美国国家空间精度制图标准（U.S. National Cartographic Standards for Spatial Accuracy，NCSSA）（FGDC，1998），为中小比例地图确定了定位精度标准。

在公开审查之后，NCSSA 进行了重大修改，采用位置精度评价程序代替精度评价标准，于 1998 年出版了国家空间数据精度标准（FDGC National Standard for Spatial Data Accuracy，NSSDA），它在很大程度上依赖于 ASPRS 标准，并基于更高精度的参考地面位置，实施采用估计地图和数字地理空间数据中点的位置精度的统计和测试方法。该标准没有建立明确的阈值标准（如 NMAS 和 ASPRS），但鼓励地图用户建立和发布他们的标准，而这些标准也会根据用户的要求而有所不同。

根据 Greenwalt 和 Schultz（1962，1968）研究成果，NSSDA 指定使用 RMSE 来表征位置精度，要求以“95% 置信水平”的地面距离单位报告精度，并就如何选择样本提供指导。20 年来，NSSDA 一直是位置精度评价的公认标准。它通常与 ASPRS 大比例地图标准结合使用，NSSDA 提供了用于评价位置精度的标准化流程，并且 ASPRS 标准设置了不同地图比例允许的最大误差。

过去 10 年，我们已经制定了几项新的指南来评价数字高程数据的精度。所有这些都要求将位置精度评价样本分层为各类土地覆盖类型。大多数人建议除了 NSSDA 统计数据外，还应报告“95% 分位数误差”的精度。

最后，在 2014 年，ASPRS 制定了 ASPRS 数字数据定位精度标准。该文档对迄今为止不断发展的位置精度进行了最全面的讨论，并为不同质量和比例尺的地图建立了标准。本书第 4 章介绍了该标准的关键组成部分，并对以前标准进行了回顾。

2.4 专题精度评价

与位置精度不同，没有政府或专业协会标准来评价和报告专题精度，一部分是由于专题精度固有的复杂性，但主要是因为由航空照片制作的地图，专题精度通常被认为处于可接受的水平。数字遥感设备的发展和使用对根据遥感数据创建的地图的专题精度评价产生了深远的影响。

Spurr（1948）在他著名的《林业航空照片》一书中提出了关于评价照片解译精度的早期流行观点。他说，根据照片准备的好的地图，就必须进行实地检查。如果已经进行了初步的实地勘察，并且根据高质量的照片仔细绘制了地图，则地面检查可以仅限于在室内无法确定其分类的点，以及在通往这些可疑点的途中经过的其他点。换句话说，一般推荐使用定性的视觉检查来查看地图是否正确，以此评价照片解译。

然而，在 20 世纪 50 年代，一些研究人员认为需要对照片解译进行定量评价，以促进该学科成为一门科学（Sammi，1950；Katz，1952；Young，1955；Colwell，1955）。在美国摄影测量学会第18届年会上举行的题为“测量值的可靠性”的小组讨论中，小组主席Amrom Katz先生对在摄影测量中使用统计数据提出了非常有说服力的呼吁。其他小组也进行了讨论，最终以Young和Stoeckler（1956）的论文告终，这一论文提出了对照片解译进行定量评价的技术（包括使用误差矩阵来比较实地情况和照片分类结果），以及边界误差问题的讨论。

不幸的是，这些技术从未得到广泛的关注或接受。美国摄影测量学会1960年出版的照片解译手册提到了培训和测试照片解译员的必要性。但是，它没有记录20世纪50年代少数人提出的定量技术。

毫无疑问，照片解译已经成为一项历史悠久的技能，几十年来的普遍观点是，没有必要进行定量的专题精度评价。一些旧时的照片解译员记得“定量评价是一个问题”的时代。事实上，他们大多同意进行此类评价的必要性，并且通常最先指出照片解译的局限性。然而，大多数人同意任何照片解译的结果都将相似的区域分组，并且这些多边形或植被类型或森林林分之间的差异大于它们之间的差异。因此，随着这一目标的实现，没有必要进行定量评价。照片解译的定量评价通常不是任何项目的要求，相反，地图正确或至少足够好的假设占了上风。然后出现了数字遥感，而其中一些关于照片解译的基本假设需要进一步审查和调整。

与早期的航空摄影一样，1972年Landsat 1的发射激发了研究人员和科学家在努力发展数字遥感领域时付出巨大的努力。在早期，由于技术取得了很大进展，大家并没有太多时间坐下来评价遥感影像的表现。这种“可以做”的心态在许多发展中的技术中很常见。地理信息系统（GIS）社区也经历了类似的发展模式。然而，随着技术的成熟，更多的精力集中在数据质量和误差/精度问题上。到20世纪80年代初，一些研究人员开始考虑并实际评价数字遥感的发展方向，以及在某种程度上，他们在从数字遥感数据中获得的地图的质量方面做得如何。

评价从遥感数据得到的地图的专题精度的历史相对较短，大致从1975年开始。研究人员，尤其是Hord和Brooner（1976）、Van和Lock（1977）以及Ginevan（1979），提出了用于测试整体地图精度的技术。在20世纪80年代初期，研究人员进行了更深入的研究并提出了新技术（Aronoff，1982；Rosenfield et al.，1982；Congalton & Mead，1983；Congalton et al.，1983；Aronoff，1985）。最后，从20世纪80年代后期到现在，在专题精度评价方面进行了大量工作。越来越多的研究人员、科学家和用户发现需要充分评价遥感数据创建的地图的专题精度，因此精度评价已成为大多数测绘项目的关键组成部分。

数字精度评价的历史可以分为4个阶段。最初，研究人员没有进行真正的精度评价，“看起来不错”的心态盛行。数字图像是一种典型的新兴技术，这种技术中的一切都在快速变化，以至于没有时间对它进行评价。尽管该技术在过去 45 年中日趋成熟，但一些遥感分析师和地图用户仍然过于依赖数字图像技术。

第二个阶段称为非特定地点评价的时期。在此期间，人们按地图类别比较参考数据和地图数据的总面积，而不考虑具体的位置。某一类别在哪个地方并不重要，只需对某一类别的总面积进行比较。虽然总面积很有用，但了解特定土地覆盖或植被类型的位置更为重要。因此，第二个时期相对短暂，很快就进入了特定地点评价时期。

在特定地点评价中，将地面上的实际位置与地图上的相同位置进行比较，并提供总体精度（即正确百分比）的度量。这种方法远远优于非特定地点的评价，但缺乏有关个别土地覆盖 / 植被类别的信息，仅评估了总体地图精度。20 世纪 80 年代后期，特定地点评价技术一直是占主导地位的方法。

最后，精度评价的第四个阶段即当前阶段，可以称为误差矩阵时期。误差矩阵将来自参考站点的信息和地图上的信息进行比较，按行和列排列的数字方形数组表示在一个分类中分配给特定类别的样本标签与在另一分类中分配给特定类别的样本标签间的数字关系（图 2-2）。其中一种分类，通常是列代表的参考数据，这被认为是正确的。另一种分类通常是行，常用于显示从遥感影像生成的地图标签或分类数据。因此，每个样本的两个标签可从以下方面进行相互比较：

- 参考数据标签：从收集的数据中得出的精度评价站点的类标签，我们假设其是正确的。
- 分类数据或地图标签：从地图中导出的精度评价样本点的类标签。

参考数据

分类数据	D	C	AG	SB	行总和
D	65	4	22	24	115
C	6	81	5	8	100
AG	0	11	85	19	115
SB	4	7	3	90	104
列总和	75	103	115	141	434

土地覆盖类别
D = 落叶树类
C = 针叶树类
AG = 农作物
SB = 灌木

总体精度 =（65+81+85+90）/ 434=321/434≈74%

生产者精度
D = 65/75 = 87%
C = 81/103 = 79%
AG = 85/115 = 74%
SB = 90/141 = 64%

用户精度
D = 65/115 = 57%
C = 81/100 = 81%
AG = 85/115 = 74%
SB = 90/104 = 87%

图 2-2 误差矩阵示例

误差矩阵是地图精度非常有效的表示，因为每个地图类别的精度都与地图中存在的包含错误和遗漏误差一起被清楚地描述。当区域包含在不正确的类别中时，会发生包含误差。当一个区域被从它所属的类别中排除时，就会发生遗漏误差。地图上的每一个错误都是正确类别的遗漏和错误类别的包含。

除了清楚地显示遗漏和包含误差外，误差矩阵还可用于计算总体精度、生产者精度和用户精度，这是由 Story 和 Congalton（1986）引入遥感界的。总体精度只是主对角线（正确分类的样本单元）的总和除以误差矩阵中的样本单元总数。该值通常是精度评价报告的统计数据，是较早的特定地点评价的一部分。生产者和用户的精度是表示单个类别精度的方式，而不仅仅是总体分类精度（有关误差矩阵的更多详细信息，请参见第 5 章）。

正确使用误差矩阵包括正确地采样和严格分析矩阵结果，生成和分析误差矩阵的技术和注意事项是本书的主题。

3

进行精度评价的计划

3.1 引言

本书的第 1 章全面介绍了精度评价的概念，并提供了在进行此类精度评价时可能会提出的问题清单。第 2 章回顾了精度评价的历史。本章更深入地挖掘并更仔细地研究整个过程，以便使分析人员有一个全面的概念，以此来计划他们的评价。本书的首要目标是为遥感分析人员提供必要的思考方向和知识，以便有效地对自己或他人的地图进行全面而完整的定量精度评价。但是，有很多方法可以评价地图的有效性，其中一些是定性的，一些是定量的。最后，一些人用误差预算法来考虑地图质量，而另一些人用可视化的方法提供了更直观的比较。在计划如何进行评价时，分析人员知道评价地图的所有可能方法非常重要。

同样重要的是，要意识到地图评价过程并不是遵循一个简单的方法，而是取决于评价过程中的许多决策。因此，在开始制图之前，分析人员使用足够的时间去考虑和计划精度评价是至关重要的。通常来说，研究人员过快地推动进程会导致未能及时发现评价中的一个或一系列问题，从而无法对其中的问题做出正确解译。如果从项目开始就未能正确规划评价方案可能会导致重大问题，包括成本超支严重、参考数据缺乏、不恰当的抽样策略和有缺陷的分析结果。本章先概述了所有可能使用的可行的评价方法，然后指导分析人员规划制定最有效的精度评价方案。

3.2 精度评价类型

地图精度评价一般有两种类型，包括定性评价和定量评价（图 3-1）。进行定量评价通常是首选方法，但是，如果地图未能满足定性评价要求，则应在进行定量评价之前对其进行修复或纠正。因此，本章首先讨论了定性评价方法，然后介绍了一些弥合定性和定量方法之间差距的方法，最后对定量方法进行了概述。

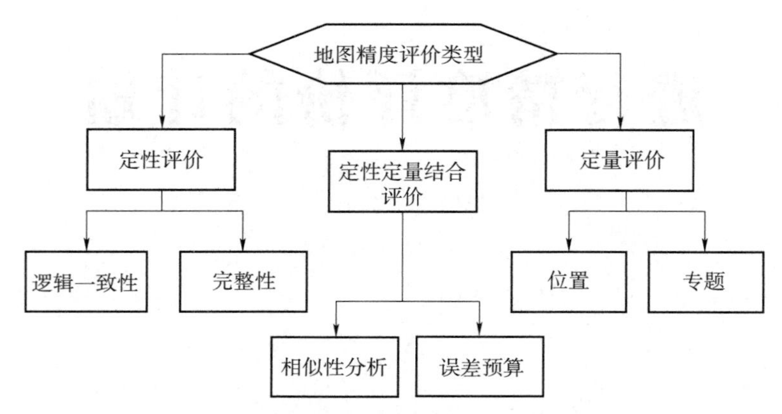

图 3-1　可用于评价地图的各种类型的精度评价流程

3.2.1　定性精度评价

定性精度评价结果最终取决于对地图制作者和用户来说这幅地图是否“看起来不错”。当在评价地图时，“令人满意的地图”是一个必要但不充分条件。如果地图中含有明显错误，则应该在做进一步评价之前对这些错误进行分析和纠正。定义地图“看起来不错”的条件可以分为两类（Bolstad，2016），即逻辑一致性和完整性。

逻辑一致性测试地图是否有意义或地图上表示的情况是否存在固有缺陷。例如，有没有湖位于山边的斜坡上？城市扩张像素是否出现在玉米地的中心？街道中间是否会出现路标？所有这些示例都表明只要地图中存在不一致之处就需要对其进行更正。

完整性评价是看显然应该存在的对象是否在地图上丢失。一幅完整性差的地图即使对于非专业用户来说也是不完整的。例如，如果大峡谷国家公园的地图中遗漏了科罗拉多河，它就是不完整的。然而，当用户在地图上查看他们非常熟悉的区域（如家周围的区域或他们最喜欢的徒步地点）时，可能会出现更微妙的情况，如果这些区域是错误的或缺失的，那么地图也将被认为是不完整的，即使地图的其余部分是令人满意的，这些问题比明显的失误更难纠正。

3.2.2　介于定性和定量评价之间两种方法

除了我们讨论的定性评价方法外，还有两种额外的方法可用于帮助评估由遥感数据生成的地图中的错误。第一种方法是进行相似性分析，第二种方法是创建一个误差预算方案，这两种方法都给评价地图的质量提供了不同的视角。

3.2.2.1 相似性分析

当存在与待评价地图相同区域的另一幅地图时，可以进行相似性分析。两张地图相互配准，然后使用地理信息系统（GIS）功能进行逐个像素或逐个多边形的叠加比较。这种叠加的结果被称为差异图，它显示了两张图之间的异同。如果认为现有地图是正确的，那么该分析将显示实际一致性和误差，同时生成误差矩阵。然而，在绝大多数情况下，不能假定现有地图是正确的，它也不是评价新地图的有效工具，因为两张地图的日期可能有差异，地图可能依赖于不同的分类方案，或者用于创建这两张地图的方法不同。但是，对存在于整个区域或部分区域的地图而言，尽管使用不同的分类方案、不同的影像源、不同的分类方法，只要识别出并考虑到这些差异，就仍可以对这样的地图进行相似性分析。例如，由两张地图可以得到差异图，一张地图由北亚利桑那大学（Massey et al.，2018）创建，另一张是美国农业部（United States Department of Agriculture，USDA）每年生成的农田数据层（CDL）[①]。CDL 数据被重新分类到农作物范围图（作物与无作物）并叠加在北亚利桑那大学制作的地图上。差异图上的白色区域代表两张地图一致的位置，而黑色区域表示它们的不同之处。黑色区域展示了整个研究区域中分布差异性的信息，这可用于在必要时查看和编辑地图。如果您正在创建新地图的区域时存在旧地图，则可以确定有人会在某个时候将旧地图与新地图进行比较。地图制作者最好在发布新地图或进行定量精度评价之前先进行相似性分析，而不是在发布后被地图用户发现、纠正错误（图 3-2）。

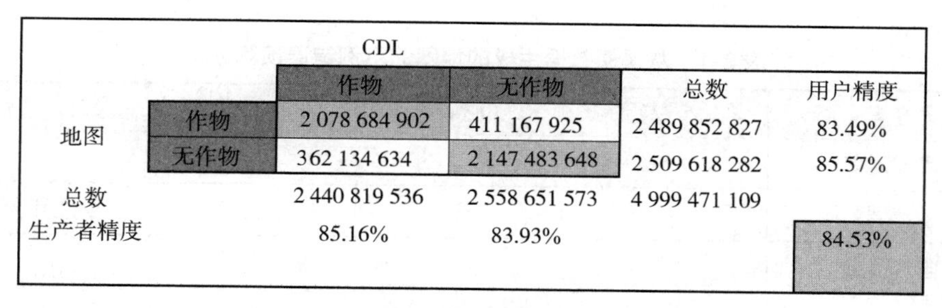

		CDL			
		作物	无作物	总数	用户精度
地图	作物	2 078 684 902	411 167 925	2 489 852 827	83.49%
	无作物	362 134 634	2 147 483 648	2 509 618 282	85.57%
总数		2 440 819 536	2 558 651 573	4 999 471 109	
生产者精度		85.16%	83.93%		84.53%

图 3-2 生成相似矩阵

① 作物景观数据可在 https: //nassgeodata.gmu.edu/CropScape 中查询。

3.2.2.2 误差预算

误差预算方法是一种与本书中讨论的其他方法截然不同的考虑地图误差的方法。虽然误差可以很明显地从各种各样的来源侵入制图项目中，但很少有学者来评价这些误差并优先研究处理它们的方法。基于第 2 章（图 2-1）有学者讨论了误差来源，Congalton 和 Brennan（1999）和 Congalton（2009）提出了一种误差预算分析方法，该方法不仅清楚地列出了任何制图项目中可能的误差来源，而且还对每个错误提出了一种评价方法，包括：①误差贡献；②实施难度；③实施优先级的方法。表 3-1 给出了这种误差预算方法的示例。该表有 5 列，生成的步骤如下：

第一步是列出这个制图项目中的误差来源（放在表格的第 1 列）。根据所使用的制图方法，每个列表都会略有不同，但每个项目都会有一些误差来源。表 3-1 中的列表并非详尽无遗，它只是为了帮助分析人员思考他们的具体项目中涉及哪些误差。一旦生成了潜在误差源列表，就必须确定该潜在误差源对项目造成误差程度（高、中或低）的定性评价，并将其输入到第 2 列，这一决定是由分析人员的经验与从遥感文献中收集到的信息相结合做出的。接下来，处理或减轻特定误差的实现难度排名为 1～5，1 表示不难，5 表示非常难，通过评价潜在误差与实施难度的结合，可以在第 4 列中生成实施优先级。该值是按应解决的误差源以获得最大效益的顺序，使该项目误差最小化，因此，应该首先处理那些最大但最容易纠正的误差来源。表 3-1 中的最后一列显示了可用于评价误差的方法或技术。总之，创建这样的表为分析人员提供了一种很好的方法来思考其制图项目中可能出现的误差。即使分析人员难以对潜在的误差贡献或实施难度进行排序，或者无法准确确定误差评价技术，制定误差预算也是非常有价值的，因为这样做会鼓励分析人员更认真地思考他们项目中的误差来源。

表 3-1　从遥感数据生成的地图的示例错误预算分析

误差来源	潜在误差贡献	实施难度	实施优先级	误差评价技术
系统误差				
传感器	低	5	21	校准和分析
自然误差				
大气	中	3	20	分析和校正
预处理误差				
几何配准	低	2	19	位置精度评价
图像掩膜	中	3	18	单日误差矩阵

续表

误差来源	潜在误差贡献	实施难度	实施优先级	误差评价技术
衍生数据错误				
波段比值	低	1	12	数据挖掘
指数（如 NDVI）	低	1	14	数据挖掘
主成分分析	低	1	15	数据挖掘
缨帽变换	低	1	16	数据挖掘
其他地理空间数据	中	3	17	数据挖掘
分类误差				
分类方案	中	2	6	单日误差分析
训练样本	中	3	7	单日误差分析
分类算法	中	3	8	单日误差分析
后处理误差				
数据转换	高	2	13	单日误差分析
精度评价误差				
标记错误	高	1	2	QC/QA
采样单元	中	1	5	单日误差分析
采样大小	低	2	10	单日误差分析
采样方案	中	3	11	单日误差分析
空间自相关	低	1	4	地理统计分析
位置精度	中	3	3	RMSE/NSSDA
最终产品误差				
决策	中	2	1	敏感性分析
执行	中	2	9	敏感性分析

注：①潜在误差贡献——从低到中到高排名。

②实施难度——从 1（不难）到 5（非常难）。

③实施优先级——从 1 到 n 排名，显示实施改进的顺序。

④ NDVI，归一化差异植被指数；NSSDA，国家空间数据精度标准；QA，质量保证；QC，质量控制；RMSE，均方根误差。

3.2.3 定量精度评价

如前所述，定性精度评价可能是评价地图有效性的开始。然而，这仅仅是个开始。本书的其余部分致力于介绍进行定量精度评价的注意事项、方法和实践。如第1章所述，这里有两种类型的定量地图评价方法：位置精度评价和专题精度评价。位置精度评价地图上的物体是否在正确的位置，而专题精度则确定物体是否有正确的标记。这两个评价是密不可分的。如果对象在错误的位置，那么这不仅会导致位置错误，还可能会导致专题错误，反之亦然。因此在许多评价中，有必要同时进行位置和专题验证。

无论分析人员进行位置评价还是专题评价或两者兼而有之，都存在相同的一般过程，包括以下步骤：

①考虑评价中涉及的因素；

②设计适当的抽样方法来收集参考数据；

③进行抽样；

④分析数据；

⑤报告统计信息 / 结果。

3.2.3.1　位置精度评价

位置评价和专题评价之间有很多相似之处，但还仍有一些重要的区别。一般来说，位置精度评价执行起来更简单，考虑的因素也更少。但是，高效地规划位置精度评价仍然至关重要。

图 3-3 展示了位置精度评价的流程。这里有 3 个首要考虑因素：误差来源、分类方案和参考数据收集。仔细考虑误差来源对有效且高效地规划评价至关重要，这个过程可以像列出主要误差来源并决定如何最好地控制它们一样简单，也可以像前面描述的完整误差预算方法一样复杂。位置精度评价中，分类方案变得越来越重要。从历史上看，位置精度评价没有使用分类方案的先例，而且样本是在整个地图中采集。最近，人们已经意识到分类方案中样本的位置精度取决于土地覆盖类型，因此，现在，分类方案在位置评价中发挥着重要作用。

最后的考虑因素是参考数据收集，这对于整个评价过程来说是最复杂的。在收集用于与地图比较的参考数据时有许多统计方面的考虑，与空间自相关、所选采样方案和所需样本数量相关的问题是需要被考虑的重要问题。此外，参考数据的来源必须是明确的。一旦所有这些因素都被考虑进去并对其加以适当控制，就可以对位置精度评价进行适当的统计分析。本书的下一章（第 4 章）为分析人员提供了进行位置精度评价所需的概念和实际考虑因素。

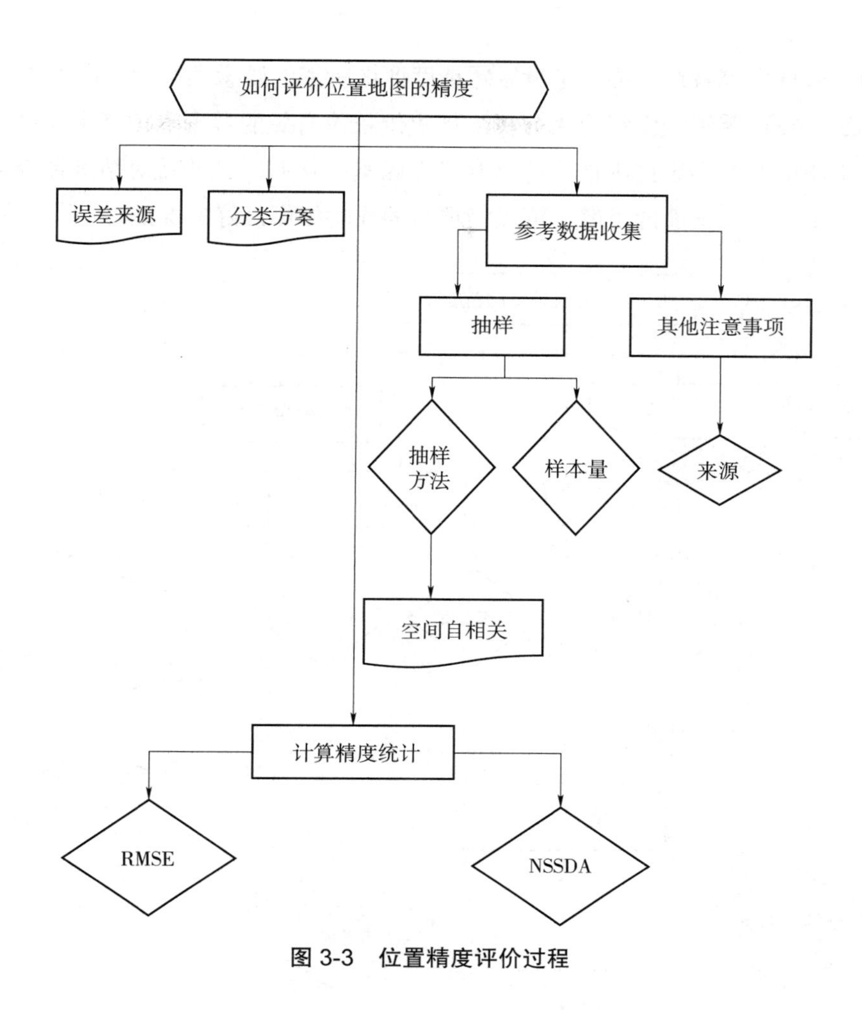

图 3-3 位置精度评价过程

3.2.3.2 专题精度评价

图 3-4 展示了专题精度评价的流程。通过快速对比分析可以看出，专题精度评价的许多组成部分与位置精度评价非常相似。然而，如图 3-4 所示，在专题评价中还有更多的误差来源。此外，专题精度评价的分类方案（第 6 章）通常比位置精度评价中通常使用的分类方案更复杂。专题精度评价同样有围绕参考数据收集的统计考虑因素，但是，这里需要考虑的因素更多，不仅包括参考数据的来源，还包括收集它们的时间，以及确保收集的一致性。专题精度评价中与参考数据收集相关的抽样问题也比位置评价中的因素更复杂，它们不仅涉及采样方案（包括空间自相关和样本数量），还涉及对样本单位（像素、像素簇或多边形）等考虑因素。最后，专题图的分析也比较复杂，还要考虑生成合适的误差矩阵（单个日期或多个日期，确定性和 / 或模糊性）以及生成矩阵后使用的适当描述性统计和基本分析技术。本书

其余的大部分内容着重于描述定量专题精度评价所需的概念和实际考虑因素。

仔细研究这些流程图将会为分析人员提供一份有效的考虑事项清单，并引导他们在接下来的章节中更详细地描述这些考虑因素。从制图开始就对精度评价的整个流程有一个扎实、全面的了解，可以为项目的成功提供最好的保证。

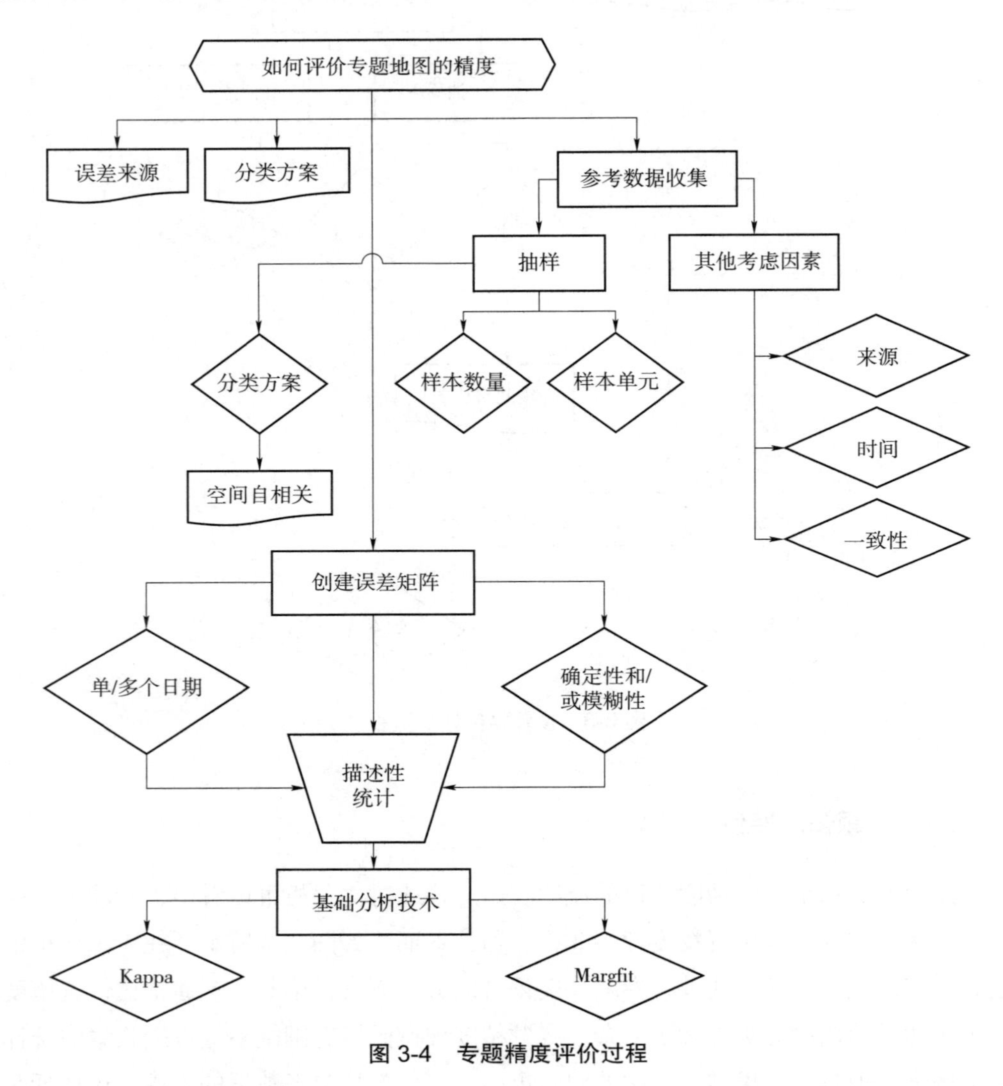

图 3-4　专题精度评价过程

3.3　为什么要做精度评价？

除了了解评价地图精度的基本注意事项外，分析人员了解进行评价的原因也很重要。如第 1 章所述，进行精度评价的原因有很多。现在，许多制图合同要求对项目进行评价并要达到一些最低的整体精度或其他指标。虽然这个原因在理性上可能是最不令人满意的，但它确实从项目一开始就为规划流程提供了足够的动力，以便在保持项目预算的同时实现这些指标。计划不周的精度评价无法产生有效评价地图所需的信息，这是未能满足项目时间表和预算的主要原因之一。

在其他情况下，可能只需要知道地图的总体精度。此要求简化了评价过程，并减少了所涉及的成本和工作量。如果只需要总体地图的精度，那么不用花费时间和精力进行全面评价。但是，在大多数评价中，需要各个地图类别的精度进行全面评价。在这种情况下，必须确定用于收集合适且完整的参考数据的有效抽样策略。

最后，评价结果可与其他地图进行比较，从而确定哪个地图更好。例如，一种新的分类算法被开发出来了，分析人员希望知道它是否比当前方法执行得更好；或者，客户正在寻求雇用一些其他的地图公司来扩展其能力，并希望了解这些新公司与现有公司的异同。在这些情况下，全面考虑评价过程，产生最有效和最高效的评价结果是至关重要的。

3.4 如何使用评价结果？

影响评价的另一个因素是它的使用方式。在大多数情况下，地图为特定目的而生成，同时评价地图需要用相应的评价标准。因此，如果只需要总体精度，则可以执行该类型的评价。但是，如果生成的地图被某个生态模型当作输入的数据，那么应该评价该地图是否有作为输入数据的价值。鉴于如今生成的许多地图的时间、精力和价值，大多数地图比原来有了更多的使用方向。因此，在这种情况下，进行尽可能完整和通用的评价，使地图为大众所接受，是非常有益的。

3.5 存在哪些特殊考虑？

最后，在评价地图精度时，总是需要考虑一些特殊的因素。这些可能包括地图用户的特定知识（地图的使用对象）。如果地图是为自然资源实体（如林务局、国家公园管理局等）制作的，那么需要特别注意涉及自然资源的地图类别，这一点可能更重要。相反，如果客户对城市或开发区更感兴趣，那么重点可能会放在建筑物和基础设施上。

此外，还需考虑请求地图的组织的特殊利益，以便更好地计划评价，获得满足用户需求的评价结果。在某些情况下，政治因素可能比地图的定量精度更能决定地图的接受度，因此需要强调这些政治因素。如果人们更倾向于某个特定结果时，除非评价结果不同，否则很难改变其主观看法。

参与地图的创建也至关重要。例如，在我们的第一个制图项目中，资助该地图的组织要求最终的地图用户不允许参与到创建地图的过程之中。结果，无论定量精度结果如何，用户在项目中没有任何参与感并怀疑最终制成的地图的精度。更重要的是，最终用户无法检查该地图。居住在制图区域的人们总是比外地地图制作者更熟悉当地景观。使用地图的本地用户越多，地图的接受度就越高，而这一点与量化精度结果无关。

3.6 结论

本章描述了许多评价地图精度的方法，其中一些方法是定性的，易于实施，另外一些方法是定量的，需要更多的考虑和计划才能有效和高效地完成。本书的其余内容介绍了此处提到的方法的详细信息，这些信息是进行定量地图精度评价所需的。分析人员应仔细阅读第 1～第 3 章，以充分了解进行评价的多种方法，并仔细思考开展地图精度评价时所涉及的各种问题，然后规划有效的评价方法。下一章将专门讨论位置精度评价，其余章节着重阐述进行专题精度评价时应考虑的各种因素和方法。

4

位置精度评价

4.1 介绍

精度评价有两个度量方向：位置精度评价和专题精度评价。例如，由于错误地测量或分类，可能在正确的位置有错误的标签属性（专题）；也存在属性正确但位置错误的情况。在任何一种情况下，都会将误差引入地图或空间数据集中。这两个因素不是相互独立的，不仅要认真地评价每个因素，还要尽可能控制误差使其最小化。

本章主要阐述位置精度的相关概念。第一部分阐述位置精度评价的基本概念。第二部分简要阐述过去的位置精度评价标准或指南，以及最近编制且被广泛接受的位置精度评价标准。位置精度评价标准由美国摄影测量与遥感学会（American Society for Photogrammetry and Remote Sensing，ASPRS）开发，被命名为 ASPRS 数字地理空间数据位置精度标准（以下简称 ASPRS 标准）[①]。最新一版 ASPRS 标准在 2014 年发布，该标准十分全面，强调了位置精度评价中的各种问题。本章涉及 ASPRS（2014）标准中最重要的概念。第三部分阐述 ASPRS（2014）标准中规定的总体框架内的位置精度评价样本设计和收集方法。第四部分介绍了基本的统计概念，并使用它们来解释如何按照 ASPRS（2014）标准分析精度评价样本数据，以此估计位置精度。

本章的主要目标之一是让位置精度评价的语言和方程更加清晰。自 1942 年制定第一个 ASPRS 标准以来，每一版标准都引入了新概念，并以新的方式解释了旧概念。因此，ASPRS 标准中对位置精度评价的描述经常令人困惑，用于计算精度评价标准的方程有时可能需要进行不合适的假设。所以，做位置精度评价时需要格

① 这套标准可以在 http: //www.asprs.org/a/society/committees/standards/Positional_Accuracy_Standards.pdf 中找到。

外地小心和注意，以确保位置评价是合适且有效的。

4.2 什么是位置精度?

位置精度负责评价影像或地图坐标的正确性。地图和地理参考影像上的位置均使用水平位置的 x 和 y 坐标表示，许多数据集还包括高程，用字母 z 表示。位置精度评价采用抽样的方式来估计地图或影像中要素的坐标或高程与其在地球表面的实际或“真实”位置之间的差异。实际位置是用比创建地图或地理参考影像的仪器更准确的来源确定的。位置精度可以指水平（平面）和/或垂直（高程）精度，本章将一同讨论这两者。

制图科学词汇表（ASPRS & ASCE，1994）将位置精度定义为从地图确定的点坐标和通过测量或其他认为准确的独立方法确定的坐标相一致的程度。ASPRS（2014）标准略有不同，它将精度定义为估计值（如测量或计算）与特定数量的标准或可接受（真实）值的接近程度，将位置精度定义为相对于水平和垂直基准的特征位置的精度，包括水平和垂直位置。

有几个因素会影响地图或地理参考影像的位置精度。例如，传感器镜头可能会产生畸变，或者携带传感器的飞行器可能会突然倾斜或偏航，从而改变传感器影像与地面的位置关系。然而，出现位置误差的最重要原因是地形对遥感影像的影响。由于地球有丘陵和沟壑等地形，因此遥感影像相对于地球的比例尺会随着地形的变化而变化，需要某种调整方法对图片进行地形校正。这种校正是一个复杂的过程，过去很容易出错，但随着技术进步，在地球广大地区能够创建越来越精确的数字高程模型，这一问题变得越来越容易处理。

图 4-1 展示了一个显示在经过正射校正的数字影像上面的不准确道路层的示例。参考数据可以被认为是准确的，即图中用彩色圆圈表示的测量点。如图所示，道路图层中道路的交点与许多地方的点没有重合（即存在位置误差）。一般来说，道路会移动到其“真实”位置的北部和西部，这种情况由测量点确定。虽然我们可以清楚地看到道路的位置是不准确的，但我们仍需要使用定量的精度评价来估计误差的大小和方向。

在统计和进行精度评价时，有两个术语是常用而且容易混淆的，需要区分。精度（accuracy）和精确度（precision）通常被认为是同义词，但实际上具有非常不同的含义。精度（accuracy）是指估计量的偏差，它衡量估计值或计算值与真实值的相近程度。精确度（precision）是指估计量的可变性，它量化了相同估计量的重复测量将如何变化。不准确（inaccurate）的测量可能精确度非常高（precise），准确（accurate）的测量可以不够精确（imprecise）。因此，我们需要测量地图和影像的精度和精确度。图 4-2 用对同一个位置进行多次测量的示例说明了精度和精确度的概念。

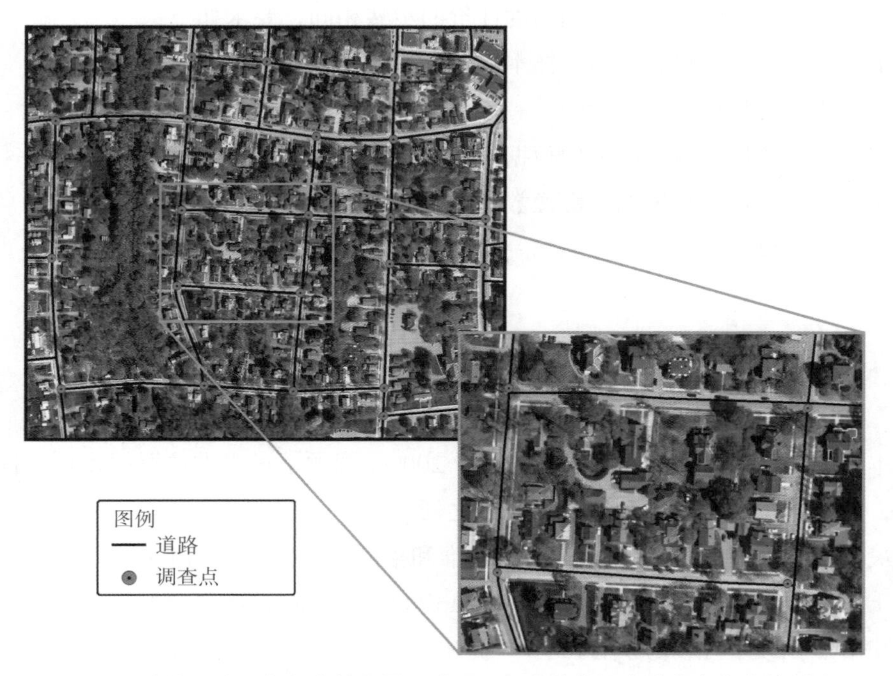

图 4-1　路线图（黑色）中的位置误差图示与准确的调查（参考）点的对比

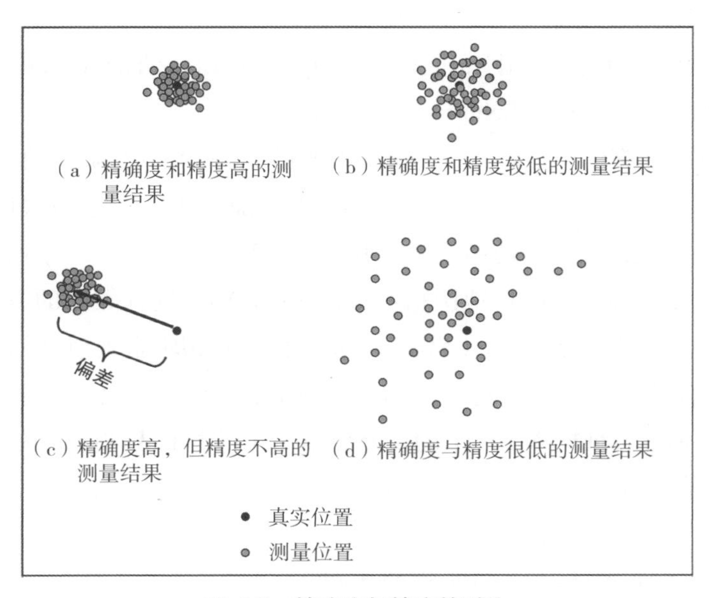

图 4-2　精确度与精度的对比

在位置精度评价中，我们对地理空间数据集的精度和精确度都很感兴趣。我们采用抽取样本的方式来估计偏差和估计值或建模的精确度。此外，还应努力确保我们对每个样本的参考和地理空间数据集的位置的测量本身是准确的，并且我们必须采集足够的样本，保证我们对偏差（如果存在）的估计是精确的。

位置精度评价的步骤与专题精度评价的步骤相同，要求如下：

①设计样本——将收集多少样本以及它们的位置；

②收集参考数据；

③将参考数据与地图或影像数据进行比较；

④分析参考数据与地图或影像数据的差异；

⑤报告结果。

4.3 位置精度评价的通用标准

本书的第二版（Congalton & Green，2009）回顾了过去的位置精度评价标准和指南，并指出了每个标准和指南的不足之处。

最近，ASPRS 标准总结了过去的标准和指南。具体内容如下：

①国家地图精度标准[①]（National Map Accuracy Standards，NMAS）。

NMAS 由美国预算局在 1947 年提出，该标准使用“百分位法”，规定低于 10% 的样本可超过允许的最大误差，对比例尺低于和高于 1：20 000 的地图的样本规定了最大误差。

②误差理论和制图应用原理[②]（Principles of Error Theory and Cartographic Applications）（Greenwalt & Schultz，1962，1968）。

所有后续标准都引用了该文件，该报告解释了 NMAS（1947）的“获取点数的 10%”，将误差的大小限制在“不会超过 90% 的明确定义的点”。以假设地图误差是正态分布的为前提，该报告使用概率论开发了计算一维高程（z）的地图精度标准（MAS）和二维（x 和 y）圆形地图精度标准（CMAS）统计数据的方程。MAS 是平均垂直误差周围的估计区间，CMAS 是水平平均误差周围的估计区间，预计 90% 的误差会在该区间内发生。该报告没有将 90% 作为唯一采用的概率水平。相反，它展示了如何估计各种概率水平下的误差分布，并提供了从一种概率水平转换到另一种概率水平的表格。

① https: //nationalmap.gov/standards/pdf/NMAS647.pdf.

② www.fgdc.gov/standards/projects/accuracy/part3/tr96.

③ ASPRS（1990）大比例尺地图精度标准[①]（ASPRS 1990 accuracy standards for large-scale maps）。

该标准规定了从 1∶50 到 1∶20 000 比例尺地图误差不得超过的最大距离。该标准还规定，从样本估计的平均误差不得超过规定的最大距离。最重要的是，ASPRS 标准将误差测量单位从地图单位转移到地面单位。该标准还重申了 Greenwalt 和 Schultz 的 CMAS 方程，但并不意味着必须使用这些方程。

④国家空间数据精度标准[②]（National Standard for Spatial Data Accuracy，NSSDA）（FGDC，1998）。

NSSDA 明确拒绝设置任何尺度的最大允许误差，并建议根据需要确定最大允许误差的阈值。当使用 20 个样本时，精度报告为 95% 置信水平的地面距离，允许一个点未达到产品规格中给出的阈值。在 ASPRS（2014）标准制定之前，位置精度项目使用 NSSDA 的方程来计算精度统计数据的情况并不罕见，这些统计数据同时不能超过 ASPRS（1990）标准中规定的距离。NSSDA 还结合了 Greenwalt 和 Schultz 的方程，将精度定义为在特定概率水平下预期的最大误差的度量。

⑤ 1998—2010 年，FEMA 发布了几个版本的洪水灾害测绘合作伙伴指南和规范（Guidelines and Specifications for Flood Hazard Mapping Partners），要求至少收集 20 个样本的洪水灾害测绘，增加了位置精度评价的统计严谨性，同时报告每种主要植被类型的精度，其中可能至少有 3 种植被类型有不少于 60 个的采样点。这些指南仅适用于洪水灾害测绘。

⑥数字高程数据指南（National Digital Elevation Program，NDEP）（NDEP，2004）。

该指南提倡根据制图或成像区域的地面覆盖情况，用 3 种不同的方式报告垂直精度：

a. 基本垂直精度（Fundamental Vertical Accuracy，FVA）仅根据在开放地形中测量的样本计算得出，并需要 NSSDA 方程来计算精度。

b. 补充垂直精度（Supplemental Vertical Accuracy，SVA）是通过测量非开放覆盖类型的地形中采集的样本得出的，并使用“95% 分位数误差”方法确定，该方法中误差数据集中的绝对值是通过将数据集中独立样本误差的分布划分为 100 个相同频率的组来确定的。根据该定义，95% 的抽样误差将小于第 95 百分位值。

c. 综合垂直精度（Consolidated Vertical Accuracy，CVA）是来自开放和非开放

① www.asprs.org/a/society/committees/standards/1990_jul_1068-1070.pdf.

② www.fgdc.gov/standards/projects/accuracy/part3/chapter3.

地面覆盖的地形的样本的组合，报告为 95% 百分位误差。

⑦ ASPRS 指南：激光雷达数据的垂直精度报告[①]（ASPRS guidelines：vertical accuracy reporting for lidar data）。

该文本是报告激光雷达数据垂直精度的 ASPRS 指南（ASPRS，2004），批准了用 NDEP 指南将景观划分为不同的土地覆盖类别，并报告 FVA、SVA 和 CVA。但该指南也没有建立精度阈值。

⑧洪水灾害测绘合作伙伴的指南和规范[②]（Guidelines and Specifications for Flood Hazard Mapping Partners）（FEMA，2003）。

FEMA 的洪水灾害测绘合作伙伴指南和规范（FEMA，2003）增加了所需的最低样本数量，规定每种主要植被类型至少采集 20 个样本，其中可能至少有 3 种植被类型需要至少 60 个采样站点。

⑨美国地质调查局激光雷达基地规范（1.2 版）（United States Geological Survey Lidar base specification version 1.2）。

它明确规定了在国家机构间 3D 高程计划（3D Elevation Program，3DEP）下收集的源激光雷达数据的基本要求。美国地质调查局（USGS）于 2018 年 2 月将这些规范更新为版本 1.3[③]，该版本结合了最新的科技技术，提高了激光雷达的分辨率和精度，应用了新的激光雷达、ASPRS（2014）位置精度标准以及其他新的行业标准，满足了可互操作数据的需求。新版本明确要求每个激光雷达项目的水平精度应使用 ASPRS（2014）的规定，以及激光雷达数据的绝对垂直精度和导出的 DEM 应按照 ASPRS（2014）中的规定报告。

因为下述的原因，我们需要完善 ASPRS（2014）标准：

- 一些测量纸质地图中的误差的旧标准已不再适用于当今的数字时代。
- 许多新技术（如数码相机和扫描仪、LiDAR 和 PhoDAR 技术）在制定旧标准和指南时尚未出现，因此需要扩展精度评价方法，以说明这些技术进步提高了精度（Congalton & Green，2009；ASPRS，2014）。
- 没有一个标准或指南适用于所有用途和规模的位置精度评价的设计、方程式和精度阈值。

ASPRS（2014）标准系统地整合了之前的标准或指南的相关概念。这套标准十分详尽，是全球位置精度评价的事实标准。然而，即使是这个新标准也包含过去

① https: //nationalmap.gov/standards/pdf/NDEP_Elevation_Guidelines_Ver1_10May2004.pdf.

② www.fema.gov/media-library-data/1388520285939-754da930e9d1d081955e4cce0b279ccd/Guidelines_and_Specifications_for_Flood_Hazard_Mapping_Partners_Volume_1-Flood_Studies_and_Mapping_(Apr_2003).pdf.

③ https: //pubs.usgs.gov/tm/11b4/pdf/tm11-B4.pdf.

标准的假设，这些假设需要加以说明，我们将在本章的后面部分就这些假设进行讨论。

4.4 设计位置精度评价并选择样本

位置精度评价需要选择样本来估计在被评价的空间数据中出现的误差（e_i）统计参数。估计值由均值（μ）、标准差（σ）、标准误差（σ_μ）和均方根误差（RMSE）组成，以表征误差总体的分布和估计的可靠性。均值（μ）是随机变量的期望值。方差衡量总体变量偏离总体均值的程度。标准差（σ）是总体方差的平方根。标准误差（σ_μ）是均值估计值的方差的平方根，它是衡量总体均值的估计值将如何偏离真实均值的标准，同时也是围绕均值估计值创建置信区间的核心。RMSE 是最常用的空间精度度量，也是预测值或估计值与真实值之间的差异。在下一节“分析位置精度”中将介绍每个参数的方程。

估计误差参数需要相同样本位置的坐标和 / 或高程数据的比较结果，这些数据的来源有以下两种途径：

- 待评价的空间数据集（地图或影像）。
- 更高精度的独立来源（FGDC，1998；ASPRS，2014）的参考数据。

我们信赖样本，因为测量评价地理空间数据集中的每个点都非常昂贵且耗时。相反，抽样可以提供误差参数的高度可靠估计。

当今使用的标准概述了管理位置精度采样设计和采集的若干要求，具体如下：

数据独立性。如前所述，NSSDA 和 ASPRS 都要求参考数据必须是从高精度的独立来源中得到的。为确保评价的客观性和严谨性，参考数据独立于被评价数据是至关重要的。换言之，在创建被测试的地图或影像期间，不能依赖参考数据。因此，将用于创建正在测试的空间产品的控制点或数字高程模型（DEMs）作为参考数据来源是不合适的。作为空间数据生产过程的一部分，另一种 RMSE 值常会被计算出来，我们称之为 $RMSE_{reg}$。生产过程中，$RMSE_{reg}$ 可用于生产数据和控制点的匹配度是否良好的测试。由于 $RMSE_{reg}$ 与被评价的数据集缺乏独立性，因此它不是位置精度的有效度量。独立的位置精度评价需要收集独立的测试样本点集，这些样本点是在生产过程中未用作控制点的测试样本点。

参考数据来源。参考点的来源取决于许多因素，在某些情况下，比例尺大的地图可以为评价的地图或影像提供足够详细的参考坐标。如果要测试的地图 / 影像是小比例尺但覆盖大面积的尤其如此。在其他情况下，如工程现场图纸，参考数据点需要更高的精度，这可能需要实地调查或使用高精度全球定位系统。虽然 NSSDA（FGDC，1998）规定参考源数据应具有可行和实用的最高精度，但 ASPRS（2014）标准要求精度评价参考数据必须至少“比正在测试的地理空间数据集所要求的精度高三倍”。

样本数量。虽然 NSSDA（FGDC，1998）建议至少使用 20 个样本来估计位置精度，但后来的指南和标准规定至少为 20 个样本并建议使用更多样本，特别是对于大面积项目。ASPRS（2014）规定，虽然 100 个或更多是理想的检查点数量，但对于许多项目，尤其是小面积项目而言，该数量的检查点可能不切实际且使评价人员不堪重负。对于超过 2 500 km^2 的区域，该标准要求每增加 500 km^2 就需要增加 5 个垂直样本。对于 2 500 km^2 以上区域的水平精度评价，该标准规定应根据影像分辨率和城市化程度等标准确定额外水平检查点的数量。早期的指南还规定了按一般土地覆盖类型划分的最小样本数量（FEMA，2003）。ASPRS（2014）标准不要求按土地覆盖的最小样本数量，而是认可“一些项目区域主要是非植被区，而其他区域主要是植被区。由于这些原因，检查点的分布可能会根据项目中植被和非植被面积的一般比例而有所不同。检查点应该按项目中的各种植被土地覆盖类型之间的比例分布”。

样本标注。ASPRS（2014）规定，用于评价水平精度的样本必须是明确定义的点，这些点在更高精度的独立来源和产品本身上很容易被看到或识别。相反，用于评价垂直精度的样本不需要清晰可辨的特征，但应在平坦或均匀倾斜且坡度小于 10% 的开阔地形上采集，应避免海拔急剧变化的区域。这些要求的目的是尽量减少由被评价数据集内插引起的差异的影响。

样本分布。ASPRS（2014）标准在精度评价样本分布方面提供了大量的做自由选择决定的方向。因为在一些项目区域主要是非植被、而其他区域主要是植被还有两者兼有的区域中，检查点的分布将根据项目中植被和非植被区域的比例而波动。对于大部分没有植被的矩形区域，ASPRS（2014）标准对样本分布的要求与 ASPRS（1990）标准和 NSSDA（FGDC，1998）采用的标准相同。为了实现该样本分布，首先，将地图 / 影像划分为象限。接下来，将至少 20% 的样本点分配给每个象限。为确保采样点之间有足够的间距，任何两点之间的距离不应小于 $d/10$，其中 d 是地图或影像的对角线尺寸（图 4-3）。该间距将空间自相关最小化（这个主题将在后面的章节中详细讨论）。这种系统的样本分布需要假设样本分布与地图或影像误差不相关，这是一个合理的假设，因为大多数位置误差与地形相关，而地形与地图或影像的网格图形无关。

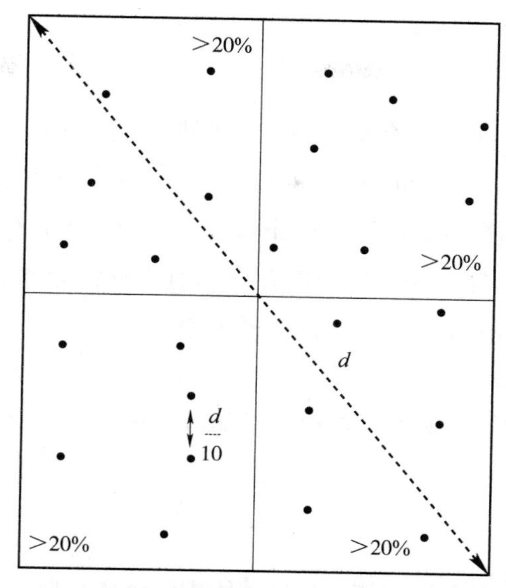

图 4-3 位置精度评价中建议的样本位置分布

总体而言，位置精度样本的分布需要同时考虑几个因素。通常要在分布良好、可访问且易于识别的样本点之间进行权衡。但是，期望的样本点落在私人土地上的情况并不少见，如果使用实地调查的方式来收集参考数据，则可能无法访问这些土地。通常情况下，容易识别的点是集中在小区域的，在整个地图上分布不均匀。必须注意获得最佳测试点的可能最佳组合，这些测试点应该是在整个被评价的地图 / 影像中适当分布的。最重要的是，当客户请求地图或影像时，应该与其一起参与设计精度评价样本的分布。如 ASPRS（2014）标准所述，供应商和客户之间的讨论并同意检查点的一般位置和分布应作为项目计划的一部分。

4.5 分析位置精度

分析位置精度涉及使用样本数据来估计被评价的空间数据层（地图 / 影像）与假设是正确的参考层的匹配程度。APSRS（2014）标准推荐两种不同类型的分析，具体选择哪种分析取决于是否认为误差是正态分布的。当误差被认为是正态分布时，计算 RMSE 和误差总体的估计均值、标准差和标准误差用于表示精度。当假设误差不是正态分布时，通常使用低于或高于给定最大值的百分位等级来评价精度。由于常用的精度标准之间存在很多混淆，我们从回顾基本统计数据开始，然后转到描述位置精度的特定方程上。

4.5.1 基本统计回顾

此处概念可以在任何标准统计教科书中找到，这些参考文献包括误差理论和制图应用原理（Greenwalt & Schultz，1962，1968）、生物统计分析（Zar，1974）以及调查测量的分析和调整（Mikhail & Gracie，1981）。这里首先提供用于计算和估计一组参数值的方程。接下来，讨论估计平均值附近的分散值所需的假设和方程。最后，提供计算估计均值附近的置信区间的方程。

参数和统计如下：

总体随机变量（X_i）的算术平均值 μ 是随机变量的期望值，由下式计算：

$$\mu_{X_i} = \sum_{i}^{N} X_i / N \tag{4-1}$$

式中：X_i 是总体中第 i 个个体的值；N 是总体中的个体总数。

均值是从样本中估计的，用变量 $\bar{X}$ 表示，由下式计算：

$$\bar{X} = \sum_{i}^{N} x_i / n \tag{4-2}$$

式中：x_i 是从总体中选择的第 i 个样本单元的值；n 是选择的样本单位总数。

标准差（σ）是总体方差的平方根，用于衡量总体变量与其期望值的偏差程度（总体平均值），通过下式计算：

$$\sigma = \sqrt{\sum_{i}^{N} \left(X_i - \mu\right)^2 / \left(N - 1\right)} \tag{4-3}$$

式中：X_i、μ 和 N 的定义如前文所述。

样本中估算的标准差，用变量 S 表示，并由下式计算：

$$S = \sqrt{\sum_{i}^{n} \left(x_i - \bar{X}\right)^2 / \left(n - 1\right)} \tag{4-4}$$

式中：x_i、$\bar{X}$、n 的定义如前文所述。

统计学中的另一个关键参数是标准误差（$\sigma_{\bar{X}}$），它帮助我们描述来自单个（而不是整个总体）的可能均值分布的分散情况。根据中心极限定理，标准误差是估计均值总体方差的平方根，是一个非常有价值的参数，因为它允许我们估计均值的置信度。估计均值存在多种可能（而不仅仅是一个），因为$\bar{X}$有许多可能的值，每个值都从总体中选择大小为 n 的不同样本。标准误差由下式计算：

$$\sigma_{\bar{X}} = \sigma / \sqrt{n} \tag{4-5}$$

式中：σ 和 n 的定义如前文所述。

样本中估算的标准误差用变量 $S_{\bar{X}}$ 表示，计算方程如下：

$$S_{\bar{X}} = S / \sqrt{n} \tag{4-6}$$

式中：S 和 n 的定义如前文所述。

RMSE 虽然被放在最后，但是它是位置精度评价中尤为重要的统计量，它是样本地图点与参考点之间的均方差的平方根。地图应用中计算 RMSE 的方程为：

$$\text{RMSE} = \sqrt{\sum_{i}^{n} (e_i)^2 / n} \tag{4-7}$$

式中：

$$e_i = e_{ri} - e_{mi} \tag{4-8}$$

式中：e_{ri} 是第 i 个采样点的参考位置或高程；e_{mi} 是第 i 个采样点的地图或影像位置或高程；n 是样本数。

4.5.2 估计变量的散布情况

如果均值误差呈正态分布，如图 4-4 所示，则可以使用正态分布或高斯分布来估计总体变量。此外，标准正态分布可用于估计在特定概率下 X_i 的区间，总体均值（μ）将落在该区间内。为此，必须通过将标准正态分布的尺度转换为研究总体的尺度来标准化总体变量的分布。

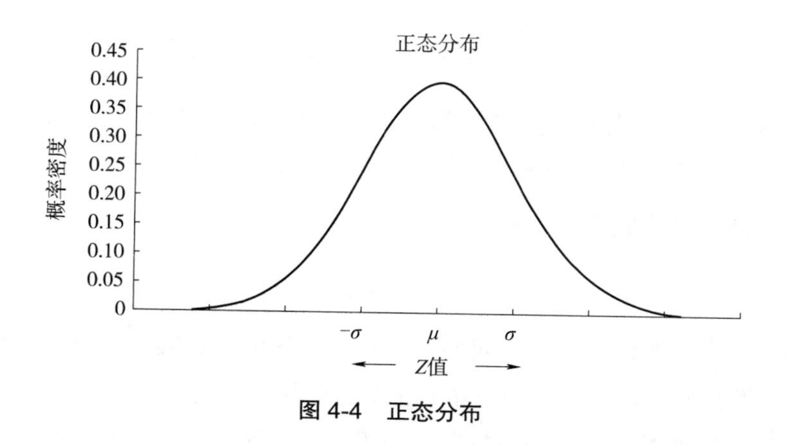

图 4-4　正态分布

所有正态分布的形状都类似于图 4-4 中的曲线，曲线下方的面积等于 1。标准正态分布表示标准正态变量（Z_i）的分布，并且这个分布是唯一的，因为它的均值为 0，标准差为 1，如图 4-5 所示。

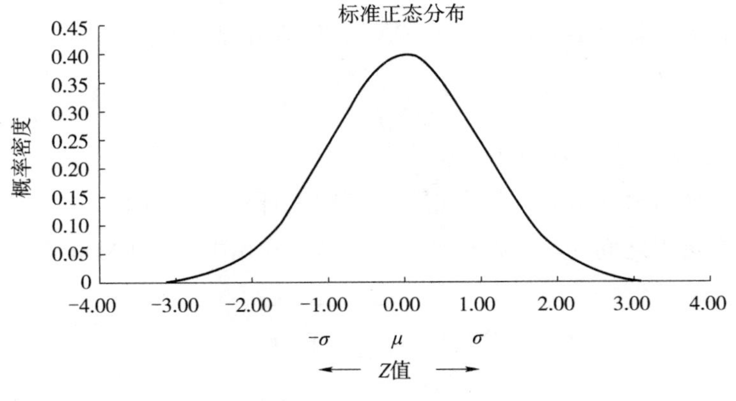

图 4-5　标准正态分布

标准正态变量用 Z_i 来表示，计算方程如下：

$$Z_i = (X_i - \mu) / \sigma \tag{4-9}$$

式中：Z_i 是在标准正态分布中第 i 个概率水平的 x 轴的值；X_i 是研究总体 x 轴的对应值；μ 和 σ 的定义如前文所述。

通过使用代数运算，我们可以通过求解 X_i 的值，将正态分布的 x 轴尺度转换为我们研究总体的尺度，使得

$$Z_i \times \sigma = (X_i - \mu) \tag{4-10}$$

然后：

$$X = (Z \times \sigma) + \mu \tag{4-11}$$

使用这个方程，我们可以将标准正态分布的每个 Z_i 值转换为我们总体的 X_i 值。这个转换经常用于计算指定概率水平的区间，X_i 的值会落入该区间内，使得 $X_i < \mu < X_l$，或者使用式（4-11），将区间变为

$$[\mu - Z_i \times \sigma,\ \mu + Z_i \times \sigma] \tag{4-12}$$

将标准正态分布的值转换为我们感兴趣的总体的值需要正态分布的变量分布，可以发现，我们感兴趣的总体的分布与正态分布几乎相同。这个情况并非不符合常理，因为从生物种群动态到人类投票行为等多种自然和社会现象均服从正态分布。但是，充分了解正在研究的总体是否实际上服从正态分布是非常重要的。式（4-12）

表示当且仅当 X_i 的总体呈正态分布时，变量 X_i 在规定的概率水平上围绕平均值的分散范围。图 4-6 说明了正态分布的部分以及与不同概率水平所对应的 Z_i 值。

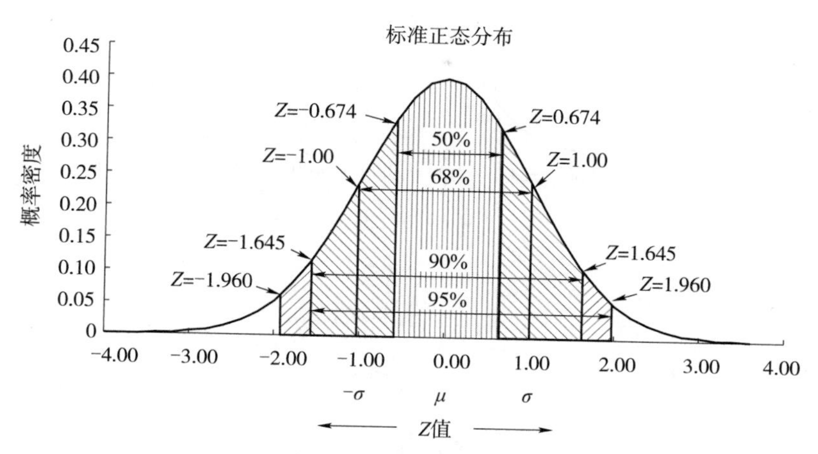

图 4-6　标准正态分布的概率区域与其对应的 Z_i 值

总之，确定特定概率的区间并让我们感兴趣的总体的平均值（μ）落在该区间内只需要：

①在标准正态分布表中查找指定概率水平对应的 Z_i 值（该表可以在任何统计文献的后面找到或在互联网上搜索）；

②将 Z_i 值乘以感兴趣总体的标准差（σ）；

③从平均值（μ）中加减得到的 $Z_i \times \sigma$。

例如，确定在平均值（μ）为 20，标准差（σ）为 4 的正态分布中总体的 90% 的区间可通过以下方式：

①在 Z 表或图 4-6 中查找 90% 概率的 Z_i 值。在 90% 的概率下，Z_i=1.645；

②通过 1.645 乘以标准差 4 来计算 $Z_i \times \sigma$，其值等于 6.58；

③平均值加减 6.58 可以确定 90% 概率的区间，即 20−6.58，20+6.58。在 90% 的概率下，区间为 13.42～26.58。

因此，我们可以得知总体 90% 的值将落在 13.42 和 26.58 之间。图 4-7 展示了如何将标准正态分布的 x 轴转换为我们示例的 x 轴。

通常，我们不知道总体的真实均值和标准差。但是，由于 $\bar{X}$ 和 S 是 μ 和 σ 的无偏估计量，我们可以使用均值（$\bar{X}$）和标准差（S）的样本估计值来计算区间，即

$$\bar{X} - Z_i \times S < \mu < \bar{X} + Z_i \times S \tag{4-13}$$

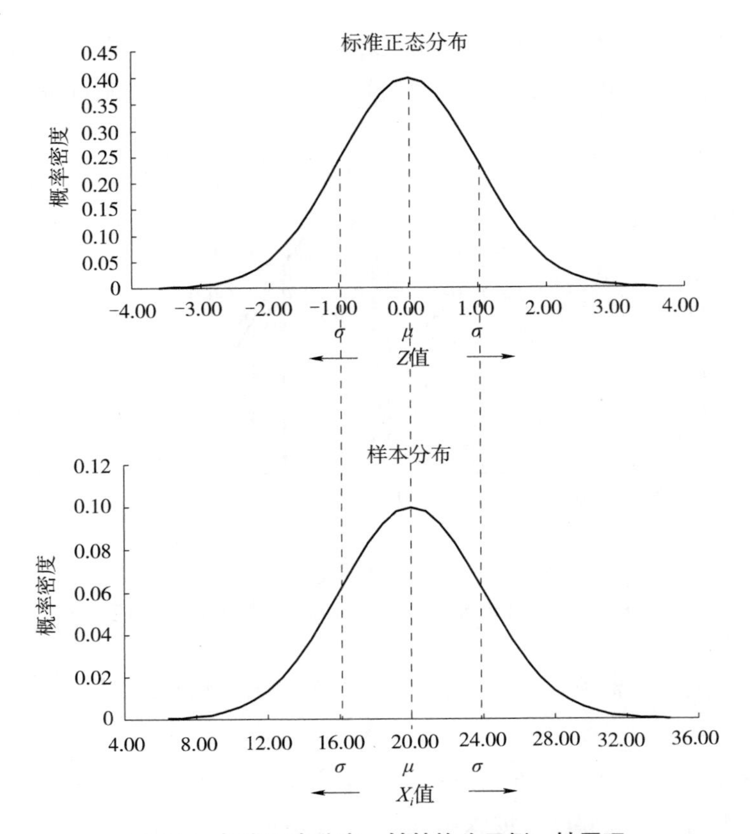

图 4-7　标准正态分布 x 轴转换为示例 x 轴原理

4.5.3　估算均值估计值附近的置信区间

通常，我们想知道我们计算出来的均值估计值有多可靠。为此，我们需要使用样本数据在均值估计值周围建立置信区间。再次使用标准正态变量（Z_i）估计置信区间，样本均值的总体可根据上述方法定义为

$$Z_i = \left(\bar{X} - \mu\right) / \sigma_x \tag{4-14}$$

Z_i 可以通过以下方程估算：

$$Z_i = \left(\bar{X}_i - \bar{X}\right) / S_{\bar{x}} \tag{4-15}$$

式中：$\bar{X}_i$来自估计均值，与正态分布中的 Z_i 值对应；μ、σ、$\bar{X}$和$S_{\bar{x}}$的定义如前文所述。

均值估计值的置信区间可以用下式计算：

$$\bar{X} - Z_i\left(S_{\bar{x}}\right) < \mu < \bar{X} + Z_i\left(S_{\bar{x}}\right) \tag{4-16}$$

如果样本的规模较大，则使用下式计算：

$$\bar{X}-t_i\left(S_{\bar{x}}\right)<\mu<\bar{X}+t_i\left(S_{\bar{x}}\right) \quad (4\text{-}17)$$

当样本规模较小时，t_i 的值是学生 t 分布（学生 t 分布是在样本规模小于 30 时，用于替代 z 分布使用的）在第 i 个概率水平下所对应的 x 轴上的值。

用式（4-13）计算的在指定概率下估计总体值在均值附近的分散区间与用式（4-16）和式（4-17）计算得到的均值估计值周围的置信区间之间存在细微但非常重要的区别。前者表示总体值在指定概率下围绕均值的分散范围，后者表示在指定的概率下均值估计值的可靠性。

有趣的是，即使基础变量总体不服从正态分布，但样本均值总体也会呈正态分布。这个源自中心极限定理的重要概念告诉我们，当样本量足够大，且选择的样本没有偏差时，即使选择用来计算均值估计值的样本不服从正态分布，均值总体分布也会服从正态分布。在中心极限定理的支持下，不管 X_i 的分布如何，我们对$\bar{X}$的估计都有相当的自信，这让我们得以确定而不是假设标准正态分布的形状是样本均值分布的形状。

4.5.4 位置精度评价统计

所有位置的精度测量值都是通过将参考坐标或高程与每个样本位置地图或影像坐标或高程进行比较来估计得到的。如果假设误差呈正态分布，本节将回顾用于反映位置精度的方程。首先，讨论一维垂直精度评价。然后，回顾二维水平精度评价。接下来的部分讨论了如果假定误差不是正态分布的，则应使用 ASPRS 标准的规定。

4.5.4.1 如果假设误差是正态分布的

（1）垂直精度

ASPRS（2014）标准建议将平均垂直误差（μ_v，由于本文使用 z 变量作为标准正态变量，在这部分使用下标 v 表示垂直误差）计算为误差值的简单平均值。计算方程如下：

$$\bar{e}_v=1/n\sum_{i=1}^{n}e_{vi} \quad (4\text{-}18)$$

但是，使用简单平均值可能会导致正负误差相互抵消。Greenwalt 和 Schultz（1962，1968）提出了用于估计平均误差幅度的替代方程，该方程用来计算平均误差值的绝对值，方程如下：

$$|\overline{e}_v| = 1/n\sum_{i=1}^{n}|e_{vi}| \tag{4-19}$$

ASPRS（2014）标准承认使用绝对值的优势，因为它表示的是误差大小，而不是表面上的符号。

但是，我们的目标如果是了解均值周围的误差分布，则需要使用式（4-18）中规定的算术平均值。垂直误差总体的标准差（σ_v）可通过下式估计：

$$S_v = \sqrt{\sum_{i}^{n}\left(e_{vi} - \overline{e}_v\right)^2 / (n-1)} \tag{4-20}$$

并且 e_v 的标准误差可以用下式估计：

$$S_{\overline{e}_v} = S_v / \sqrt{n} \tag{4-21}$$

假设垂直误差呈正态分布，则在特定概率下的估计误差区间可表示为

$$\overline{e} \pm Z_i\left(S_v\right) \tag{4-22}$$

在 95% 的概率下，误差区间变为

$$\overline{e}_v \pm 1.96\left(S_v\right) \tag{4-23}$$

如果$\overline{e}_v$等于 0，则因子 $\pm Z_i$（S_v）用变量 Z_i 表示在指定的概率上的误差区间，概率为 95% 的区间为 ±1.96（S_v）。若$\overline{e}_v$等于 0，概率为 90% 的情况下，区间为 1.645（S_v）。

误差理论和制图应用原理是第一份建议使用 Z_i（S_v）区间作为估计位置精度的标准的报告（Greenwalt & Schultz，1962，1968）。该报告依靠在各种概率水平估计区间 Z_i（S_v），该区间有 50% 的概率误差（probable error，PE）和 90% 的地图精度标准（map accuracy standard，MAS）。图 4-8 显示了对应 50% 的 PE、90% 的 MAS 和 95% 的 NSSDA 标准的正态分布部分。Greenwalt 和 Schultz（1962，1968）以及随后的 FGDC（1998）和 ASPRS（2014）估计了在不同概率下以平均误差为中心的误差区间。这些方程源自军事科学的弹道学，它们能计算出在指定概率下围绕平均误差（$\overline{e}_v$）的可能散布范围的估计结果。

请注意，Z_i（S_v）区间不是围绕$\overline{e}_v$估计的置信区间，也不是在给定概率下的预期误差范围。相反，它是在假设误差是正态分布，平均误差为零的情况下，对在指定概率下存在的最大误差间隔的估计。可惜的是，空间误差通常是有偏差且相互关联的，误差服从正态分布这一假设会产生问题。

为了测量$\overline{e}_v$估计值的可靠性（或我们的置信度），可以通过转换一般置信区间方

程［式（4-16）和式（4-17）］来计算$\overline{e}_v$周围的置信区间：

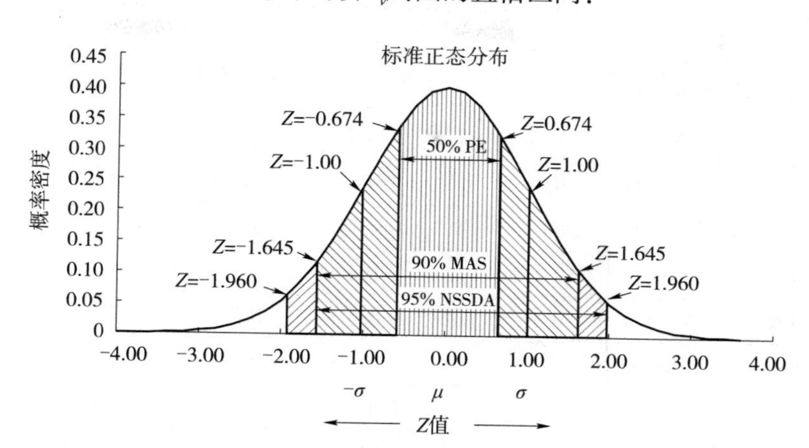

图 4-8　各种地图精度标准的概率对应的标准正态分布的区域和 Z_i 值①

$$\overline{X}-Z_i\left(S_{\overline{x}}\right)<\mu<\overline{X}+Z_i\left(S_{\overline{x}}\right) \tag{4-24}$$

对应到我们的制图应用术语，例如，对于大规模样本：

$$\overline{e}_v-Z_i\left(S_{\overline{e}_v}\right)<\mu<\overline{e}_v+Z_i\left(S_{\overline{e}_v}\right) \tag{4-25}$$

对于小规模样本：

$$\overline{e}_v-t_i\left(S_{\overline{e}_v}\right)<\mu<\overline{e}_v+t_i\left(S_{\overline{e}_v}\right) \tag{4-26}$$

式中所有变量的定义在前文都已介绍。

在大多数情况下，如果我们有大于 30 的样本量，则在 95% 的概率下可变为

$$\overline{e}_v-1.96\left(S_{\overline{e}_v}\right)<\mu<\overline{e}_v+1.96\left(S_{\overline{e}_v}\right) \tag{4-27}$$

这意味着我们有 95% 的把握确定区间包含真实值，但不能得到总体平均误差。

表 4-1 显示了假定的数字高程模型中的地图和参考高程，计算了每个样本点的误差。表 4-2 中显示了所有这些计算方程。

ASPRS（2014）标准中指明报告垂直精度需要使用 NSSDA 方程。NSSDA（FGDC，1998）要求精度报告达到 95% 的水平，NSSDA 如此定义的原因是集中 95% 的位置的数据相对于真实地面位置的误差，小于或等于报告的精度。NSSDA 参考 Greenwalt 和 Schultz（1962，1968）方程来计算 95% 水平精度，但用 $RMSE_v$ 代替了原来方程中估计的标准差（S_v）。

① 资料来源：ASPRS（2014）标准。

表 4-1　垂直精度示例

地点	v_{ri}	v_{mi}	误差 = 参考 - 地图 = e_{vi}	误差平方	误差绝对值	（绝对值 - 平均绝对值）^{2}	（e_{vi} - 算术平均值）^{2}
ID	参考	地图	$(v_{ri}-v_{mi})=e_{vi}$	$(v_{ri}-v_{mi})^2=e_{vi}^2$	—	—	—
1202	2 362.208	2 361.31	0.897 5	0.805 5	0.897 5	0.451 9	0.671 0
1230	2 421.586	2 420.9	0.685 5	0.469 9	0.685 5	0.211 8	0.368 6
1229	2 701.611	2 701.17	0.441 0	0.194 5	0.441 0	0.046 5	0.131 5
125	705.311 7	705.019	0.292 7	0.085 7	0.292 7	0.004 5	0.045 9
316	1 009.234	1 009.03	0.204 4	0.041 8	0.204 4	0.000 4	0.015 9
369	920.057 4	919.874	0.183 4	0.033 6	0.183 4	0.001 8	0.011 0
292	586.365 9	586.24	0.125 9	0.015 9	0.125 9	0.009 9	0.002 3
143	761.468 4	761.391	0.077 4	0.006 0	0.077 4	0.021 9	0
132	712.179 1	712.132	0.047 1	0.002 2	0.047 1	0.031 7	0.001 0
1005	1 190.428	1 190.4	0.028 4	0.000 8	0.028 4	0.038 7	0.002 5
274	809.043 3	809.05	–0.006 7	0	0.006 7	0.047 8	0.007 2
112	387.261 1	387.296	–0.034 9	0.001 2	0.034 9	0.036 2	0.012 8
339	965.691	965.748	–0.057 0	0.003 2	0.057 0	0.028 3	0.018 3
130	1 059.134	1 059.23	–0.095 8	0.009 2	0.095 8	0.016 8	0.030 3
113	428.77	428.963	–0.193 0	0.037 2	0.193 0	0.001 0	0.073 6
122	1 012.012	1 012.31	–0.298 3	0.089 0	0.298 3	0.005 3	0.141 9
136	308.71	309.011	–0.301 0	0.090 6	0.301 0	0.005 7	0.143 9
104	529.472 1	529.826	–0.353 9	0.125 2	0.353 9	0.016 6	0.186 8
101	427.165 3	427.584	–0.418 7	0.175 3	0.418 7	0.037 4	0.247 1
1221	2 690.138	2 689.52	0.618 0	0.381 9	0.618 0	0.154 3	0.291 2
129	483.431 7	483.048	0.383 7	0.147 2	0.383 7	0.025 1	0.093 2
128	492.701 4	492.581	0.120 4	0.014 5	0.120 4	0.011 0	0.001 8
114	799.945 2	799.856	0.089 2	0.008 0	0.089 2	0.018 5	0.000 1
367	1 273.086	1 273.03	0.055 7	0.003 1	0.055 7	0.028 7	0.000 5
108	1 235.013	1 235.03	–0.017 2	0.000 3	0.017 2	0.043 3	0.009 1
325	1 040.908	1 040.97	–0.062 2	0.003 9	0.062 2	0.026 6	0.019 8
250	211.437 5	211.523	–0.085 5	0.007 3	0.085 5	0.019 5	0.026 8
1010	1 189.488	1 189.62	–0.132 4	0.017 5	0.132 4	0.008 6	0.044 4
总和			2.19	2.77	6.31	1.35	2.60

表 4-2 垂直精度示例方程和统计

定义	方程	数值
总体垂直误差的估计均方根误差	$\mathrm{RMSE}_v=\sqrt{\sum_i^n (e_{vi})^2/n}$	0.315
总体垂直误差的估计绝对平均值	$\lvert\bar{e}_v\rvert=\sum_1^n \lvert e_{vi}\rvert/n$	0.225
总体垂直误差的估计方差	$S_{\lvert v\rvert}^2=\sum_1^n\left(\lvert e_{vi}\rvert-\lvert\bar{e}_v\rvert\right)^2/(n-1)$	0.050
总体垂直误差的估计标准差	$S_{\lvert v\rvert}=\sqrt{\sum_1^n\left(\lvert e_{vi}\rvert-\lvert\bar{e}_v\rvert\right)^2/(n-1)}$	0.224
总体平均误差的估计标准误差	$S_{\lvert\bar{e}_v\rvert}=S_{\lvert v\rvert}/\sqrt{n}$	0.042
总体垂直误差的估计算术平均值	$\bar{e}_v=\sum_1^n e_{vi}/n$	0.078
总体算术误差的估计标准差	$S_v=\sqrt{\sum_i^n (e_{vi}-\bar{e}_v)^2/(n-1)}$	0.310
总体平均算术误差的估计标准误差	$S_{\bar{e}_v}=S_v/\sqrt{n}$	0.059
在 90% 概率下 Greenwalt 和 Schultz MAS 的 e_{vi} 标准正态区间	$1.645\times S_v$	0.510
在 95% 概率下 Greenwalt 和 Schultz 的 e_{vi} 标准正态区间	$1.96\times S_v$	0.608
NSSDA 统计	$1.96\times \mathrm{RSME}_v$	0.617
检验平均算术误差在 95% 置信水平下是否明显不同于 0	$\bar{e}_v\pm 1.96\times S_{\bar{e}_v}$	$0.078\pm1.96\times0.059$

以上这些方程算出区间为 –0.038～0.194。平均误差可能等于 0 的假设在 95% 的置信水平上是正确的，这意味着 RMSE 可以代替 S_v 并且 NSSDA 统计的方程是正确的

用于计算 NSSDA 垂直精度统计的所得 NSSDA 方程为

$$\text{NSSDA vertical accuracy}=1.96\,(\mathrm{RMSE}_v) \tag{4-28}$$

而不是 Greenwalt 和 Schultz（1962，1968）提出来的方程：

$$\text{Vertical accuracy}=1.96\,(S_v) \tag{4-29}$$

观察以下 RMSE 和标准差的方程式，我们可以发现这两个统计量并不相同，

并且仅当平均误差为零且样本量足够大，才能使标准差方程中的分母（$n-1$）接近 n，即 RMSE 方程中的分母。

$$\mathrm{RMSE}=\sqrt{\sum_{i}^{n}\left(e_{vi}\right)^{2}/n} \tag{4-30}$$

$$S_{v}=\sqrt{\sum_{i}^{n}\left(e_{vi}-\overline{e}_{v}\right)^{2}/\left(n-1\right)} \tag{4-31}$$

如果均值为零，则区间变为$Z_{i}\left(S_{v}\right)$的（Greenwalt & Schultz，1962，1968）统计量。然而，假设平均误差等于 0 似乎违背了位置精度评价的目的，即使用样本来了解位置误差的大小和分布。虽然 NSSDA 标准被广泛应用，但它仅在 $\mathrm{RMSE}_v=S_v$ 时有效。如果 $S_v<\mathrm{RMSE}_v$，则 NSSDA 统计量将高估误差区间；如果 $S_v>\mathrm{RMSE}_v$，则 NSSDA 统计量将低估误差区间。因此，我们建议不要做这个假设，计算平均误差的估计值，并使用本书指定的式（4-32）和式（4-33）估计可能的误差区间，即

$$\overline{e}_{v}-Z_{i}\left(S_{\overline{e}_{v}}\right)<\mu<\overline{e}_{v}+Z_{i}\left(S_{\overline{e}_{v}}\right) \tag{4-32}$$

$$\overline{e}_{v}-t_{i}\left(S_{\overline{e}_{v}}\right)<\mu<\overline{e}_{v}+t_{i}\left(S_{\overline{e}_{v}}\right) \tag{4-33}$$

规模较大的样本使用式（4-32），而规模较小的样本则使用式（4-33）。

（2）水平精度

水平精度比垂直精度更复杂，因为误差分布在二维（x 和 y 两个维度），需要计算径向误差并依赖二元正态分布来估计概率。为了计算水平均方根误差（RMSE_h），首先，记录来自参考数据的 x 坐标，然后记录来自正在评价的空间数据集的 x 坐标。再然后，计算两个位置之间的差异，最终对该差异进行平方。该过程同样适用于 y 坐标。计算后每个测试点都有一个相关误差距离 e_i，由以下方程定义：

$$e_{h}=\sqrt{\left(x_{ri}-x_{mi}\right)^{2}+\left(y_{ri}-y_{mi}\right)^{2}} \tag{4-34}$$

以及

$$e_{h}^{2}=\left(x_{ri}-x_{m_i}\right)^{2}+\left(y_{ri}-y_{m_i}\right)^{2} \tag{4-35}$$

式中：x_r 和 y_r 是参考坐标；x_m 和 y_m 是正在评价的空间数据集中地图或影像坐标上的第 i 个样本点。

RMSE_h 的方程是将各个测试样本点的误差代入下列方程中计算得到的：

$$\begin{aligned}\mathrm{RMSE}_h &= \sqrt{\sum_i^n\left(\left(x_{ri}-x_{mi}\right)^2+\left(y_{ri}-y_{mi}\right)^2\right)/n} \\ &= \sqrt{\left(\mathrm{RMSE}_x^2+\mathrm{RMSE}_y^2\right)/n}\end{aligned} \tag{4-36}$$

或者

$$\mathrm{RMSE}_h = \sqrt{\frac{\sum_i^n e_{h_i}^2}{n}} \tag{4-37}$$

式中：e_{h_i} 在式（4-34）中定义，n 是测试样本点的数量。

与垂直精度一样，ASPRS（2014）标准要求将平均水平位置误差（μ_h）计算为误差值的简单平均值，计算方程为

$$\bar{e}_h = 1/n\sum_{i=1}^n e_i \tag{4-38}$$

但是，使用简单平均值可能会导致误差相互抵消。另一个方程是 Greenwalt 和 Schultz（1962，1968）提出的，该方程计算误差的平均值的绝对值，方程如下：

$$|\bar{e}_h| = 1/n\sum_1^n |e_{hi}| \tag{4-39}$$

一旦估计了平均值，水平误差总体的标准差（S_h）也可以使用 Greenwalt 和 Schultz（1962，1968）提出的方程代入样本进行估计，即

$$S_h = \left(S_x + S_y\right)/2 \tag{4-40}$$

其中，

$$S_x = \sqrt{\sum_i^n\left(\left(x_{ri}-x_{mi}\right)-\bar{e}_x\right)^2/\left(n-1\right)} \tag{4-41}$$

和

$$S_y = \sqrt{\sum_i^n\left(\left(y_{ri}-y_{mi}\right)-\bar{e}_y\right)^2/\left(n-1\right)} \tag{4-42}$$

水平误差总体的估计标准误差为

$$S_{\bar{e}_h} = S_h/\sqrt{n} \tag{4-43}$$

假设误差服从正态分布，则在指定的概率下，误差估计区间可被表示：

$$\bar{e}_h \pm Z_i\left(S_h\right) \tag{4-44}$$

如果$\overline{e}_h$为 0，则误差区间变为 Greenwalt 和 Schultz（1962，1968）指定的$Z_i\left(S_h\right)$。

平均水平误差估计值的置信区间可以根据下式计算：

$$\overline{e}_h - Z_i\left(S_{\overline{e}_h}\right) < \mu < \overline{e}_h + Z_i\left(S_{\overline{e}_h}\right) \tag{4-45}$$

$$\overline{e}_h - t_i\left(S_{\overline{e}_h}\right) < \mu < \overline{e}_h + t_i\left(S_{\overline{e}_h}\right) \tag{4-46}$$

式（4-45）用于大规模样本，式（4-46）用于小规模样本。

因为水平误差是在两个维度上测量的，所以必须使用二元标准正态分布来表征误差的分布。图 4-9 提供了二元正态分布的三维图示。图 4-10 是二元标准正态概率分布的俯视图，其中描绘了常用地图标准［圆形误差概率（circular error probable，CEP）为 50%，圆形地图精度标准（circular map accuracy standard，CMAS）为 90%，NSSDA 为 95%］。

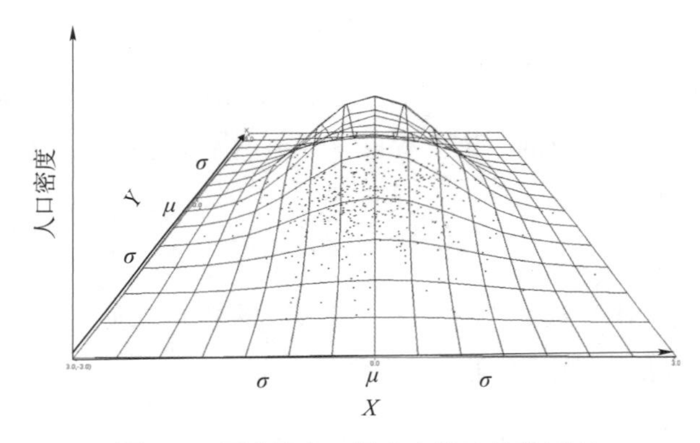

图 4-9　标准正态二元分布的三维表示图

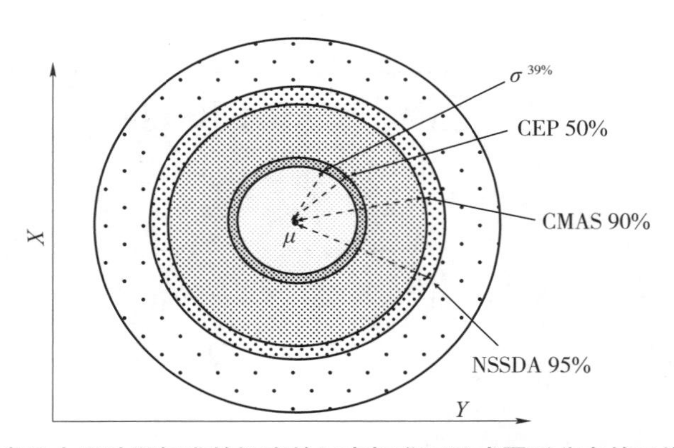

图 4-10　常见水平地图标准的概率的正态标准二元或圆形分布的二维表示图[①]

① 来自 Greenwalt, C. 和 Schultz, M.，美国空军，航空图表和信息中心，ACIC 技术报告编号 96，密苏里州，圣路易斯，1962，1968。

依靠二元标准正态分布来表征水平误差分布要求我们假设水平误差呈圆形分布，即 S_x 等于 S_y。我们可以通过计算 S_{min} 与 S_{max} 的比率来测试圆形度（其中 S_{min} 是 S_x 或 S_y 中的较小者，S_{max} 是 S_x 或 S_y 中的较大者）。图 4-11 显示了 S_x 和 S_y 的差异是如何影响误差分布的形状的。如果 S_{min} 与 S_{max} 之比为 0.2 或更高，Greenwalt 和 Schultz（1962，1968）声明可以将水平误差分布形状假设为圆形，NSSDA 用 RMSE 代替 S，并要求 $RMSE_{min}$ 与 $RMSE_{max}$ 之比大于 0.6。

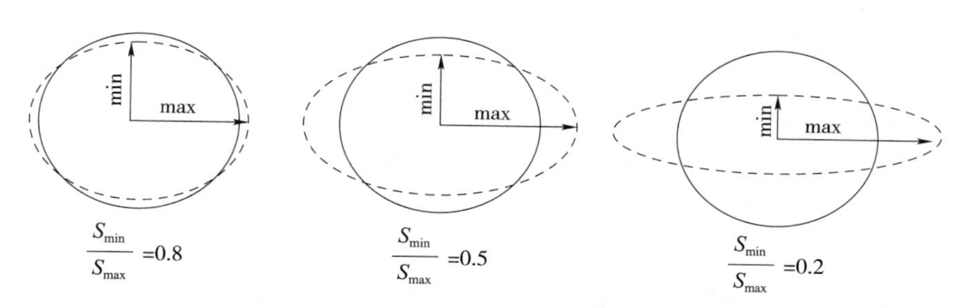

图 4-11　不同 S_{min}/S_{max} 比率的圆形和椭圆分布的比较图[①]

与垂直精度一样，ASPRS（2014）依赖作为估计水平精度的统计数据$Z_i(S_h)$。该统计量估计在特定概率下$\bar{e}_h$任一侧存在的最大误差间隔。95% 概率的二元标准正态分布 Z_i 统计量为 2.447 7（Greenwalt 和 Schultz，1962，1968），得到的 95% 概率误差区间为

$$=2.4477\left(\left(S_x+S_y\right)/2\right) \tag{4-47}$$

$$=2.4477S_h \tag{4-48}$$

95% 的误差将落在的误差区间（假设误差是正态分布的）为

$$\left[\bar{e}_h-2.447\times S_h,\ \bar{e}_h+2.447\times S_h\right] \tag{4-49}$$

如果$\bar{e}_h$为 0，则估计的区间为 Greenwalt 和 Schultz（1962，1968）和 ASPRS（1989）的精度统计 2.447（S_h）。

因为$\bar{e}_h$的分布是一维的（虽然误差分布是二维的），在 95% 的概率下，$\bar{e}_h$的置信区间可表示为如下两式：

$$\bar{e}_h-1.96S_{\bar{e}_h}<\mu<\bar{e}_h+1.96S_{\bar{e}_h} \tag{4-50}$$

① 来自美国国防测绘局（Defense Mapping Agency，DMA），国防测绘局技术报告 8400.1，费尔法克斯，弗吉尼亚州，1991。

$$\bar{e}_h - t_{95\%,\ n-1\text{degrees of freedom}} S_{\bar{e}_h} < \mu < \bar{e}_h + t_{95\%,\ n-1\text{degrees of freedom}} S_{\bar{e}_h} \tag{4-51}$$

当样本规模较大时，用式（4-50）；样本规模较小时，用式（4-51）。

- ASPRS（2014）标准

与垂直精度一样，ASPRS（2014）标准指示使用 NSSDA 方程来报告水平精度。与垂直精度方程一样，在 RMSE_x 和 RMSE_y 相等时和不相等的两种不同条件下，NSSDA 精度统计错误地应用了 RMSE_h 而不是 S_h 来计算 NSSDA 精度统计量。

- 当误差遵循圆形分布

当 $\text{RMSE}_x=\text{RMSE}_y$（而不是 $S_x=S_y$）时，NSSDA 定义误差是按圆形分布的。按照 NSSDA 的定义，当 $\text{RMSE}_x=\text{RMSE}_y$ 时，那么会有如下方程：

$$\text{RMSE}_h = \sqrt{2\left(\text{RMSE}_x\right)^2} = \sqrt{2\left(\text{RMSE}_y\right)^2}$$

$$=1.414\,2 \times \text{RMSE}_x=1.414\,2 \times \text{RMSE}_y \tag{4-52}$$

应用在 95% 概率下，圆形误差正态分布的 Z 统计量 2.447 7，得到 NSSDA 水平精度 $=2.447\,7 \times \text{RMSE}_h$，或者

$$=2.447\,7 \times \text{RMSE}_h/1.414\,2$$

$$=1.730\,8*\text{RMSE}_h \tag{4-53}$$

大多数组织都使用这个简化的方程，无论误差是否遵循圆形分布。然而，与高程精度一样，NSSDA 水平精度值假设标准差等于 RMSE，这要求平均误差为零并且样本量很大。用于确定特定概率水平的误差区间的总体参数是水平误差（S_h）的标准差，而不是 RMSE_h（Ager，2004）。

- 当误差不遵循圆形分布

如果 $\text{RMSE}_x \neq \text{RMSE}_y$，那么 NSSDA 规定 NSSDA 精度统计量为

$$= 2.447\,7\left[\left(\text{RMSE}_x + \text{RMSE}_y\right)/2\right] \tag{4-54}$$

表 4-3 和表 4-4 展示了前文示例的样本参考和地图坐标，并计算了 RMSE_h、S_h、S_{RMSE_h} 和 95% 概率下的 $Z_i \times S$，以及 90% 的 CMAS 精度区间、NSSDA 统计量和 RMSE_h 周围 95% 的置信区间。

表 4-3 水平精度示例

地点	x_{ri}	x_{mi}	x方向上的误差=参考-地图	x方向上的误差绝对值	方向上的误差平方	误差绝对值减去平均误差绝对值的平方	(e_{xi}-算术平均值)^2
ID	参考	地图	$(x_{ri}-x_{mi})=e_{xi}$	$\|e_{xi}\|$	$(x_{ri}-x_{mi})^2=e_{xi}^2$	$(\|e_{xi}\|-\|\bar{e}_x\|)^2$	—
107	6 463 928.427 5	6 463 928.289 1	0.138 4	0.138 4	0.019 2	0.000 4	0.055 1
108	6 478 942.944 6	6 478 942.970 7	−0.026 1	0.026 1	0.000 7	0.017 7	0.004 9
110	6 498 179.138	6 498 179.217 2	−0.078 9	0.078 9	0.006 2	0.006 5	0.000 3
111	6 500 864.579	6 500 866.252 6	−1.673 4	1.673 4	2.800 4	2.292 7	2.487 6
116	6 527 762.073	6 527 762.141 0	−0.067 7	0.067 7	0.004 6	0.008 4	0.000 8
117	6 539 890.054	6 539 890.265 0	−0.211 3	0.211 3	0.044 7	0.002 7	0.013 3
122	6 452 053.827	6 452 053.860 1	−0.033 6	0.033 6	0.001 1	0.015 8	0.003 9
123	6 435 447.026	6 435 446.769 4	0.256 7	0.256 7	0.065 9	0.009 5	0.124 5
124	6 445 012.853	6 445 012.714 3	0.138 5	0.138 5	0.019 2	0.000 4	0.055 1
206	6 523 662.663	6 523 662.753	−0.089 8	0.089 8	0.008 1	0.004 8	0
216	6 503 988.907	6 503 989.088	−0.180 8	0.180 8	0.032 7	0.000 5	0.007 2
222	6 497 217.532	6 497 217.633	−0.100 9	0.100 9	0.010 2	0.003 4	0
227	6 532 154.3	6 532 154.273	0.027 2	0.027 2	0.000 7	0.017 4	0.015 2
228	6 514 726.617	6 514 726.623	−0.006 1	0.006 1	0	0.023 5	0.008 1
229	6 480 333.296	6 480 333.32	−0.024 2	0.024 2	0.000 6	0.018 2	0.005 2
283	6 510 536.271	6 510 536.406	−0.135 4	0.135 4	0.018 3	0.000 6	0.001 5
200	6 509 030.602	6 509 030.542	0.059 6	0.059 6	0.003 6	0.009 9	0.024 3
112	6 502 026.546	6 502 026.555	−0.009 1	0.009 1	0.000 1	0.022 5	0.007 6
232	6 509 030.602	6 509 030.542	0.059 6	0.059 6	0.003 6	0.009 9	0.024 3
125	6 436 524.826	6 436 525.078	−0.252 0	0.252 0	0.063 5	0.008 6	0.024 3
126	6 464 717.98	6 464 718.139	−0.159 5	0.159 5	0.025 4	0	0.004 0
128	6 536 017.654	6 536 017.669	−0.015 4	0.015 4	0.000 2	0.020 7	0.006 5
207	6 523 447.419	6 523 447.415	60.004 0	0.004 0	0	0.024 1	0.010 0
208	6 458 661.423	6 458 661.423	0.000 2	0.000 2	0	0.025 3	0.009 3
210	6 432 704.314	6 432 704.347	−0.033 3	0.033 3	0.001 1	0.015 9	0.004 0
214	6 524 150.257	6 524 150.154	0.103 3	0.103 3	0.010 7	0.003 1	0.039 8
221	6 490 159.754	6 490 159.595	0.158 2	0.158 2	0.025 0	0	0.064 7
223	6 464 915.134	6 464 915.446	−0.311 2	0.311 2	0.096 8	0.023 1	0.046 2
224	6 446 211.171	6 446 211.483	−0.312 3	0.312 3	0.097 5	0.023 4	0.046 7
226	6 513 283.38	6 513 283.492	−0.111 3	0.111 3	0.012 4	0.002 3	0.000 2
总和				4.778 0	3.372 4	2.611 4	3.094 7

续表

地点	y_{ri}	y_{mi}	y方向上的误差=参考－地图	y方向上的误差绝对值	y方向上的误差平方	误差绝对值减去平均误差绝对值的平方	(e_{yi}－算术平均值)^2	误差平方的总和
ID	参考	地图	$(y_{ri}-y_{mi})=e_{xi}$	$\lvert e_{yi}\rvert$	$(y_{ri}-y_{mi})^2=e_{yi}^2$	$(\lvert e_{yi}\rvert-\lvert\bar{e}_y\rvert)^2$		$e_{xi}^2+e_{yi}^2$
107	1 740 487.990 5	1 740 488.208 9	−0.218 4	0.218 4	0.047 7	0.007 9	0.049 0	0.066 9
108	1 757 945.798 6	1 757 945.599 6	0.199 1	0.199 1	0.039 6	0.011 8	0.038 4	0.040 3
110	1 736 983.277 8	1 736 983.779 9	−0.502 1	0.502 1	0.252 1	0.037 8	0.255 1	0.258 3
111	1 758 833.249 8	1 758 830.883 4	2.366 4	2.366 4	5.599 9	4.238 7	5.585 6	8.400 3
116	1 731 210.402 7	1 731 210.725 9	−0.323 2	0.323 2	0.104 5	0.000 2	0.106 4	0.109 1
117	1 755 842.117 6	1 755 841.910 3	0.207 3	0.207 3	0.043 0	0.010 1	0.041 7	0.087 6
122	1 728 034.383 8	1 728 034.691 6	−0.307 8	0.307 8	0.094 8	0.000 0	0.096 6	0.095 9
123	1 737 489.687 0	1 737 489.983 0	−0.296 0	0.296 0	0.087 6	0.000 1	0.089 4	0.153 5
124	1 757 524.805 7	1 757 524.791 9	0.013 8	0.013 8	0.000 2	0.086 3	0.000 1	0.019 4
206	1 753 217.880 9	1 753 218.085 4	−0.204 5	0.204 5	0.041 8	0.010 6	0.043 1	0.049 9
216	1 728 652.723 2	1 728 653.298 2	−0.575 0	0.575 0	0.330 6	0.071 5	0.334 1	0.363 3
222	1 751 316.333 2	1 751 316.333 1	0.000 1	0.000 1	0.000 0	0.094 6	0.000 0	0.010 2
227	1 740 450.920 0	1 740 451.263 0	−0.343 0	0.343 0	0.117 7	0.001 3	0.119 8	0.118 4
228	1 748 724.169 6	1 748 724.442 7	−0.273 1	0.273 1	0.074 6	0.001 2	0.076 2	0.074 6
229	1 742 388.061 5	1 742 388.268 6	−0.207 1	0.207 1	0.042 9	0.010 1	0.044 2	0.043 5
283	1 757 706.508 1	1 757 706.551 9	−0.043 8	0.043 8	0.001 9	0.069 6	0.002 2	0.020 2
200	1 746 587.329 4	1 746 587.440 7	−0.111 3	0.111 3	0.012 4	0.038 5	0.013 1	0.015 9
112	1 779 378.914 2	1 779 378.751 1	0.163 1	0.163 1	0.026 6	0.020 9	0.025 6	0.026 7
232	1 793 670.440 5	1 793 670.512 2	−0.071 7	0.071 7	0.005 1	0.055 6	0.005 6	0.008 7
125	1 782 491.717 6	1 782 490.887 8	0.829 8	0.829 8	0.688 6	0.272 7	0.683 6	0.752 1
126	1 778 968.456 8	1 778 968.109 7	0.347 2	0.347 2	0.120 5	0.001 6	0.118 4	0.145 9
128	1 791 341.523 6	1 791 341.581 9	−0.058 3	0.058 3	0.003 4	0.062 1	0.003 8	0.003 6
207	1 781 813.769 0	1 781 813.564 0	0.205 0	0.205 0	0.042 0	0.010 5	0.040 8	0.042 0
208	1 763 512.132 6	1 763 512.031 8	0.100 8	0.100 8	0.010 2	0.042 8	0.009 6	0.010 2
210	1 797 681.415 6	1 797 681.581 7	−0.166 1	0.166 1	0.027 6	0.020 0	0.028 6	0.028 7
214	1 766 691.135 9	1 766 691.033 7	0.102 2	0.102 2	0.010 5	0.042 2	0.009 8	0.021 1
221	1 774 521.076 9	1 774 520.952 4	0.124 5	0.124 5	0.015 5	0.033 5	0.014 8	0.040 5
223	1 795 190.223 2	1 795 190.442 6	−0.219 4	0.219 4	0.048 1	0.007 8	0.049 5	0.145 0
224	1 776 288.784 2	1 776 289.225 3	−0.441 1	0.441 1	0.194 6	0.017 8	0.197 3	0.292 1
226	1 771 237.413 9	1 771 237.620 3	−0.206 4	0.206 4	0.042 6	0.010 2	0.043 9	0.055 0
总和				9.227 7	8.126 6	5.288 2	8.126 3	11.499 0

表 4-4 水平精度示例方程和统计

定义	x 方向上的方程	x 方向上的值
总体误差的估计均方根	$\mathrm{RMSE}_x = \sqrt{\sum_i^n (e_{xi})^2 / n}$	0.335 3
总体误差的估计绝对平均值	$\lvert\bar{e}_x\rvert = 1/n\sum_1^n \lvert e_{xi}\rvert$	0.159 3
总体误差的估计方差	$S_{\lvert e_x\rvert}^2 = \sum_i^n (\lvert e_{xi}\rvert - \lvert\bar{e}_x\rvert)^2 / (n-1)$	0.090 0
总体误差的估计标准差	$S_{\lvert e_x\rvert} = \sqrt{\sum_i^n (\lvert e_{xi}\rvert - \lvert\bar{e}_x\rvert)^2 / (n-1)}$	0.300 1
总体平均误差的估计标准误差	$S_{\lvert\bar{e}_x\rvert} = \sqrt{S_{\lvert e_x\rvert}^2 / n}$	0.054 8
总体误差的估计算术平均值	$\bar{e}_x = \sum_1^n e_{xi} / n$	−0.096 2
总体算术误差的估计标准差	$S_{e_x} = \sqrt{\sum_i^n (e_{xi} - \bar{e}_x)^2 / (n-1)}$	0.326 7
总体平均算术误差的估计标准误差	$S_{\bar{e}_x} = S_{e_x} / \sqrt{n}$	0.059 6
在 90% 概率下总体误差的 Greenwalt 和 Schultz CMAS 标准正态（Z）区间	$1.645 \times S_{e_x}$	0.537 4
在 95% 概率下的总体误差的 Greenwalt 和 Schultz 标准正态（Z）区间	$1.96 \times S_{e_x}$	0.640 3
NSSDA 统计	$1.96 \times \mathrm{RMSE}_x$	0.657 2
检验平均误差在 95% 置信水平下是否明显不同于零	$\bar{e}_x \pm 1.96 \times S_{\bar{e}_x}$	−0.096 2 ± 0.640

以上方程算出区间为 −0.213 1～0.020 7。x 方向上的平均误差可能等于 0 的假设在 95% 的置信水平上是正确的，这意味着 RMSE 可以代替 S_e，并且 NSSDA 统计的方程也是正确的。

定义	y 方向上的方程	y 方向上的值
总体误差的估计均方根	$\mathrm{RMSE}_y = \sqrt{\sum_i^n (e_{yi})^2 / n}$	0.520 5
总体误差的估计绝对平均值	$\lvert\bar{e}_y\rvert = 1/n\sum_1^n \lvert e_{yi}\rvert$	0.307 6
总体误差的估计方差	$S_{\lvert e_y\rvert}^2 = \sum_i^n (\lvert e_{yi}\rvert - \lvert\bar{e}_y\rvert)^2 / (n-1)$	0.182 4
总体误差的估计标准差	$S_{\lvert e_y\rvert} = \sqrt{\sum_i^n (\lvert e_{yi}\rvert - \lvert\bar{e}_y\rvert)^2 / (n-1)}$	0.427 0

续表

定义	y 方向上的方程	y 方向上的值
总体平均误差的估计标准误差	$S_{\lvert\bar{e}_y\rvert}=\sqrt{S^2_{\lvert e_y\rvert}/n}$	0.078 0
总体误差的估计算术平均值	$\bar{e}_y=\sum_1^n e_{yi}/n$	0.003 0
总体算术误差的估计标准差	$S_{e_y}=\sqrt{\sum_i^n\left(e_{yi}-\bar{e}_y\right)^2/(n-1)}$	0.529 4
总体平均算术误差的估计标准误差	$S_{\bar{e}_y}=S_{e_y}/\sqrt{n}$	0.097 0
在 90% 概率下总体误差的 Greenwalt 和 Schultz CMAS 标准正态（Z）区间	$1.645\times S_{e_y}$	0.870 8
在 95% 概率下的总体误差的 Greenwalt 和 Schultz 标准正态（Z）区间	$1.96\times S_{e_y}$	1.037 5
NSSDA 统计	$1.96\times \text{RMSE}_y$	1.020 1
检验平均误差在 95% 置信水平下是否明显不同于零	$\bar{e}_y\pm 1.96\times S_{\bar{e}_y}$	0.003 ± 0.097

以上方程算出区间为 −0.186 4～0.192 5。y 方向上的平均误差可能等于 0 的假设在 95% 的置信水平上是正确的，这意味着 RMSE 可以代替 S_e，并且 NSSDA 统计的方程也是正确的。

定义	圆形方程	数值
总体误差的估计均方根	$\text{RMSE}_h=\sqrt{\sum_i^n\left(e_{hi}\right)^2/n}$	0.619 1
总体误差的估计绝对平均值	$\lvert\bar{e}_h\rvert=1/n\sum_1^n\lvert e_{hi}\rvert$	0.466 9
总体误差的估计标准差	$S_{\lvert e_h\rvert}=\left(S_{\lvert e_x\rvert}+S_{\lvert e_y\rvert}\right)/2$	0.363 6
总体平均误差的估计标准误差	$S_{\lvert\bar{e}_h\rvert}=S_{\lvert e_h\rvert}/\sqrt{n}$	0.066 4
总体误差的估计算术平均值	$\bar{e}_h=\sum_1^n e_{hi}/n$	−0.093 2
总体算术误差的估计标准差	$S_{e_h}=\left(S_{e_x}+S_{e_y}\right)/2$	0.428 0
总体平均算术误差的估计标准误差	$S_{\bar{e}_h}=S_{e_h}/\sqrt{n}$	0.078 1
在 90% 概率下总体误差的 Greenwalt 和 Schultz CMAS 标准正态（Z）区间	$2.146\times S_{e_h}$	0.918 5
在 95% 概率下总体误差的 Greenwalt 和 Schultz CMAS 标准正态（Z）区间	$2.447\ 7\times S_{e_h}$	1.047 6

续表

定义	圆形方程	数值
圆形度测试（Greenwalt 和 Schultz）。因为该比率超过 0.2，所以可以假设误差是圆形分布的。	S_{min}/S_{max}=0.326 7/0.529 4	0.617 1
圆形度测试（NSSDA）。由于该比率超过 0.6，因此可以假设误差是圆形分布的	$RMSE_{min}/RMSE_{max}$=0.335 3/0.520 5	0.644 2
$NSSDA_{circular}$ 统计	$1.730\ 8 \times RMSE_h$	1.071 6
$NSSDA_{elliptical}$ 统计	$2.447\ 7 \times .5 \times (RMSE_x + RMSE_y)$	1.047 3
检验平均误差在 95% 置信水平下是否明显不同于零	$\bar{e}_h \pm 1.96 \times S_{\bar{e}_h}$	−0.093 2 ± 0.153 2
以上方程算出区间 −0.246 4～0.06。平均误差可能等于 0 的假设在 95% 的置信水平上是正确的，这意味着 RMSE 可以代替 S_e，并且 NSSDA 统计的方程是正确的。		

4.5.4.2 如果假设误差是非正态分布的

ASPRS（2014）标准区分了植被垂直精度（VVA）和非植被垂直精度（NVA），因为它们假设非植被地形误差通常遵循适合 RMSE 统计分析的正态分布，而植被地形“不一定遵循”。ASPRS（2014）标准中没有引文说明为什么假设植被地形中的误差不遵循正态分布可能是有效的。用于确定第 95 个百分位的 ASPRS（2014）方程如下：

$$R = \left[(P/100) \times (n-1) + 1 \right] \tag{4-55}$$

式中：R 是包含第 P 个百分位上的观测值，P 是所需要的百分位比例（100）（如 95 表示第 95 个百分位数），n 是样本数据集的观测数。

一旦确定了观测值的等级，就可以使用以下方程在上观测值和下观测值中插百分位数（Q_P）：

$$Q_P = \left\{ A[n_w] + \left[n_d \times \left(A[n_w + 1] - A[n_w] \right) \right] \right\} \tag{4-56}$$

式中：Q_P 是第 P 个百分位数，第 n 级的值，A 是样本绝对值的数组，从 1 到 N 升序排列。$A[i]$ 是数组 A 在索引 i 处的样本值（如 n_w 或 n_d）。i 必须是 1 到 N 的整数；n_w 是 n 的整数部分；n_d 是 n 的小数部分。

虽然此过程将确定 95% 的采样误差值落在哪个范围内，但它不是“置信度”的衡量标准，因为它不依赖于误差分布的模型。

4.6 报告位置精度

ASPRS（2014）标准对位置精度的报告规定得非常具体，并明确区分了实际精度评价结果的报告和产品生产所依据的精度评价目标的声明。

1. “该数据集经过测试，符合 ASPRS 数字地理空间数据（2014）位置精度标准，适用于________（cm）$RMSE_x$/$RMSE_y$ 水平精度等级。发现实际位置精度为 $RMSE_x$=________（cm）和 $RMSE_y$=________（cm），这相当于在 95% 置信水平下，位置水平精度等于 +/−________（cm）。”

2. “该数据集的生成是为了符合 ASPRS 数字地理空间数据的位置精度标准（2014），使它能够适用于________（cm）$RMSE_x$/$RMSE_y$ 水平精度等级，其在 95% 的置信水平下相当于位置水平精度等于 +/−________（cm）。

高程数据集的垂直精度将以下列方式之一记录在元数据中：

1. “该数据集经过测试，符合 ASPRS 数字地理空间数据位置精度标准（2014），适用于________（cm）$RMSE_z$ 垂直精度等级。发现实际 NVA 精度为 $RMSE_z$=________（cm），在 95% 的置信水平下等于 +/−________（cm）。发现实际的 VVA 精度在第 95 个百分位为 +/−________（cm）。”

2. “该数据集的生成是为了符合 ASPRS 数字地理空间数据位置精度标准（2014），使它能够适用于________（cm）$RMSE_z$ 垂直精度等级，其在 95% 的置信水平上相当于 NVA 等于 +/−________（cm）和在第 95 个百分位的 VVA 等于 +/−________（cm）。”

4.7 总结

ASPRS（2014）标准是一个强大的工作体系，代表了位置精度评价实践的巨大进步。它使旧标准能够更好地适应新技术，并且详尽地评述了各类精度措施。最重要的是，ASPRS（1990）精度等级得到改进和完善，这说明当前可从最新技术中获得更高精度。我们建议当 95% 的置信水平下的平均误差在统计上不等于零时，从业者在计算 NSSDA 统计量时应使用标准差而不是 RMSE。我们还建议进行更多的研究，以了解位置误差的典型分布实际上是什么样的。

5

专题精度评价基础

5.1 引言

本书的重点是地图专题精度的定量评价。上一章对位置精度评价进行了全面概述和计算方法介绍，包括对标准度量的讨论。本章介绍了普遍接受的表示专题地图精度的度量方法——误差矩阵。本章首先介绍了早期的定量、非特定地点评价，进而讨论了专题地图精度评价的演变。最后，介绍采用误差矩阵的定量特定地点评价技术和误差矩阵的数学表示。

5.2 非特定地点评价

在定量的非特定地点精度评价中，仅计算每个类别的总面积，不考虑这些区域的位置。换言之，就是在由遥感数据生成的地图上的每一类的英亩数或公顷数与参考数据上每一类的英亩数或公顷数之间进行比较。在这种类型的评估中，包含与遗漏误差可以相互补偿（相互抵消），因此即使地图含有大量误差，按地图类别的总面积也可能顺利比较。非特定地点评价的一个重要问题是，无法知晓地图上的任何特定位置或它在空间上与参考数据一致或不一致的情况。

一个简单的例子很快就说明了非特定地点评价方法的缺点。图 5-1 显示了森林在参考数据集中的分布和在两个从遥感数据生成的不同分类上的分布。分类图像 #1 是使用一种分类算法（如监督、无监督或非参数等）生成的，而分类图像 #2 使用另一个不同的算法。在此示例中，仅评价森林类，参考数据显示共有 2 435 英亩[①]森林，而 #1 显示为 2 322 英亩，#2 显示为 2 635 英亩。在非特定地点的精度评价中，

① 1 英亩 =4 046.86 m^2。

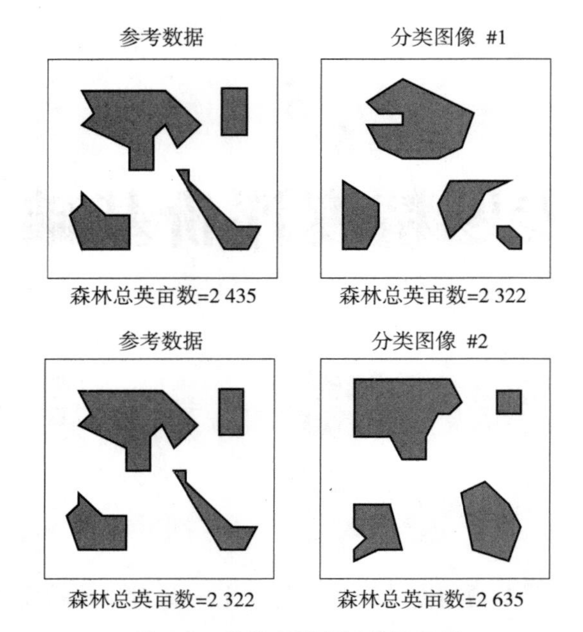

图 5-1　非特定地点评价的示例

您会得出这样的结论，#1 是能更好评价森林类的地图，因为 #1 的森林总面积更接近参考图像上的森林英亩数（2 435 英亩 −2 322 英亩 =113 英亩，这是 #1 的差异，而 #2 的差异为 200 英亩）。然而，#1 中的森林多边形与参考数据之间的视觉比较（图 5−2）表明它们之间几乎没有位置对应关系。至于 #2，尽管被非特定地点评价判断为不及 #1，但似乎在空间上与参考数据森林多边形能更好地吻合（图 5−2）。这个例子表明了使用非特定地点的精度评价是如何产生误导的。在此处给出的示例中，非特定地点评价实际上建议使用分类图像 #2 的分类算法。

分类图像 #1 覆盖在参考图像上

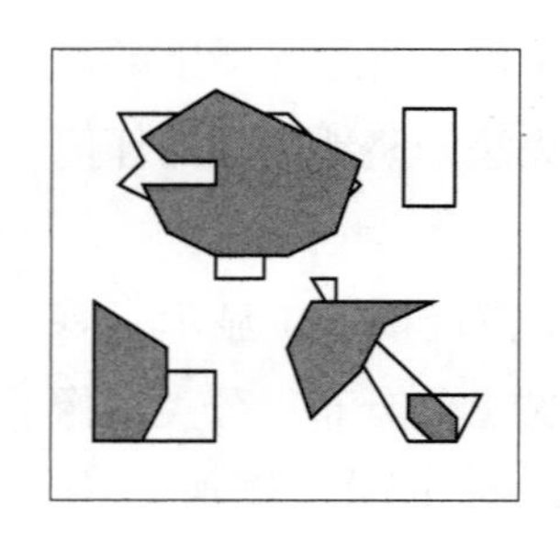

虽然参考数据中的森林总英亩数（2 435）与分类图像 #1 中的森林总英亩数（2 322）仅相差 5%，但两个数据集之间的空间对应性较低。参考资料中森林区域的实际位置与地图的一致性较低。

分类图像 #2 覆盖在参考图像上

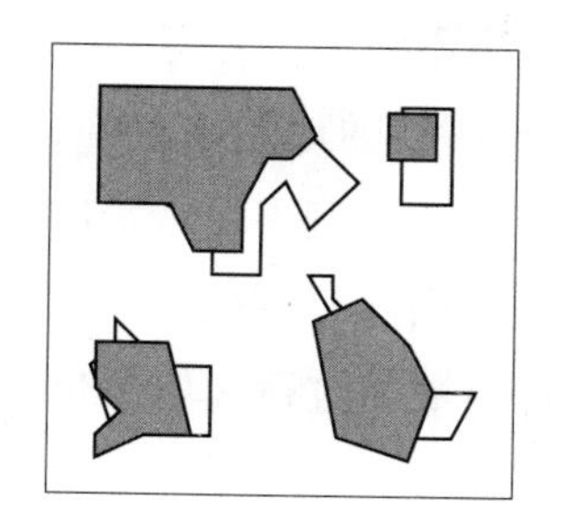

虽然参考数据中的森林总英亩数（2 435）与分类图像 #2 中的森林总英亩数（2 635）相差 8%，但两个数据集之间的空间对应关系更大。参考数据中森林区域的实际位置与地图有较大的一致性。

图 5-2 展示非定位精度评价缺乏空间对应关系的示例

5.3 特定地点精度评价

鉴于非特定地点精度评价的明显局限性，有必要了解从遥感数据生成的地图如何在空间上（在位置基础上）与参考数据进行比较。因此，制定并使用特定地点评价。最初，使用表示整个分类精度（总体精度）的单个值。该计算是通过将地图上的位置样本与参考数据上的相同位置进行比较并跟踪两者达成一致的次数来计算的。将正确的数量除以样本总数会产生一个称为总体精度的度量。

过去，通常采用 85% 的总体精度水平来表示可接受和不可接受结果之间的界限。该标准最早由 Anderson 等（1976）提出，尽管缺乏建立该标准的任何研究。显然，地图的精度取决于许多因素，包括工作量、所绘制的地物细节水平（分类方案）以及要绘制的类别的可变性。在某些应用中，85% 的总体精度绰绰有余；在有些情况下，它不够准确；而在其他情况下，这样的精度太高而无法实现。虽然用一个数字来衡量整体专题图的精度是对非特定地点精度评价方法的改进，但这个单一的数字不足以代表专题图中包含的所有精度信息，这一问题很快会凸显出来。当认识到需要在分类方案中评估单个地图类别时，就开始使用误差矩阵来表示地图精度。

5.4 误差矩阵

如前所述，误差矩阵是按行和列排列的数字方阵，表示在一个分类中分配给特定类别的样本单元数量与另一个分类中分配给某个类别的样本单元数量的关系（表 5-1）。在大多数情况下，其中一种分类被认为是正确的（参考数据）。参考数据可以从更高空间分辨率的影像、地面观测或地面测量中获得。列通常表示参考数据，而行表示从遥感数据生成的分类（要评价的地图）。应该注意的是，参考数据通常当作地面真实情况。虽然假设的参考数据确实比他们用来评估的地图更正确，但这些数据绝不是完美的、没有错误的或能代表真值。因此，地面真值一词是不恰当的，并且在某些情况下非常具有误导性。在整本书中，作者使用参考数据这一术语来表示样本数据，这些样本数据被假定为正确，并与地图样本数据进行比较以生成误差矩阵。我们强烈敦促地理空间分析界放弃“地面真值”一词。

误差矩阵是表示专题图精度的一种非常有效的方法，因为它提供了一种明确的方法来推导每个类别的精度以及存在于分类中的包含误差和排除误差（遗漏误差）。包含误差被简单地定义为一个区域本不属于某一类，但将其包含在该类中。当一个区域被在它真正所属的类别排除时，就会发生遗漏误差。就像硬币有正反两面一样，所有误差也都有两个组成部分：从正确的类中排除和分入错误的类。例如，在表 5-1 的误差矩阵中，有 4 个样本区域被归类为落叶林树，但参考数据显示它们实际上是针叶树。因此，4 个区域是错误的，因为它们从正确的针叶树类中被遗漏并归入不正确的落叶树类。

表 5-1　示例误差矩阵（与图 2-6 相同）

		参考数据				
		D	C	AG	SB	行总和
分类数据	D	65	4	22	24	115
	C	6	81	5	8	100
	AG	0	11	85	19	115
	SB	4	7	3	90	104
	列总和	75	103	115	141	434

土地覆盖类别
D = 落叶树类
C = 针叶树类
AG = 农作物
SB = 灌木

总体精度 =（65+81+85+90）/434=321/434=74%

生产者精度
D　= 65/75　= 87%
C　= 81/103 = 79%
AG = 85/115 = 74%
SB　= 90/141 = 64%

用户精度
D　= 65/115 = 57%
C　= 81/100 = 81%
AG = 85/115 = 74%
SB　= 90/104 = 87%

5.4.1　总体精度、生产者精度和用户精度

除了清楚地显示遗漏误差和包含误差外，误差矩阵还可用于计算其他精度，如

总体精度、生产者精度和用户精度（Story and Congalton，1986）。如表 5-1 所示，总体精度只是主对角线（正确分类的样本单元）之和除以整个误差矩阵中的样本单元总数。在本例中，它是 321/434，即等于 74%。该值是最常见的报告精度评价的统计量，可能是读者最熟悉的。然而，仅仅呈现总体的精度是不够的。呈现出整个矩阵很重要，这样可以根据需要计算其他精度，并且可以清楚地呈现和理解地图分类之间的任何混淆。

除了计算整个矩阵的总体分类精度外，还可以计算生产者和用户的精度（Story and Congalton，1986）以确定各个类别的精度。地图的制作者可能想知道他们测绘的某个地图分类效果如何，该分类效果就是生产者精度。该值是通过将该类的主对角线（分类一致的部分）的值除以该地图类中的样本总数来计算的，样本总数为该类的参考数据的总和。从表 5-1 可以看出，地图制作者称针叶树样本区为 81 个，而参考数据显示针叶树样本区总数为 103 个。针叶树类忽略了 22 个区域，其中 4 个为落叶树类，11 个为农作物类，7 个为灌木类。因此，81/103 个样本被正确分类为针叶树，生产者的针叶树分类精度为 79%。然而，这只是评价的一半。如果您现在从用户的角度查看地图，您会再次看到地图上有 81 个样本被归类为针叶树，实际上那些样本就是针叶树，但此外，地图还显示了 6 个实际上是落叶树类，但归到针叶树类的样本，5 个实际上是农作物类，但归到针叶树类的样本，以及 8 个实际上是灌木归到了针叶树类样本。因此，该地图将上述 100 个样本显示为针叶树，但实际上只有 81 个是针叶树。非针叶树类的 19 个样本存在包含误差。然后通过将针叶树类的主对角线值除以分类数据中针叶树的样本总数来计算针叶树类的用户精度，即 81/100=81%。在评价单一地图分类的精度时，重要的是要考虑生产者和用户精度。在误差矩阵成为标准精度报告指标之前，通常报告总体精度和生产者或用户精度。有时，仅选择报告生产者和用户精度中的较高者，从而导致产生有关地图精度的误导性信息（只报告每个地图类别的最高精度）。

这个简单的例子将说明发布整个误差矩阵的必要性，同时这 3 个精度都可以计算出来。如前所述，表 5-1 中误差矩阵显示总体地图精度为 74%。一般来说，该值表示地图的精度，但不表示任何单独的地图类别的精度。然而，假设我们最感兴趣的是对落叶树进行分类的能力，所以我们计算了这一类的生产者精度。通过将落叶树类中正确样本单元的总数（65）除以参考数据中的落叶树样本单元的总数（75 或列总数）可以计算出生产者精度。这种计算出来生产者精度为 87%，这是相当不错的。如果我们就此止步，人们可能会得出这样的结论：尽管这种分类总体上看起来水平一般（74%），但对于落叶树类来说已经足够了。做出这样的结论可能是一个非常严重的错误。通过将落叶树类中正确样本单元的总数（65）除以归类为落叶树类的样本单元总数（115 或行总数）来快速计算用户精度，得出的值为 57%。换言之，虽然 87% 的落叶树区域已被正确识别为落叶树，但在地图上标注落叶树的区域中，只有 57% 的区域在地面 / 参考数据上实际上是落叶树。高生产者精度是因为太多的区域被归类为落叶树（落叶树类中存在大量的包含误差）。更仔细地查看误差矩阵会发现在区分落叶树和灌木之间存在很大的混淆。因此，虽然这张地图的制作者可以声称地图上能识别出地面上 87% 的落叶树区域，但这张地图的用户会发现地图上只有 57% 的落叶树区域，而这些区域实际上在地面上也是落叶树。仔细研究和分析误差矩阵对理解地图中的专题误差非常有帮助。

5.4.2 误差矩阵的数学表示

我们用描述性语言对误差矩阵进行了阐释，并展示了一个示例（表 5-1）。本节用数学术语介绍计算描述性统计所需的误差矩阵，包括总体精度、生产者精度和用户精度，以及演示第 8 章中描述的分析技术。假设 n 个样本分布到 k_2 个单元中，其中每个样本被分配给地图中的 k 个类别之一（通常是行），同时被独立地分配给参考数据集中相同的 k 个类别之一（通常是列）。令 n_{ij} 表示地图中分类为 i 类（i=1, 2, ⋯, k）和参考数据集中分类为 j 类（j=1, 2, ⋯, k）的样本数（表 5-2）。

表 5-2 误差矩阵的数学表示

		j= 列（参考）			行总数 n_{i+}
		1	2	k	n_{i+}
i= 行（分类）	1	n_{11}	n_{12}	n_{1k}	n_{1+}
	2	n_{21}	n_{22}	n_{2k}	n_{2+}
	k	n_{k1}	n_{k2}	n_{kk}	n_{k+}
	列总数 n_{+j}	n_{+1}	n_{+2}	n_{+k}	n

下式：

$$n_{i+} = \sum_{j=1}^{k} n_{ij} \tag{5-1}$$

为遥感分类中分类到第 i 类的样本数，而参考数据集中分类到第 j 类的样本数的表示如下：

$$n_{+j} = \sum_{i=1}^{k} n_{ij} \tag{5-2}$$

此处方程中的加号仅表示该行或列中的所有值。接下来我们会举例说明。如表 5-2 所示，如果 i=1，则第 1 类的样本总数为第 1 行所有样本的总和；如果 i=k，则第 k 类的样本总数是第 k 行中所有样本的总和。

遥感分类（地图）和参考数据之间的总体精度可用如下方程计算：

$$\text{overall accuracy} = \left(\sum_{i=1}^{k} n_{ii}\right) / n \quad (5\text{-}3)$$

生产者精度可用下式计算：

$$\text{producer's accurac } y_i = \frac{n_{jj}}{n_{+j}} \quad (5\text{-}4)$$

用户精度计算方程如下：

$$\text{user's accurac } y_i = \frac{n_{ii}}{n_{i+}} \quad (5\text{-}5)$$

最后，设 P_{ij} 表示第 i、j 个单元格中样本的比例，与 n_{ij} 对应。换句话说，$P_{ij}=n_{ij}/n$。

那么，P_{i+} 和 P_{+j} 可分别定义为

$$P_{i+} = \sum_{j=1}^{k} P_{ij} \quad (5\text{-}6)$$

和

$$P_{+j} = \sum_{i=1}^{k} P_{ij} \quad (5\text{-}7)$$

习惯使用误差矩阵的这种数学表示可能需要一些练习。实际上，第一次查看误差矩阵可能需要一些努力。然而，鉴于误差矩阵在专题精度评价中的重要性以及本章介绍的描述性统计（总体精度、生产者精度和用户的精度）的数学表示和第 8 章介绍的一些分析技术的需要，鼓励读者花一点时间研究这些方程，直到他们理解误差矩阵以及如何分析矩阵直到炉火纯青为止。本书将提供许多示例以及一些案例研究，以帮助每位读者精通误差矩阵。

6
专题地图精度评价的注意事项

6.1　引言

既然专题图精度通常使用误差矩阵来表示，那么了解如何正确生成和填充误差矩阵非常重要。如第 3 章介绍的专题地图精度评价流程图（图 3-5）和图 6-1 所示的流程图，在进行专题地图精度评价时需要考虑许多问题。两个非常重要的考虑因素是：①误差的来源，我们在第 2 章（图 2-5）中对其进行了介绍，并在第 3 章使用误差预算表法进行了详细讨论；②分类方案的选择，如本章节所讲。本章还讨论了与收集参考数据抽样有关的注意事项。这些考虑因素包括样本单位、样本大小和抽样策略以及空间自相关。第 7 章介绍了有关收集参考数据的非抽样的注意事项。

评价地图或其他空间数据的专题精度需要进行抽样，因为访问地面上的每个地方在经济上和时间上都不可行。将地图上样本区域的类别标签与参考数据集中相同区域的类别标签进行比较，生成误差矩阵。确定适当的抽样设计方案以收集这些样本区域，需要了解专题地图类别在整个地物景观中的分布，确定取样的类型和数量；以及选择样本的抽样方案。设计有效且高效的样本采集方案是任何精度评价中最具挑战性和最重要的组成部分之一，因为设计将决定评价的成本和统计严谨性。

专题精度评价假设误差矩阵中包含的信息是被评价地图的真实特征。因此，设计不当的样本会产生误导性的评价结果。因此，抽样过程的有效性和效率是绝对关键的。在设计精度评价样本时，有几个考虑因素至关重要，包括：

1. 要评价的专题地图类别有哪些，它们在整个地物景观中是如何分的？
2. 什么是合适的样本单元？
3. 应该取多少样本？
4. 应该如何选择样本和空间自相关如何影响这个决定？

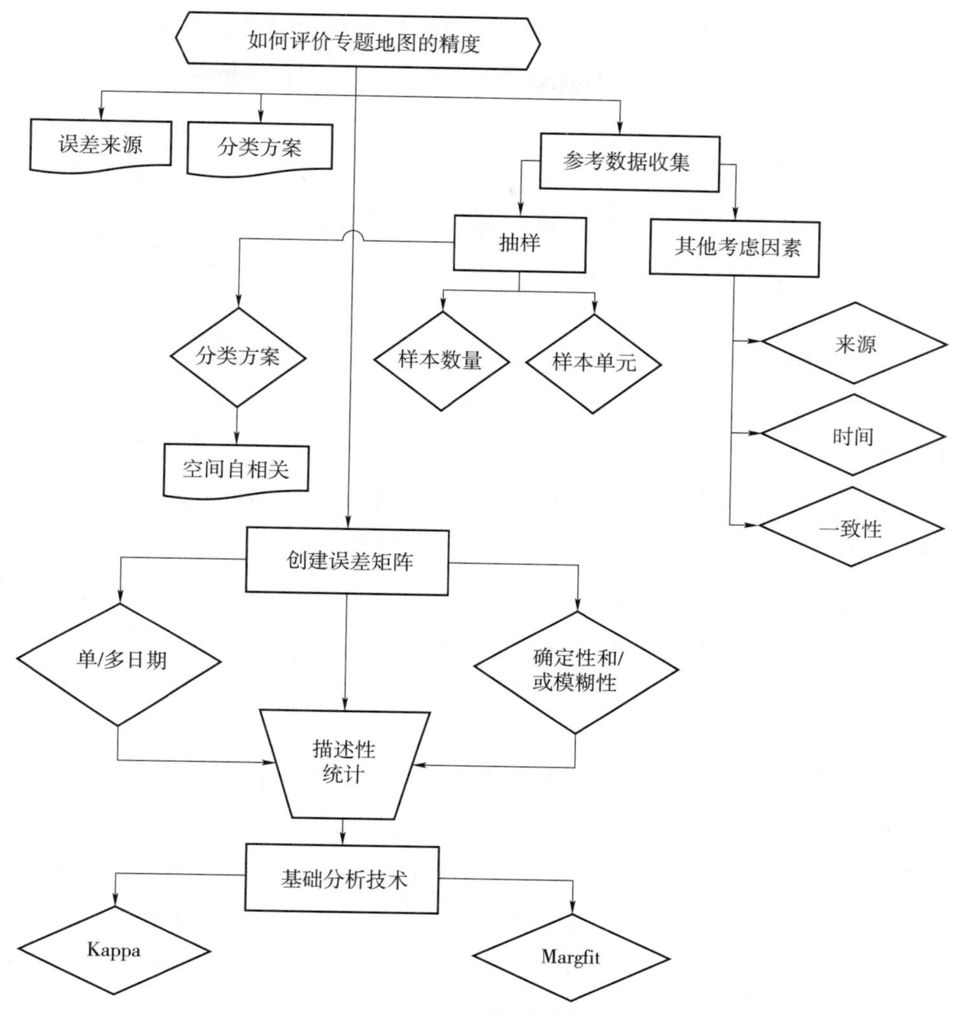

图 6-1　专题精度评价过程流程图

虽然这些步骤看似简单，但其中的每一个都有许多潜在的陷阱。忽略其中之一可能会造成评价过程中的严重缺陷。本章仔细考虑了上述的每一个因素，并向读者介绍了为给定的制图项目做出正确选择所需的原则和实践。

6.2　需要评估的专题地图类型

我们如何对地图进行精确采样部分地取决于地图类别的数量及其在整个区域景观中的分布。反过来，这种分布决定了我们如何对地表特征进行分类，称为分类方案。一旦我们知道了分类方案，就可以更多地了解地图类别是如何分布的。

地图信息的离散性以及该信息的空间相互关系或自相关是重要的考虑因素。关于地图类别分布的假设将影响我们如何选择精度评价样本和分析结果。

6.2.1 分类方案

地图是对地球表面进行分类。例如，路线图告诉我们道路的类型、名称和位置。植被覆盖图通常会列举覆盖地球的植被（如树木、灌木、草）的类型、混合比例和密度。土地利用地图描绘了人类如何利用土地（如城市、农业、森林管理）。

专题地图类别由项目的分类方案决定。分类方案是一种以有序且合乎逻辑的方式来组织的空间信息的方法（Cowardin et al.，1979）。分类方案是任何制图项目的基础，因为它们在混乱中创造秩序并减少类别（不同的分组）总数到某个合理数量。分类方案使地图制作者能够一致地表征景观特征，并使地图用户能够容易地识别它们。如果没有分类方案，就不可能真正进行制图，也无法管理地图上描绘的资源。该方案的细节由①地图信息的预期用途和②通过用于创建地图的遥感数据（如航空或卫星影像）识别的地球特征来决定。如果在绘图开始之前没有制订严格的分类方案，那么任何后续的地图精度评价都将毫无意义，因为不可能在参考数据中明确标记精度评价样本。

一个有说服力且有效的分类方案有 5 个共同的组成部分：①方案中每个地图类别 / 标签必须有一组规则 / 定义；②各类别之间是互斥的；③方案是完全详尽的；④方案是分层的；⑤指定了最小制图单元（minimum mapping unit，mmu）。所有分类方案都有一组地图类别 / 标签（如城市住宅、落叶林、沼泽地中处于发展初期的湿地等）。然而，为了方案的有效性，该方案还必须有一套规则或定义用于明确分配这些标签（例如，落叶林必须有至少 75% 的落叶树冠层郁闭度，并且树木必须至少 5 m 高）。如果没有一套明确的规则，则为类别分配标签可能是任意的并且缺乏一致性。例如，每个人对森林的构成都有自己的想法，因此，这些定义可能会导致森林分布图的差异很大。考虑有这样一种情况，某个机构有一个非常开放的定义，他们将森林定义为至少 10% 的地面面积被树木覆盖的区域，而另一个机构更保守，他们使用稍微不同的定义：森林只有在超过 25% 的地面面积被树木覆盖的情况下才存在。如果每个机构的分析师都在一块特定的土地上，他们会根据不同机构对森林的定义对该区域进行不同的标注，这两个标注都是正确的，但地图会有所不同。如果类别定义没有表示为可量化的规则，则就如何标记地面区域或图像几乎无法达成一致，因此，对此类地图的任何评价都是有问题的。

有许多方法可用于阐明地图标签。它们可以像提供每个标签的详细定义一样简单（地图类别）。用于地图分类的另一种方法是创建一个二叉树分类检索表，它提供是或否的二元选择以引导分析师/用户确定适当的地图标签。虽然开发这样的重要内容可能具有挑战性，特别是对于复杂的分类方案，但好处是巨大的，因为标记任何区域的过程变得非常客观和一致，几乎任何经过培训的人都可以完成。最后，可以提供完整的描述，包括示例图片和其他图形，以清楚地展示每个地图类别。分类方案越复杂，定义每个类的规则就应越详细。然而，如果没有提供足够的规则来准确标记地图类别，即使是最简单的分类方案也会受到影响。

方案中的详细程度（地图类别的数量和复杂性）强烈影响制作地图和进行精度评价所需的时间和精力。方案越复杂，地图制作及其评价的成本就越高。因为分类方案非常重要，在对方案进行彻底审查并解决尽可能多的大小问题之前，不应开始启动制图项目。这个关键点在这里怎么强调都不为过。如果所有参与测绘项目的人未能就分类方案达成一致并彻底理解分类方案，则很容易毁掉一个项目。必须非常小心以确保所有利益相关者都已审查并接受该方案，否则在项目的后期有大量重复工作的风险。除了由具有相应规则集的标签组成外，分类方案还应该是互斥的和完全详尽的。互斥性要求每个制图区域属于一个，并且只有一个地图类别。保证排他性的最佳方式是为每个地图类别制定一套清晰简洁的规则。例如，分类方案规则需要清楚地区分森林和水域（看似简单），这样红树林沼泽就不能同时获得森林和水标签。完全详尽的分类方案让地图地物景观上的每个区域都获得地图标签，无一例外。确保方案完全详尽的一种方法是将一个类别标记为“其他”或“未分类”。但是，如果地图的很大一部分被标记为“其他”，那么可能有必要重新考虑项目中使用的分类方案，因为“其他”类通常不是很有用。

使用分层的分类方案也是有利的。分层分类方案通常具有多个级别，从级别1的最一般类别开始，到更高级别时细节也会增加。例如，1级可能包括森林、已开发区、水域等，而2级森林可能分为针叶树和阔叶树（图6-2）。在分层系统中，分类方案中的特定类别可以合并以形成更一般的类别。当发现某些地图类别无法可靠地绘制时，此方法尤其重要。例如，在加利福尼亚的橡树林中，可能无法将室内活橡树与峡谷活橡树区分开来（这两种橡树类型在地面上几乎无法区分）。因此，这两个类别可能必须合并以形成可以可靠绘制的活橡树类。

最后，分类方案必须为每个被测绘的类别指定最小制图单元。最小制图单元是该类别要在地图上划定的最小区域。图6-3说明了这个概念。在此示例中，森林地图绘制规则指定为：

从树冠上方看，超过30%的地面被阔叶树或针叶树的树叶覆盖的1英亩或更大面积的区域。

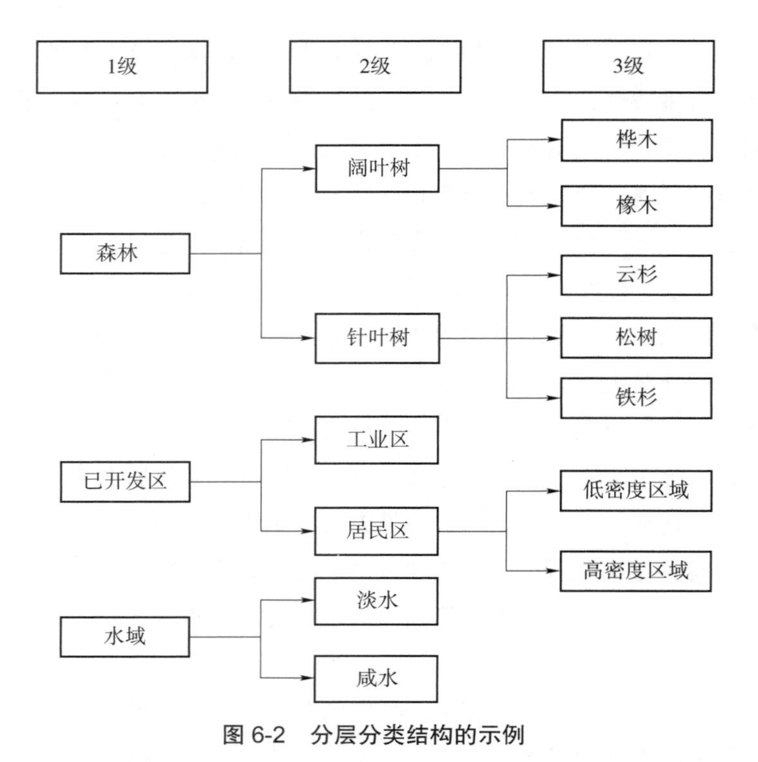

图 6-2　分层分类结构的示例

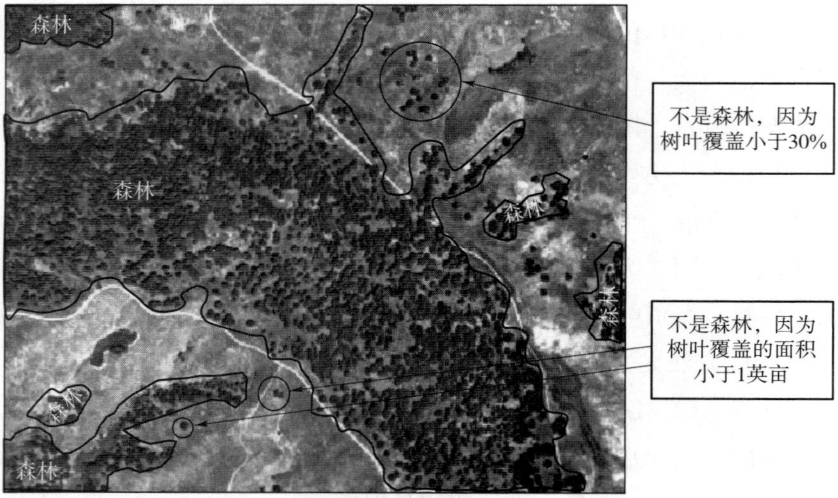

图 6-3　分类方案规则和最小制图单元对标记为“森林”区域的影像

森林的最小制图单元为 1 英亩。覆盖 30% 树木但小于 1 英亩最小制图单元的区域不会被标记为森林。此外，面积大于 1 英亩但树叶覆盖率低于 30% 的区域也不会被标记为森林。参考数据样本单位必须至少与用于根据遥感数据创建地图的规定的最小制图单元一样大。例如，不可能用一个 1/2 hm^2 的地面调查数据来评估

Landsat 30 m × 30 m 像素的精度；也不可能使用 30 m × 30 m 像素来评估 AVHRR 1.1 km × 1.1 km 像素的精度。出于这个原因，以前收集的地面样本通常无法用于精度评价，因为采样的区域小于地图最小制图单元。

图 6-4 为火灾 / 燃料制图项目提供的简单但健全的分类方案。请注意该方案如何指定 mmu，并且：

- 完全详尽——每一块地物景观都将被贴上标签；
- 互斥——没有任何一块景观可以贴上两个及以上的标签；
- 分级——详细的燃料类别可以归为更一般的非燃料组、草、灌木、砍伐木材和枯枝落叶。

需要注意的是，必须使用与生成地图相同的分类方案来收集和标记精度评价参考数据，但我们很少会在两个地图上使用相同的分类方案。地图分类方案与参考数据分类方案之间的任何差异都可能导致地图和参考精度评价样本单元标签之间的差异。结果将是对分类方案差异的评价，而不是对地图精度的评价。

有时，可以在一种分类方案和另一种分类方案之间创建通道（转换），试图使两种方案等效。在这些情况下应该小心，因为这种通道很少能提供完美的转换。取而代之的是，做出妥协以尝试使一种方案等效于另一种方案。必须认识到，任何妥协都可能在评价过程中引入误差，这实际上不是地图误差，而是使用与用于制作地图的分类方案不同而产生的误差。

6.2.2 其他数据考虑事项

6.2.2.1 连续与非连续数据

大多数统计分析假设抽样的总体是连续的且正态分布的，并且样本是独立的。然而我们知道，尽管分类系统在组织混乱方面具有强大的力量，但它常常将一个连续的地物景观划分到离散的类别中去。例如，冠层郁闭度很少存在于离散类别中。然而，当我们制作冠层郁闭度地图时，我们会在整个景观中增加离散的冠层郁闭度类别。我们可以创建一个具有 4 个等级的冠层郁闭度图：1 级是 0%～10% 冠层郁闭度，2 级是 11%～50% 冠层郁闭度，3 级是 51%～75% 冠层郁闭度，4 级是 76%～100% 冠层郁闭度。鉴于冠层郁闭度为 75% 的两个冠层郁闭等级之间的界线，人们可能会发现在冠层郁闭度为属于第 3 级的 73% 的森林林分和属于第 4 级的 77% 的森林林分之间会出现混淆（详见第 10 章关于模糊精度评价的讨论）。此外，类别往往在空间呈现出自相关（本章接下来讨论）。在大多数情况下，需要在统计有效和实际可获得的结果之间取得某种平衡。因此，必须了解这些统计考虑因素。

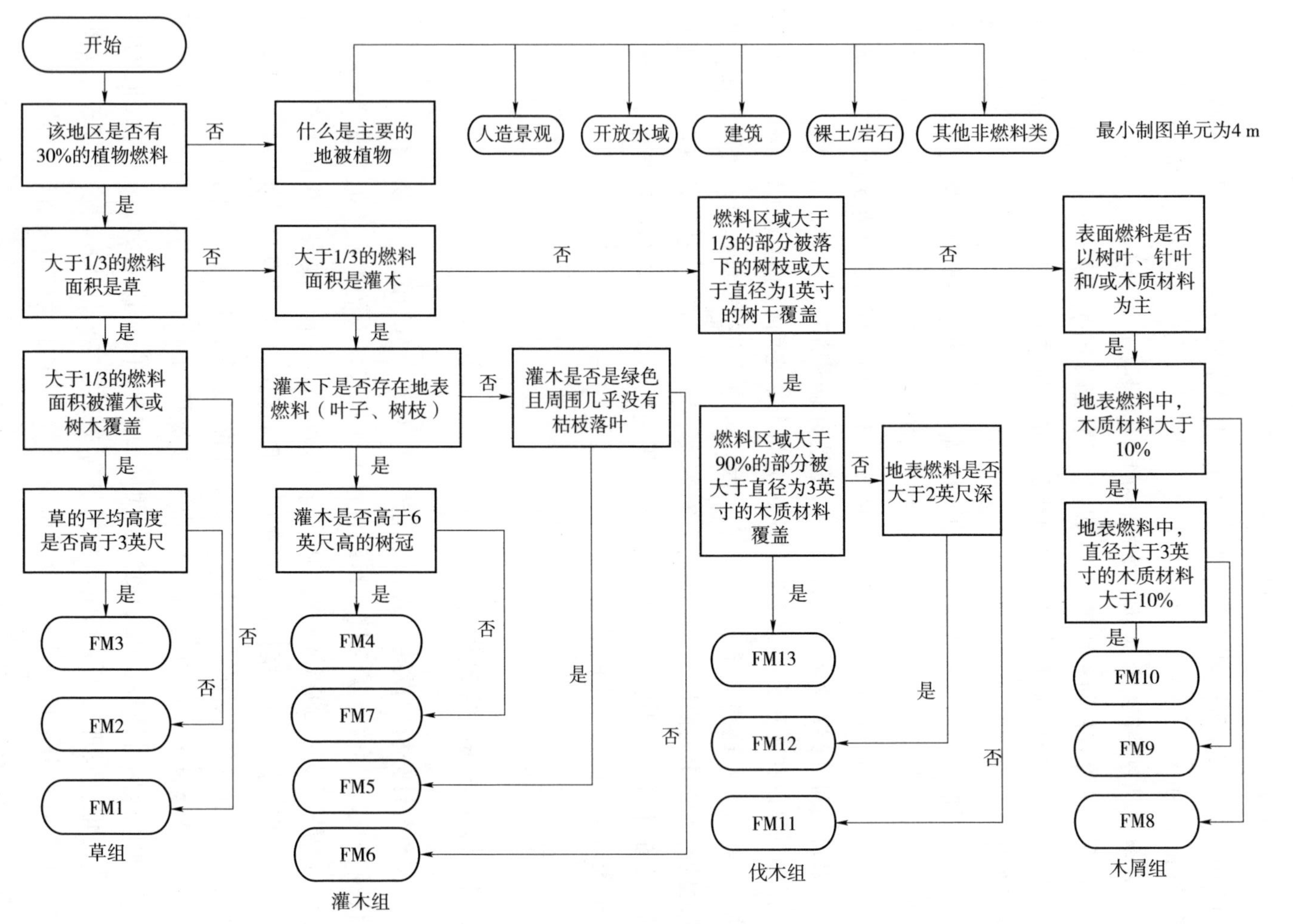

图 6-4 荒地燃料分类方案的二项式分类检索

值得注意的是，大多数已完成统计初级课程的分析人员都熟悉连续、正态分布数据的抽样和分析技术。读者最熟悉的正是这些技术，如方差分析（ANOVA）和线性回归。只有在更高级的统计课程中，才会讨论涉及非正态分布理论统计方法的技术。因此，大多数读者对怎么处理这些问题不太熟悉。那些希望更深入地研究书中介绍的一些主题的读者最好考虑对更高级的统计方法进行额外的研究。

专题地图信息是离散的、不连续的，并且经常不是正态分布的。因此，假设连续正态分布的正态分布理论统计技术可能不适用于地图精度评价。在执行任何统计分析之前，重要的是要考虑数据的分布方式以及对这些数据所做的假设。有时，分类方案中的人为地区分是很困难的。其他时候，可以修改该方案以自然断点分割法作为更好的代表方法。在此过程中必须仔细考虑和思考，以实现最佳和最合适的分析。

6.2.2.2 空间自相关

当某个特征的出现、缺失或存在程度会影响邻单元中相同特征的出现、缺失或存在程度时，就发生了空间自相关（Cliff and Ord，1973），从而违反了样本独立性的假设。如果可以发现某个位置的误差会对周围位置的误差产生积极或消极的影响，这个情况在精度评价中非常重要（Campbell，1981）。显然，如果存在空间自相关，采样必须确保样本之间有足够的距离以最小化这种影响，否则采样将无法充分代表整个地图。

在 Congalton（1988a）从 Landsat MSS 影像生成土地覆盖图的误差工作中清楚地说明了空间自相关的存在，这 3 个区域具有不同的空间多样性 / 复杂性（农业区、牧场和林地），这在 1 英里[①] 以外显示出积极的影响。图 6-5 展示了分析的结果。这些地图被称为差异地图（如第 3 章所述），是遥感分类（地图）和参考数据之间的比较。在这种情况下，参考数据覆盖了整个研究区域，而不是样本，取而代之的是总体枚举。黑色区域代表误差，即地图和参考标签不一致的地方，白色区域代表一致的地方。

土地覆盖图和参考标签之间的差异在农业环境中很容易解释，因为农田面积很大，错误地分类会导致整个农田的标签地误差。

在图 6-5 的农业差异图中，田地是圆形的中心支轴式自转喷灌田地，从中可以看到对整个田地进行错误分类的例子。例如，一个被分类为玉米的田地实际上是小麦，这将导致整块田地（图 6-5 中的中心轴区域）被错误标记。因此，误差发生在大区域且在大距离上存在正自相关也就不足为奇了。

① 1 英里≈1.61 km。

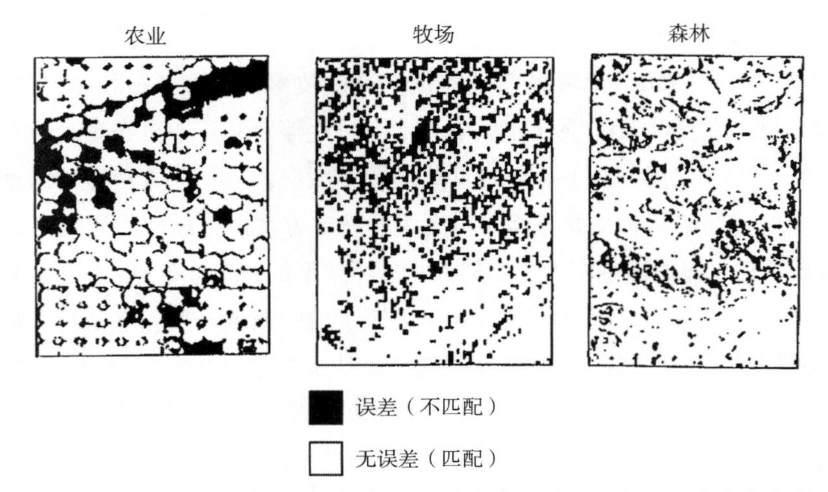

图 6-5　三个复杂程度不同的生态系统的误差模式——农业、牧场和森林的差异图像（7.5 分四边形）

然而，对于牧场和森林类来说，结果更令人惊讶。这两类在空间上都比农业地图更复杂（土地覆盖的碎片、边缘和混合现象更多），因此，人们期望它们在空间上的自相关性较低。主要是因为牧场围栏的存在，牧场确实有一些类似于农业的区域，但它也反映了复杂森林类更常见的一些边缘效应。森林类是空间上最复杂的，大多数地图误差将会预计发生在森林类型之间的边缘或过渡带。虽然查看森林差异图确实倾向于确认这些边缘问题，但分析结果仍然表明，在 30 像素之外的误差之间存在很强的正自相关性。换句话说，如果在特定位置发生错误，即使在这么大的距离（30 MSS 像素或大约 240 m）之外，它更有可能找到另一个错误，而不是找到正确的分类。

空间自相关的存在会违反样本独立性假设，这反过来又会影响样本规模，尤其是精度评价中使用的抽样方案。在收集地面参考数据（现场采样）时，这种影响尤为重要。如果使用更高空间分辨率的影像作为参考数据的来源，则更容易将样本分隔得更远。空间自相关可能表明在整个地物景观中存在特定地图类别的情况下的周期性，如果系统采样设计重复相同的周期，这可能会影响任何类型的系统采样的结果。例如，枫树需要充足的水，在干旱的地物景观中，其通常位于溪流沿岸。基于在溪流附近选择样本的系统采样方案将重复枫林类的周期性，并导致样本选择有偏差，从而对枫林过度采样而对其他地图类别采样不足。

此外，自相关可能会影响整群抽样方法中使用的样本的大小和数量，因为每个样本单元可能贡献的不是新的独立信息，而是冗余信息。因此，为一个大簇中的许多样本单元收集信息是无效的，由于缺乏独立性，簇中每个新样本单元的贡献可能很快就会减少到非常少。然而，整群抽样是一种非常经济有效的方法，特别是在现场时，因为从一个样本位置到另一个样本位置的成本可能非常高。甚至在室内从航拍影像中获取精度评价样本，整群采样也可以节省每张图像的设置时间。因此，重要的是要考虑空间自相关并平衡具有空间自相关样本的影响与整群抽样的效率。这可以通过将簇中采集的样本数量限制在 2～4 个来实现，确保簇中的每个样本单元都在不同的专题类别中采集，并将样本之间分散得尽可能远。如果不了解这些考虑因素，则无法使统计有效性与实际应用得到有效平衡，精度评价过程将无法达到应有的效率。

6.3 合适的样本单元

样本单位是地图中选择用于精度评价的部分。采样单元有 3 种可能的选择：①单个像素；②像素簇（通常是一个 3×3 像素的正方形）；③多边形。

6.3.1 单像素

历史上，使用单个像素作为采样单元进行过大量的精度评价。但是，单个像素作为采样单元来说是一个非常糟糕的选择，原因有很多：

首先，像素是地物景观的任意矩形略图，可能与土地覆盖或土地利用类型的实际略图几乎没有关系。它可以是单一的土地覆盖或植被类（纯像素），或者通常是土地覆盖或植被类的混合。

其次，即使使用最好的地理编码和地形校正程序，也不可能将地图上的一个像素与参考数据中的完全相同的区域精确对齐。因此，无法保证参考像素的位置与地图像素的位置相同。同样，除非使用勘测级全球定位系统（GPS）（对于大多数参考数据收集而言效率不高），否则由于各种情况，地面收集的参考数据具有 3～10 m 的典型误差。因此，位置精度成为一个大问题，地图的专题精度会因为位置误差而受到影响。

最后，很少有分类方案指定最小制图单位小到像素的单位。如果最小制图单位大于单个像素，则单个像素可能代表地图类别的一个组成部分，而不是类别本身，尤其是在高度异构的区域，如稀疏的林地或郊区社区。例如，下层有灌木和草的稀疏森林，如果最小制图单位为 5 英亩，则单个 Landsat 像素（900 m^2 或 0.22 英亩）可能落在灌木丛、树木、草地或混合植被区域上。一个像素无法充分表现面积为 5 英亩或更大面积的多边形内的植被。

即使在 GPS、地形校正和地理编码方面取得了最先进的进步，精度评价样本单元仍会存在一些位置不准确的情况。人们普遍认为，半个像素的位置精度足以适用于中等分辨率传感器，如 Landsat Thematic Mapper、SPOT Multispectral 和 Sentinel 2 图像。随着空间分辨率的提高，如从数字机载相机、无人机系统（UAS）和高分辨率卫星收集的影像，位置精度变得越来越重要并且必须被视为评价过程中更为关键的因素。如果传感器不是垂直的，而是在非最低点条件下收集影像（正如大多数更高空间分辨率的卫星现在所做的那样），这个因素尤其如此。如果将像素大小为 10～30 m 的影像配准到地面半个像素（5～15 m）内，并使用 GPS 定位到地面上 3～10 m 内，那么以单个像素点作为采样单位来评价地图的专题精度是完全不合适的。因为无法准确定位地面上给定像素并且无法将其与影像上的同一像素相匹配，所以根本无法保证从同一区域收集地图和参考数据。如果位置精度不达标，或者如果没有使用 GPS 对地面样本进行精确定位，那么这些因素的重要性就会增加，并且会显著影响专题精度评价效果。这种情况只会随着影像空间分辨率增加而增加，其中像素越小，像素的位置误差问题可能更大。例如，如果分析人员选择 1 m 像素作为他们的采样单位（使用 1 m 影像），影像的定位精度为 5 像素，而 GPS 精确到最佳的 3 m，很容易看出，将地面样本准确地覆盖在影像像素上的机会非常低。由于以上这些原因，尽管文献中使用单个像素的例子太多，但绝不应将单个像素用作中高空间分辨率影像的样本单元。

6.3.2 像素簇作为单个样本单元

鉴于需要平衡专题精度和位置精度，像素簇通常是样本单元的有效选择，是通常用于中等分辨率影像（如 Landsat）中的 3×3 正方形。选择像素簇作为单个样本单元可以最大限度地减少配准问题，因为它更容易在参考数据或现场定位。然而，像素簇（尤其是 3×3 窗口）可能仍然是地物景观的任意略图，导致样本单元包含多个地图类别。为了避免这个问题，建议只对均匀的像素簇进行采样（图 6-6）。出现在地图类别之间的边界上的样本很难评价，因为这里的位置问题很容易影响地图和参考数据标签。将同质的像素簇作为单个样本单元进行采样可以解决此问题。然而，这样的限制可能会导致样本有偏差，因为该样本会避免作为像素混合的异质区域（例如，同质区域，如湖泊与异质区域，如稀疏植被，其包括一些树木和草的混合），如图 6-7 所示。

重要的是样本单位决定了精度评价的详细程度。如果评价是在一个 3×3 的像素簇上进行的，那么讨论该簇中的单个像素是无意义的，对于包含簇的多边形（管理区域、林分、农田等）同样如此。此外，必须认识到每个样本单元都必须被视为一个样本，这一点至关重要。例如，如果将 3×3 的像素簇用作样本单元，则它必须计为一个样本，而不是 9 个样本。文献中有许多例子，错误地将像素簇中的每个像素分开作为精度评价样本，而实际上应该把 9 个像素一起算作一个样本。此外，大多数专题地图中存在空间自相关，这表明样本之间应有足够的间距。

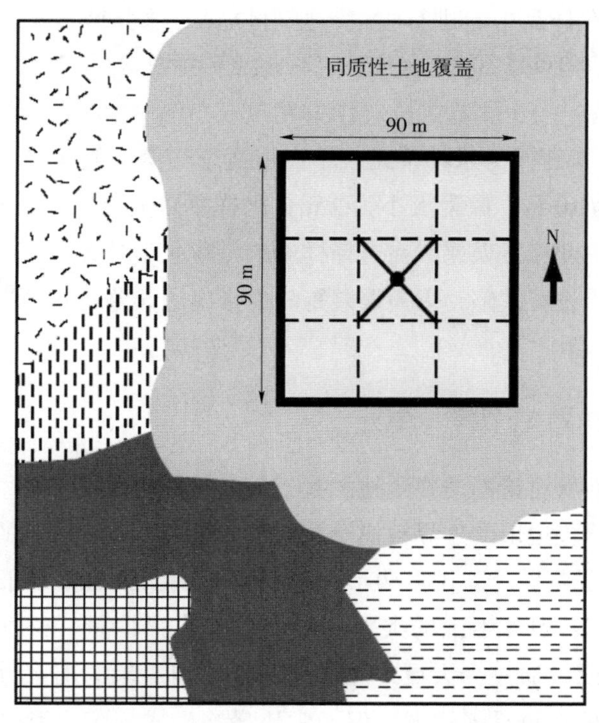

图 6-6　均匀区域中 3×3 像素簇的单个样本单元以及不同的土地覆盖类型示意图

注：像素簇用于最小化参考数据收集过程中的位置误差。图中不同的阴影类型代表不同的土地覆盖类型。

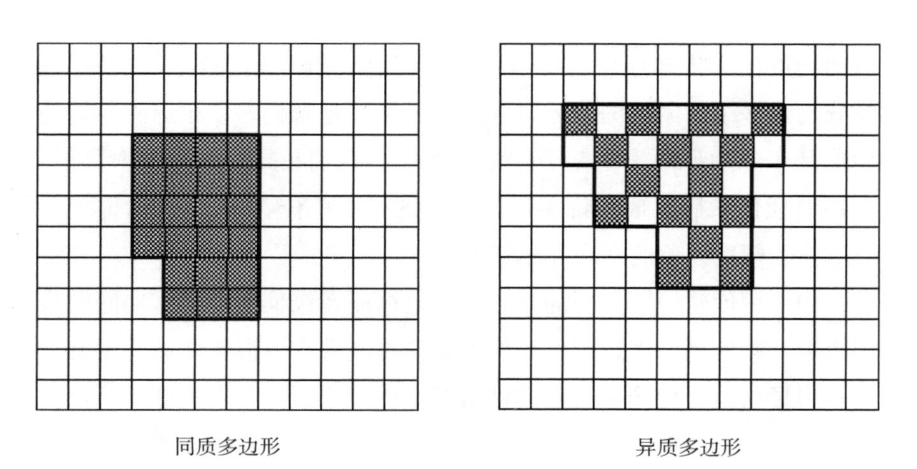

图 6-7　同质和异质像素组成的精度评价样本单元的比较图

将像素簇的概念扩展到更高分辨率的影像需要了解影像的位置精度。如前所述，Landsat Thematic Mapper 和 SPOT 卫星影像（10～30 m 像素）的常见配准（位置）精度约为半像素，位置精度为 5～15 m。因此，选择一个 3×3 的同质像素簇作为样本单位，保证了样本的中心一定会落入 3×3 的簇内。如果样本点是同质的，并且在样品中心进行收集，则由位置问题引起的误差就会被消除。现在高空间分辨率的卫星影像具有从 1～4 m 以下的像素分辨率，然而这些数据的定位精度往往在 5～10 m 范围内，GPS 精度仍为 3～10 m。因此，在这种情况下，使用 3×3 像素簇作为采样单元太小而不适合补偿位置误差。如果配准精度为 5 m，GPS 精度为 10 m，像素大小为 2 m，则样本单元簇需要是至少 8×8 像素的均匀区域才能解决此位置误差。在选择样本单元簇大小时必须考虑传感器的位置精度，否则专题评价将有缺陷，因为误差矩阵中指出的误差是专题误差和位置误差的组合。

6.3.3 多边形作为单个样本单元

正如本章前面所讨论的，专题地图基于有效的分类方案常将景观描绘成同质地图类别的多边形。多边形的边界被描绘在类别的边缘，多边形内的像素的差异远小于多边形外的像素差异。对于多边形内的像素来说，虽然差别很大（如在稀疏的树木区域或郊区），但像素上的类别标签是固定的。通常，多边形地图是通过人工解译创建的，或者通过今天更常见的是基于面向对象的图像分析方法（OBIA）创建的。这些对象本身是多边形，但通常比最终生成的多边形要小。我们应该评价的是最终的多边形地图，而不是中间生成的对象，后者通常只代表一个中间结果。

如果最终要评价的地图是多边形地图，那么精度评价的样本单元也可以是多边形。生成的精度值会告知地图的用户和制作者他们感兴趣的详细程度——多边形。由于图像分割和基于对象的图像分析方法的发展，越来越多使用遥感数据的制图项目正在生成基于多边形而不是基于像素的产品，特别是高空间分辨率影像。总之，多边形正在取代像素簇，成为许多项目选择的样本单位。第 11 章讨论了使用基于多边形或对象的精度评价的问题和注意事项。

但是，如果用创建地图使用的初始训练数据或者校准实地工作期间收集到的精度评价多边形，则使用该多边形作为样本单位可能会导致混淆。结果通常与手动描绘的样本多边形与最终地图多边形的评价结果截然不同，如图 6-8 所示。当这种情况发生时，必须开发一些为精度评价所用的多边形地图创建标签的方法。最简单的方法是使用多边形的主要类别来创建地图标签。然而，这在异质条件下可能效果不佳，因为标签更多地取决于地表植物的混合（如斑驳的海草或混合阔叶林 - 针叶林），而不是占大部分面积的地表植物。

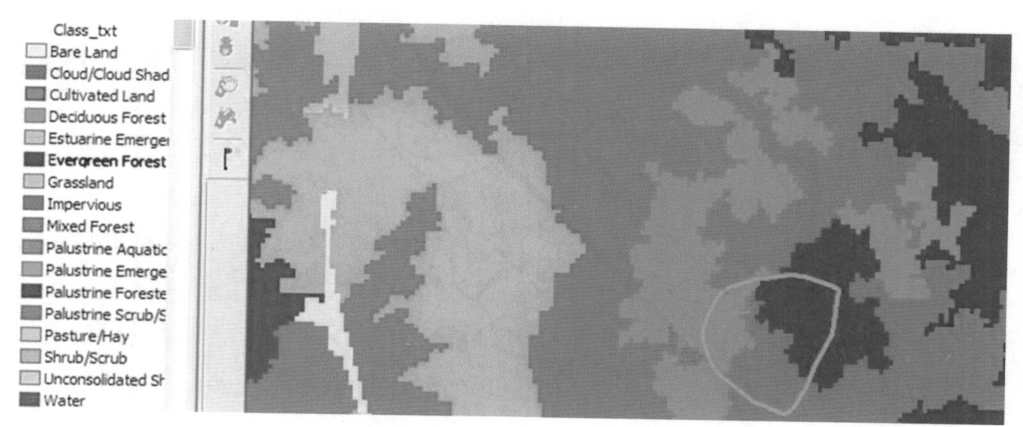

图 6-8　常绿、混交和落叶林地图多边形上的混交林精度评价参考多边形（绿松石色）示意图

注：确定参考多边形的地图标签是有问题的。

另一种方法是在开始实地考察之前，运行分割算法确定多边形的轮廓，其结果部分将包含在最终的地图多边形中，因此，可以用作精度评价的采样单位，但它们可能比最终的多边形更小。

由于基于对象的图像分析方法的广泛使用，基于多边形或对象的精度评价变得非常重要，因此本书用一整章（第 11 章）来阐释该专题。

6.3.4　样本单元群

收集样本单元群通常是高效且有效的，尤其是在现场收集参考数据时。图 6-9 展示了这样的一个例子。收集参考数据的分析人员可以停下他们的车辆并在同一位置收集多个样本单元。收集样本单元簇可以显著地降低精度评价的成本，因为减少了行程时间以及设置时间。然而，必须注意在样本单元之间分隔一段距离，并限制在每个位置采集的数量，以避免样本之间的空间自相关（图 6-9）。可以设置指导方针以确保在距离道路一定距离的地方采集样本，并且在相同连续地图类别（森林林分、农田等）内只收集一个样本（图 6-9）。此外，可以在不同地图类别的样本单元之间设置距离值，以最小化空间自相关。考虑到所有这些问题，可以在统计上有效和实际可以实现之间保持平衡。

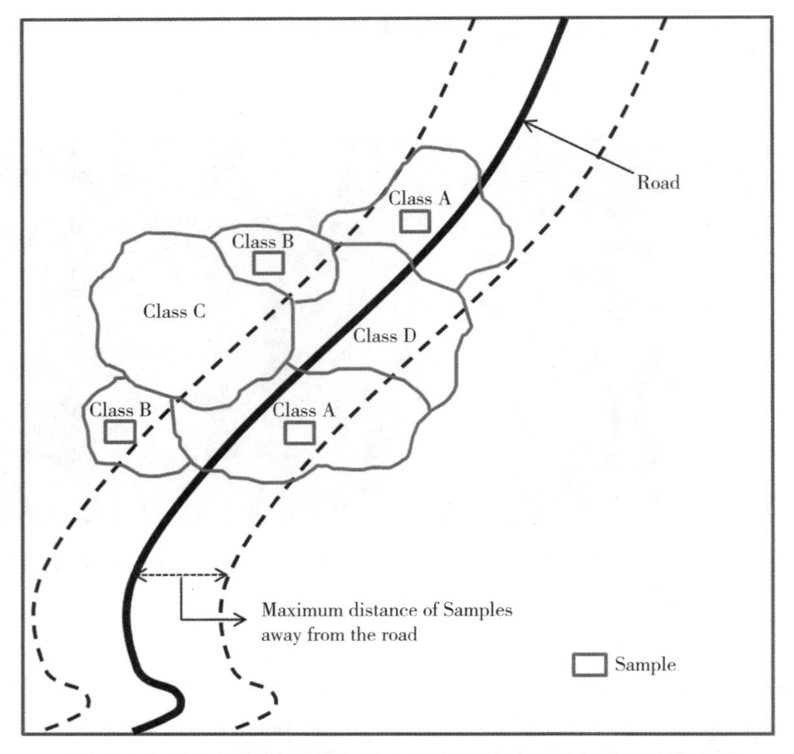

图 6-9　在单个位置周围收集样本单元群以提高参考数据收集效率

注：在每个相邻区域（森林林分、农田等）中仅选择一个样本单元。此外，样本单元之间至少间隔预定的距离以减少空间自相关。

6.4　选取样本数量

精度评价要求每个地图类别收集足够数量的样本，以便地图精度评价在统计上是有效的。然而，每个样本单元收集参考数据成本高昂，需要将样本量保持在最低限度才能负担得起。因此，需要在合理的工作量和预算内获得必要数量的样本之间有一个平衡。

在本章讨论的所有考虑因素中，大部分可能是关于样本量的。许多研究人员，特别是 Hord 和 Brooner（1976）、van Genderen 和 Lock（1977）、Hay（1979）、Ginevan（1979）、Rosenfield 等（1982）和 Congalton（1988b）发表了选择适当的样本量的方程与指导方针。

早期研究人员所做的大部分工作都是使用基于二项分布或正态近似二项分布的方程来计算所需的样本大小。这种方法在计算分类的总体精度或单个类的精度所需的样本量在统计上是合理的。这些方程是基于正确分类的样本单元的比例和一些允许的误差。但是，这些技术并非旨在选择生成误差矩阵的样本量。

在创建误差矩阵的情况下，这不单单是正确或不正确的问题，相反，而是哪些类被混淆的问题。给定一个具有 n 个土地覆盖类别的误差矩阵，对于给定的类别，有一个正确答案和（n-1）个错误答案（误差）。必须获取足够的样本才能充分表示这种混淆（建立一个统计上有效的误差矩阵）。因此，使用二项分布来确定误差矩阵的样本量是不合适的。相反，建议使用多项式分布（Tortora，1978）。

应该使用多项式分布为每个项目计算适当的样本量。然而，根据我们的经验，一般指南或良好的"经验法则"建议，为面积小于 100 万英亩且类别少于 12 个的地图，要为其中的每个地图类别收集至少 50 个样本（Congalton，1988b）。更大面积的地图或更复杂的地图可能需要更多的样本。在某些情况下，可能需要进行抽样模拟（如蒙特卡罗模拟）以确定何时达到适当的样本量。这种类型的模拟分析先前是为了确定每个地图类别 50 个样本的一般准则（Congalton，1988b）。

在小区域地图的情况下，可能无法为某些稀有地图类别（覆盖小区域的地图类别）找到 50 个独立样本。在这种情况下，应该使用所有可以收集的样本（不包括用于训练分类器的样本），并且在文档中应该说明该类的所有可能的参考数据样本都用于评价。这些指南是从许多项目中根据经验得出的，多项式方程的使用证实了它们在统计的有效性和实用性之间取得了良好的平衡。

实际考虑通常是样本量确定过程中的关键组成部分。例如，每个类的样本数量可以基于该类在制图项目的目标中的相对重要性或每个类内的固有可变性进行调整。有时，由于预算限制或其他因素，最好将抽样集中在选定的感兴趣的地图类别上，并增加它们的样本数量，同时减少在不太重要的类别中抽取的样本数量。采用分层分类方案可能有助于概括某些类别以减少必须评价的数量。此外，可以决定在变化不大的类别（如水域或人工林）中抽取较少的样本，并在变化较大的类别中增加抽样，如树龄不同的森林或河岸地区。但是，在大多数情况下，应在矩阵中的每个土地覆盖类别中采集一些最小数量的样本（如根据指南或多项方程计算的结果为 50 个样本）。然而，地图制作者可能会倾向于设计一种抽样工作，即在最准确的类别中选择许多样本，而在容易混淆的类别中选择少数样本，或者可能有其他方法来人为地夸大地图的精度。这些策略将保证高精度值，但不能代表真实的地图精度。重要的是，规划精度评价的目标是平衡统计建议，以便在制图项目给定的时间、成本和实际限制内获得足够的样本来生成适当的误差矩阵。无论如何实现这种平衡，分析人员都必须记录确切的过程，以便地图的未来用户可以知道评价是如何进行的，从而可以有效地使用地图。

6.4.1 二项分布

如前所述，二项分布或近似正态二项分布适用于计算样本大小，以确定总体精度或单个类别的精度。在本书的后面部分，二项分布将用于评价变化 / 无变化图（第 14 章）。它适用于当只有对错很重要的两种情况。从二项式或正态近似中如何选择合适的样本量取决于人们愿意容忍的可接受误差水平和实际精度在某个最小范围内的所需置信水平。许多文献针对给定的可接受误差和所需的置信水平提供了所需样本量的查找表（Cochran，1977；Ginevan，1979）。

例如，假设地图的总体精度为 90% 或更低，那么该地图是不可接受的。另外，假设我们愿意接受 1/20 的概率，即我们会在样本的基础上犯错，并接受一幅精度低于 90% 的地图。最后，让我们决定接受同样的风险，即 1/20 的概率，拒绝一幅实际上正确的地图。合适的查找表表明我们必须抽取 298 个样本，其中只有 21 个可能被错误分类。如果超过 21 个样本被错误分类，我们会得出结论，该地图是不可接受的。

6.4.2 多项分布

正如本章前面所讨论的，多项式分布为确定生成误差矩阵所需的样本量提供了适当的方程。这里总结了从多项式分布生成适当样本量的过程，最初由 Tortora（1978）提出。

考虑单元总体划分为 k 个互斥且详尽的类别。令 Π_i，$i=1, \cdots, k$ 为第 i 类总体比例，令 n_i，$i=1, \cdots, k$ 为简单随机样本中第 i 类中观察到来自总体的大小。对于指定的 α 值，我们希望获得一组区间，$i=1, \cdots, k$，区间范围如下：

$$Pr\left\{\bigcap_{i=1}^{k}\left(\Pi_i \in S_i\right)\right\} \geqslant 1-\alpha$$

也就是说，我们要求每个区间 S_i 包含 Π_i 的概率至少为 $1-\alpha$。Goodman（1965）确定了近似的大样本置信区间界限（当 $n\to\infty$ 时）为

$$\Pi_i^- \leqslant \Pi_i \geqslant \Pi_i^+$$

其中：

$$\Pi_i^- = \Pi_i - \left[B\Pi_i\left(1-\Pi_i\right)/n\right]^{\frac{1}{2}} \tag{6-1}$$

$$\Pi_i^+ = \Pi_i + \left[B\Pi_i\left(1-\Pi_i\right)/n\right]^{\frac{1}{2}} \tag{6-2}$$

式中：B 是自由度为 1 的 χ^2 分布的第（a/k）× 100 个百分位数。这些方程均是基于 Goodman（1965）的联合置信区间估算步骤计算的。

检查式（6–1）和式（6–2），我们看到$\left[\Pi_i\left(1-\Pi_i\right)/n\right]^{\frac{1}{2}}$是多项式总体的第 i 个单元的标准差。此外，重要的是要认识到每个边际概率质量函数都是二项式分布的。如果 N 是总体规模，则使用有限的总体校正因子（finite population correction，FPC）和每个 Π_i 的方差（Cochran，1977），近似置信边界为

$$\Pi_i^- = \Pi_i - \left[B(N-n)\Pi_i\left(1-\Pi_i\right)/(N-1)n\right]^{\frac{1}{2}} \quad (6\text{–}3)$$

$$\Pi_i^+ = \Pi_i + \left[B(N-n)\Pi_i\left(1-\Pi_i\right)/(N-1)n\right]^{\frac{1}{2}} \quad (6\text{–}4)$$

请注意当 $N\to\infty$ 时，式（6–3）与式（6–4）分别收敛到式（6–1）与式（6–2）。

接下来，要确定所需的样本量，必须指定多项式总体中每个参数的精度。如果每个单元格的绝对精度设置为 b_i，则式（6–1）与式（6–2）分别变为

$$\Pi_i^- - b_i = \Pi_i - \left[B\Pi_i\left(1-\Pi_i\right)/n\right]^{\frac{1}{2}} \quad (6\text{–}5)$$

$$\Pi_i^+ + b_i = \Pi_i + \left[B\Pi_i\left(1-\Pi_i\right)/n\right]^{\frac{1}{2}} \quad (6\text{–}6)$$

当包含 fpc 时，也会得到类似的结果。式（6–5）和式（6–6）可以重新排列以求解 b_i（样本的绝对精度）：

$$b_i = \left[B\Pi_i\left(1-\Pi_i\right)/n\right]^{\frac{1}{2}} \quad (6\text{–}7)$$

然后，通过对式（6–7）求平方并求解 n，结果为

$$n = B\Pi_i\left(1-\Pi_i\right)/b_i^2 \quad (6\text{–}8)$$

使用 fpc 求解 n 会有如下结果：

$$n = BN\Pi_i\left(1-\Pi_i\right)/\left[b_i^2\left(N-1\right)+B\Pi_i\left(1-\Pi_i\right)\right] \quad (6\text{–}9)$$

因此，一个来做 k 次计算以确定样本量，一个给每一对（b_i，Π_i），i=1，⋯，k，并选择最大的 n 作为所需的样本量。作为 b_i 与 Π_i 的函数，式（6–8）与式（6–9）表现了 n 随 $\Pi_i\to 1/2$ 或 $b_i\to 0$ 而增加的特点。

在极少数情况下，相对精度 b_i' 可以被误差矩阵中的每个单元格指定，而不仅仅是每个类。这里 $b_i=b_i'\Pi_i$。将其代入式（6–8）可得

$$n = B\left(1-\Pi_i\right)/\Pi_i b_i'^2 \quad (6\text{–}10)$$

可以以相同的方式计算包括 fpc 的类似样本量计算。再次说明，一个来做 k 次计算以确定样本量，一个给每一对（b_i，Π_i），i=1, …, k，分别计算 n 值，计算出来的最大 n 值被选为所需的样本量。当 $\Pi_i \to 1/2$ 或 $b_i \to 0$ 时，根据式（6–10），样本量随之增加。如果对于所有的 i 来说 $b_i=b_i'$，那么最大样本量为$n = B(1-\Pi)/\Pi b'^2$，其中 Π 为（Π_1, …, Π_k）中的最小值。

在大多数情况下，为了评估遥感数据的精度，我们要为整个分类而不是为每个类别或每个单元格设置绝对精度。因此，令 $b_i=b$，唯一需要的样本量计算是最接近 1/2 的 Π_i。如果没有关于 Π_is 值的先验知识，则可以在 i=1, …, k 中取值，假设某些 Π_i=1/2 和 $b_i=b$ 来对样本量进行“最坏”情况计算。在这种最坏的情况下，生成有效误差矩阵所需的样本量可以从这个简单的方程获得，如下所示：

$$n = B / 4b^2$$

这种方法可以通过一个数值例子更清楚地说明。首先，让我们看一个使用完整方程［式（6–8）］的示例，然后使用最坏情况或保守样本量方程来查看相应的样本量。假设我们的分类方案中有 8 个类别（k=8），所需的置信度为 95%，所需的精度为 5%，并且该特定类别占地图区域的 30%（Π_i=30%）。B 的值必须通过自由度为 1 和 1−a/k 的值在 χ^2 分布表中确定。在这种情况下，B 合适的值为$\chi^2_{(1,0.993\,75)}$=7.568。因此，样本量的计算如下：

$$n = B\Pi_i(1-\Pi_i)/b_i^2$$

$$n=7.568(0.30)(1-0.30)/(0.05)^2$$

$$n=1.589\,28/0.002\,5$$

$$n=636$$

考虑到该地图中有 8 个类别，总共需要采集 636 个样本以充分填充误差矩阵，或者说每个类别大约需要 80 个样本。

如果使用简化的最坏情况方程，则假设类别比例为 50%，计算如下：

$$n = B / 4b^2$$

$$n=7.568/4(0.05)^2$$

$$n=7.568/0.01=757$$

在这种最坏的情况下，每类大约需要 95 个样本或者说总共需要 757 个样本。

如果置信区间从 95% 放宽到 85%，则所需的样本量会减少。在前面的示例中，B 合适的新的值将是$\chi^2_{(1,0.981\,25)}$=5.695，对于完整方程和最坏情况，所需的样本总数分别为 478 个和 570 个。

6.5 选择样本方法

除了已经讨论过的考虑因素外，样本的选择和分配或抽样方案是任何精度评价的重要组成部分。选择合适的抽样方案对于生成代表整个地图的误差矩阵至关重要。首先，为了得出关于地图精度的有效结论，必须选择不带偏差的样本。未能满足这一重要标准会影响所执行的任何深入分析的有效性，因为由此产生的误差矩阵可能会高估或低估真实精度。其次，进一步的数据分析将取决于选择的抽样方案。不同的采样方案采用不同的采样模型，因此要采用不同的方差方程来计算所需的精度方法。最后，抽样方案将确定样本在整个地物景观中的分布，这将显著影响精度评价成本，尤其是所需参考数据的收集。

6.5.1 抽样方案

许多研究人员就使用适当的抽样方案发表了观点（Hord and Brooner，1976；Rhode，1978；Ginevan，1979；Fitzpatrick-Lins，1981；Stehman，1992）。这些观点在研究人员之间差异很大，包括从简单的随机抽样到分层抽样、系统抽样、非均衡抽样方案的所有内容。

有 5 种常见的抽样方案可用于收集参考数据：①简单随机抽样；②系统抽样；③分层随机抽样；④整群抽样；⑤分层、系统、非均衡抽样。在简单随机抽样中，研究区域内的每个样本单元被选中的机会均等。在大多数情况下，需要一个随机数生成器用于选择随机 x、y 坐标来识别要收集的样本。简单随机抽样的主要优点是样本的随机选择产生的良好统计特性（它造成样本的无偏选择）。不过使用统计上无偏的抽样方案来评价地图，会产生没有实际用途的评价。想象一下这样一种情况，地图上的绝大多数区域是沙漠或裸露的地面，而一小部分是开发区，包括住宅、商业和工业空间。如果地图的 95% 是沙漠，5% 是开发区域，并且在整个地图上随机选择 100 个样本单元（简单随机抽样方法），那么平均而言，将有 95 个沙漠样本单元和 5 个开发区样本单元。如果创建的地图显示整个区域都是沙漠，则使用此处选择的采样方法将确定 95% 的地图精度（100 个参考样本单元中有 95 个将是沙漠并与地图一致）。但是，如果地图用户最感兴趣的是这张地图上的开发地区（住宅区、商业区和工业区），那么这张非常准确的地图（95%）对他们来说完全没有用处。因此，应特别注意确保采样工作是经过精心计划和实施的。

系统抽样是一种在研究区域内以特定且有规律的间隔选择样本单位的方法。在大多数情况下，第一个样本是随机选择的，然后以某个指定的间隔抽取每个后续样本。系统抽样的主要优点是易于在整个研究区域内进行某种程度的均匀抽样。

分层随机抽样类似于简单随机抽样；但是，这种方法使用有关研究区域的一些先验知识将区域划分为组或层，然后对每个层进行随机抽样。在精度评价的情况下，地图已被分层为地图类别。分层随机抽样的主要优点是所有层（地图类别），无论多么小的类别都将包含在样本中。这个方法对于确保在稀有但重要的地图类别中采集足够的样本而言尤为重要。

除了已经讨论过的抽样方案外，整群抽样还经常用于评价遥感数据地图的精度，特别是用于快速收集许多样本信息。收集多个彼此靠近的样本单元具有明显的优势。但是，必须明智且谨慎地使用整群抽样。简单地将大量样本单元（无论它们是像素簇还是多边形）放在同一个连续地图类别中并不是一种有效的数据收集方法，因为每个样本单元并不独立于其他样本单元，并且几乎不会增加额外的信息。如图 6-9 所示，收集多个附近的样本单元是有效的，尤其是在现场收集参考数据时。但是必须仔细考虑空间自相关，确保没有两个样本单元位于同一连续地图类中，并且样本单元之间要有足够的距离。最后，应在该地点收集一些合理数量的样本单元（4～8 个），然后移动到另一个足够远的起点继续收集，让整个研究区域都被样本覆盖，使它们不仅仅只集中在整个研究区域的一部分当中。

最后提出了更复杂的抽样方案。例如，分层、系统、非均衡抽样是一种尝试将随机性和分层的优点与系统抽样的便利性结合起来且不落入系统抽样常见的周期性陷阱的方法。这种方法是一种组合方法，它引入了更多的随机性，而不仅仅是每个层内的随机起点。相反，第一个样本是随机选择的，然后将第一个样本的 x 坐标与第二个样本中新的随机 y 坐标一起使用，然后在第三个样本中使用另一个新的随机 y 坐标，依此类推。以同样的方式，第一个样本的 y 坐标与一个新的随机 x 坐标一起用于定位另一个样本，并且这在整个层中继续这样的操作。通过这种方式，实现了随机抽样和系统抽样的结合。

6.5.2 抽样方法注意事项

Congalton（1988b）使用所有这 5 种抽样方案对 3 个空间不同的区域（图 6-5）进行了抽样模拟，并得出结论，在所有情况下，简单随机抽样和分层随机抽样都能提供令人满意的结果。

需要注意的是，在本次分析中，地图只包括两个类别（错误和正确）。简单随机抽样允许同时收集参考数据用于训练和评价。这两个数据集必须彼此分开，让精度评价使用的参考数据保持独立。然而，使用简单随机抽样并不总是合适的，因为它倾向于对很少发生但可能非常重要的地图类别采样不足，除非样本量显著增加。出于这个原因，通常建议使用分层随机抽样，即从每个层（地图类别）中选择最少数量的样本。然而，分层随机抽样可能是不切实际的，因为分层随机样本在地图完成后更容易选择（当层位置已知时）。这可能会将精度评价数据限制在项目后期收集，而不是与训练数据一起收集，从而增加项目成本。此外，在某些项目中，从项目开始到精度评价的时间可能过长，从而导致收集地面参考数据时出现时间问题。换言之，在项目开始时间和精度评价开始时间之间，地面可能会发生变化（如收获的作物）。

尽管随机抽样具有有价值的统计特性，但是在实地访问随机样本单元通常是有问题的，因为许多样本将难以到达 / 访问。锁定的大门、栅栏、行驶距离和崎岖的地形等外界因素结合在一起，使随机现场采样变得极其昂贵和困难。在森林和其他荒地环境中，随机选择的样本可能完全无法获得，除非通过直升机。获取每个随机定位的样本的成本可能超过整个制图工作的其余部分的成本。在实施抽样方案之前处理访问限制是基于访问创建成本面的一种方法，这种方法从精度评价中排除了不可访问区域。例如，可以创建成本面以排除距离道路超过最大距离、超过规定百分比坡度或被拒绝访问的所有权类型内的区域。

显然，不能将项目的大部分资源用于收集精度评价参考数据。相反，资源的分配必须达到某种平衡。很多时候，一些随机抽样和系统抽样的结合提供了统计有效性和实际应用之间的最佳平衡。这样的系统可以在项目早期使用系统或简单随机抽样来收集一些评价数据，并在分类完成后在层内（地图类别）进行分层随机抽样，以确保为每个类别收集足够的样本并最大限度地减少数据中的各种周期性。然而，Congalton（1988a）的结果表明，通过空间自相关分析测量的误差的周期性可能会使采用系统抽样来评价精度的方法具有风险性。

组合方法的一个示例可能包括与现有航空影像或其他高分辨率影像相关的系统样本，其中样本选择基于每第 n 张照片 / 影像的中心。基于飞行路线的样本选择不应与任何决定土地覆盖的因素高度相关，除非飞行路线与地物景观特征对齐。每张照片 / 影像的样本数量和照片 / 影像之间的采样间隔的选择取决于要绘制区域的大小和需要收集的样本数量，以确保该系统样本覆盖整个制图区域。

但是，如果选择此策略，很少出现的地图类别可能会欠采样。当地图完成时，可能需要将此方法与分层随机抽样相结合，以增加代表性不足的地图类别。此外，将现场分层随机样本选择限制在道路的某个实际距离内（图 6-9）以控制参考数据收集的成本可能是切实可行的。但是，依然必须小心，因为道路往往出现在较平坦的地区、溪流沿线的山谷和山脊顶部，这可能会使样本选择偏向于这些地方可能存在的土地覆盖。因此，必须采取措施减轻这些因素，以便获得最具代表性的样本。这种类型的组合方法最大限度地减少了使用的资源并获得了尽可能多的信息。尽管如此，这种组合的统计复杂性也不容忽视。同样，需要在它们之间取得某种平衡。

最后，一些分析技术假设使用某种抽样方案来获取数据。例如，使用 Kappa 分析（有关该分析技术的详细信息，见第 8 章）来比较误差矩阵使假设假设多项式抽样模型，只有简单随机抽样才能完全满足这个假设。如果使用另一种抽样方案或抽样方案组合，则可能需要计算合适的方差方程来执行 Kappa 分析或其他类似技术。使用此处讨论的另一种采样方案而不计算适当方差的影响（偏差）尚未得到广泛考虑。

一个有趣的项目是测试使用除简单随机抽样之外的抽样方案对 Kappa 分析的影响。如果发现效果很小，那么该方案可能适合在前面讨论的条件下使用。如果发现影响很大，则不应使用该采样方案进行 Kappa 分析。如果要使用该方案，则必须对方差方程进行适当的校正。Stehman（1992）对两种抽样方案（简单随机抽样和系统抽样）进行了分析。他的分析结果表明，使用系统抽样对 Kappa 分析的影响可以忽略不计。这一结果进一步证实了使用组合系统初始样本和随机样本来填补空白的想法。

从过去 30 年的精度评价文献的搜索中发现了许多有趣的学术论文，这些论文描述了复杂的抽样策略和其他评价的方法。虽然其中许多在统计上是合理的，但大多数都超出了典型的遥感分析人员在评价其地图精度时实际上可以实现的范围。我们总是需要平衡统计有效性与实际可以实现的情况，本书中描述的方法和考虑则力求达到这种平衡。

6.5.3 平均分配、最小分配与比例分配

正如本章所介绍的，为参考数据收集进行抽样以创建有效的误差矩阵需要考虑许多因素和仔细地规划。最后一个关于样本分配的问题需要在这里讨论，也就是样本是否应该平均分配，或者使用某个最小数量，抑或在进行评估时按比例分配？每个地图类别应收集 50 个样本的指南在前文中已经讨论了。若使用此策略为每个地图类别选择大致相等数量的样本（50 个），则一些罕见的类别可能无法达到 50 个样本，但该类别仍然是我们需要的目标。当每个地图类别的面积大致相同并能够提供有效的误差矩阵时，此策略非常有效。

但是，如果有几个大面积地图类别、一些中等面积地图类别和几个小面积地图类别怎么办？为每个地图类别简单地收集 50 个样本是一个好策略吗？例如，作为负责美国大部分高分辨率植被测绘的组织——国家公园管理局，其几十年来一直在努力权衡统计严谨性和成本效益之间的关系。他们最近的指南是根据整个地物景

观的面积和类别的丰度来分配每个类别的精度样本数量，如表 6-1 所示（Lea and Curtis，2010）。虽然该建议从少于本书中所建议的每个地图类别的样本单位开始，但应该注意的是，国家公园管理局制图达到了非常复杂的植被水平，通常具有超过 60 个地图类别的分类方案。因此，为什么样本单位数量如此之少是可以理解的，这也是平衡统计有效性与实际可实现的结果。

表 6-1 美国国家公园管理局指南（Lea and Curtis，2010）
按区域分配参考样本单位数量的示例

地图类别总面积	每个地图类别的样本数
＞50 hm^2	30
8.33～50 hm^2	0.6/hm^2
＜8.33 hm^2	5

如果采样按比例执行而不是均等执行（50 个样本），会发生什么情况？人们会期望为每个地图类别获得的样本数量与该地图类别的面积成正比，因此，少数类别会有超过 50 个样本，大多数会有大约 50 个样本，少数类别会有很多更少的样本。如果分析人员只考虑总体精度，这个结果可能是令人满意的。但是，如果事实证明大区域的地图类别很容易绘制（如水或沙子），而地图小区域的类别要困难得多会发生什么？最后，如果地图用户最有兴趣了解的是小区域地图类别怎么办？在这种情况下，每个地图类别都很重要，并且必须为每个类别计算用户和生产者的精度。小区域类别中是否有足够的样本来计算这些类别的有效精度？也许，在这种情况下，地图精度与在每个地图类别中设置一些最小样本数，然后按类面积按比例向每个地图类别添加额外的样本有关。换句话说，最小的地图类别可以分配至少 30 个样本（足以计算该地图类别的用户和生产者的精度），而其余地图类别能得到更多按比例分配的样本。

最小样本数也可以设置为 50，与本书中设定的指导方针一致。理想情况下，采样可以以这样一种方式进行，即每个地图类别都分配到足够多的样本以与其面积完全成比例，从而最终样本与面积成比例，从具有 30 个或 50 个样本的最小区域开始。可惜的是，这种理想的方法并不实用，因为它可能导致需要数百个或更多样本才能获得大面积的地图类别。更现实的方法是在每个地图类别（30 个或 50 个）上施加最小数量的样本，然后按其他地图类别的面积按比例收集额外数量的样本。例如，如果有 6 个地图类别，则最初的目标（来自之前的指南或多项式方程）可能是收集 300 个参考样本（6 个地图类别 × 每类 50 个样本 =300 个样本）。如果每个地图类接收 30 个样本（30 个样本 ×6 个地图类别 =180 个样本），那么除了最小的样本数量之外，还有 120（180～300）个样本要按比例分配给每个地图类别。这种方法考虑到每个地图类别的区域是不相同的，同时仍然保持实际的总样本数量。这是统计有效性和实际可以实现的结果之间的平衡 / 权衡。

最后，在某些情况下，真正成比例的样本可能是合适的。例如，最近由美国国家航空航天局（National Aeronautics and Space Administration，NASA）资助的一个名为全球粮食安全支持分析数据（Global Food Security Support Analysis Data，GFSAD）的项目使用 Landsat 影像绘制了全球 8 种主要农作物的地图（Teluguntla et al.，2015）。该项目通过将地球划分为农业生态区（Agricultural Ecological Zones，AEZs）来绘制整个世界的农田范围（作物 / 无作物）。鉴于这种双地图类别的（作物 / 无作物）情况，其采用比例抽样来生成误差矩阵以评估农田范围图。在一张显示了非洲的一个 AEZs 的农田范围（作物 / 无作物）地图中，AEZs 区域只有很小的一部分是作物（3.29%）。然而，这个区域是非典型的，因为在为世界绘制的 73 个 AEZs 中，只有 7 个拥有如此少的作物（Yadav and Congalton，2018）。

快速浏览表 6-2 中的误差矩阵可以说明我们一直在讨论的关于比例抽样的问题。正如预期的那样，只有少量的作物参考数据样本，因为作物在地图中所占的比例很小。在这种情况下，从 250 个随机样本中选择了 9 个作物参考数据样本来生成矩阵（250 个样本中的 3.29% 大约是 8 个预期样本）。其他 67 个 AEZs 没有遇到同样的问题，因为比例抽样的结果是为作物和非作物类别分配了足够的样本。

表 6-2　非洲 AEZs 作物范围（作物 / 无作物）地图的误差矩阵

		参考数据			
		Crop	No-Crop	总数	用户精度
地图数据	Crop	8	7	15	53.3%
	No-Crop	1	234	235	99.6%
总数		9	241	250	
生产者精度		88.9%	97.1%		96.8%

6.6　结论

本章充满了很多信息和许多注意事项。表 6-3 总结了本章讨论的精度评价抽样方案的优、缺点。此外，本章还尝试展示分析人员在进行有效评价时必须提出的许多问题。同样，必须要强调的是，不止只有一种正确的方法（方法组成）来进行精度评价。本章讨论的许多考虑因素都非常重要，这样精度评价才能尽可能有效和高效。

表 6-3 各种精度评价抽样方案的优点及缺点总结

抽样方案	优点	缺点
随机抽样	无偏样本选择，有出色的统计特性	昂贵，特别是对于实地工作的情况。不能确保每个类别都能抽取到足够的样本。不能确保样本在整个地物景观中有良好的分布
分层随机抽样	无偏样本选择。能确保每个类别中有足够的样本，因为从每个层（类别）中选择了最少数量的样本	需要有关地图类别分布的先验知识，以便可以分层抽样。 对于实地工作来说价格昂贵。通常很难在稀有地图类别中找到足够的样本。不能确保样本在整个地物景观中有良好的分布
系统抽样	易于实施。与随机抽样相比，成本较低。能确保样本在整个地物景观中有良好的分布	如果采样模式与地物景观模式（周期性）相关，则可能存在偏差。统计上较弱，因为每个样本单元的选择概率不相等
集群抽样	由于样品彼此靠近，因此成本最低，从而减少了在现场采样的行程时间以及在室内的处理时间	空间自相关导致样本不相互独立。如果样本不是相互独立的，那么它们就不是不同的样本，因此必须抽取更多独立的样本

也许最重要的是应该记录整个精度评价过程，以便其他人可以确切地知道遵循了哪些程序。如果分析人员基于特定考虑对评价做出某些决定，但没有记录他们做了什么以及为什么这样做，那么其他任何人都无法理解精度评价或真正了解地图的精度。很多时候，已发表的论文和项目报告包含表示地图精度的误差矩阵，但没有充分解释所做的确切考虑和描述遵循的过程。有时，甚至没有公布误差矩阵本身，而只是一些只有总体精度值的汇总图或表格。如果有一个单一的方法来进行评价，这种情况可能是令人满意的。然而，鉴于本书中描述的复杂性，完整和合适的文档以及其包含的相应误差矩阵是必需的，以便每个人都能完全理解评价是如何进行的。未能提供带有完整误差矩阵的完整文档会导致评价不完整。

7

参考数据的采集

7.1 引言

收集用于精度评价的参考数据是任何评价的关键组成部分。未能收集到适当的参考数据，则评价会产生错误的结果。在考虑收集参考数据和评价的同时，精度评价数据的收集需要完成以下 3 个步骤：

首先，精度评价样本点必须准确地定位在参考源和评价地图上。这项任务在市区可能是一项相对简单的任务，而在几乎没有可识别地标存在的荒漠地区，这项任务可能要困难得多。虽然使用全球定位系统（GPS）大大提高了我们高效定位准确地点的能力，但仍然可能错误地识别样本点的位置。如果样本在参考源或地图上的位置错误，将导致专题误差，实际上也是位置误差的出现。

其次，必须划定样本单元。样本单位应在参考数据和地图上代表相同的区域。通常，它们首先在参考源数据或地图上被描绘一次，然后转移到另一个当中。但是，应注意要使参考数据准确地与正在评估的地图配准。严重的配准误差会导致实际上由位置误差引起的专题误差。

最后，必须根据地图分类方案为每个样本单元分配参考标签和地图标签。换句话说，必须使用用于从遥感数据创建地图的相同分类方案来标记参考数据样本单元。参考样本单元可以从各种来源收集，并且可以通过观察或测量进行标记。

参考数据收集的每个步骤都可能出现严重的过失和问题。为了充分评价遥感分类的精度，必须对每个样本正确执行每个步骤。如果参考标签不准确，那么整个评价就变得毫无意义。以下 4 个基本考虑因素决定了所有参考数据的收集：

1. 参考数据样本的来源应该是什么？现有的地图或现场数据可以用作参考数据吗？是否可以从更高空间分辨率的遥感数据中收集信息，或者是否有必要对样本单元进行实地考察？

2. 每个样本应该收集什么类型的信息？是否需要进行测量，或者观测数据是否满足标记样本单位？

3. 应该什么时候收集参考数据？是在制作地图时，还是初步实地调查期间收集它们，抑或是应该只在地图完成后收集它们？使用比遥感影像日期更早的数据进行精度评价有什么影响？

4. 我们如何确保正确、客观、一致地收集参考数据？

收集参考数据的方法有很多，其中一些依赖于观察资料（定性评估），而另一些则需要详细的定量测量。鉴于收集参考数据的可靠性、难度和费用各不相同，了解这些数据收集技术中的哪些是有效的，哪些不适用于某些给定的项目，这一点至关重要。在大多数情况下，这个问题的答案背后的驱动力是用于制作地图的分类方案的复杂性。

我们都知道地图很少是 100% 正确的。每个遥感项目都需要在选择用于创建地图的遥感数据（尤其是影像的成本）、项目所需的比例尺（空间分辨率）和精度水平之间进行权衡。今天，我们使用的大部分中等空间分辨率影像可供所有人免费使用（如 Landsat 和 Sentinel 影像），就像 Google Earth 或 ArcGIS Online 中早期的高分辨率影像一样。即使考虑到最新的高空间分辨率影像的成本，我们也接受一定程度的地图误差作为使用遥感数据（而不是所有实地工作）创建地图所固有的成本节约的权衡。但是，如果要对地图进行评价，精度评价参考标签必须是正确的。因此，参考标签必须使用源数据或比用于制作地图的数据认为更可靠的数据。

7.2　参考数据的来源应该是什么？

数据收集的第一个决策需要确定使用什么数据来源确定参考标签。所需的源数据类型取决于地图分类方案的复杂性和项目预算。最好记住这个一般规则：分类方案越简单，参考数据收集就越简单且成本更低。有时，以前存在的地图或地面数据可以用作参考数据。更多情况下，参考源数据是新收集的信息，比用于制作地图的遥感数据和方法至少要准确一个级别。因此，高空间分辨率航空或卫星影像通常用于评价由中等分辨率卫星影像（如 SPOT、Landsat TM 或 Sentinel 2）制作的地图的精度，地面访问通常用于评价从高分辨率影像创建地图的精度，人工图像解译通常用于评价自动分类方法的精度。

7.2.1 使用现有数据和新收集的数据

制作新地图时，第一反应通常是将地图与有关地图区域的一些现有信息源进行比较。使用以前收集的地面信息或现有地图进行精度评价这一方法很有吸引力，因为避免收集新的参考数据，可以节省成本。虽然这种方法可能是一种有用的定性工具，但现有数据很少被用于精度评价，原因如下：

1. 现有的现场已有数据通常是为了精度评价以外的目标而收集的。通常，地块太小（例如，不能使用 1 m 的生态点来评价具有 4 m 最小制图单位的地图），或者在地块上进行的测量无法转换为有效的精度评价测量值。使用这些地面数据特别诱人，因为这些数据是从地面访问中收集的，常常具有很高的质量。在使用现有的现场样本时必须谨慎。每个样本都必须经过质量控制，以确保数据充分代表制图的类别并评估收集的数据是否覆盖足够大的区域：例如，在一个为加利福尼亚州索诺玛县制作精细比例植被图的项目（其中一位作者参与）中，收集了超过 1 245 个地块来构建分类方案。使用随机数生成器选择 241 个地块作为样本进行精度评价，但未用于绘图。然而，在对地块进行质量控制后，只有 166 个可用，因为一些地块小于最小制图单元植被区域，另一些存在水平精度问题，还有一些缺乏完整数据。

2. 用于创建现有地图的分类方案通常与用于创建新地图的分类方案不同。两个地图之间的比较可能导致误差矩阵仅表示参考数据和地图数据分类方案之间的差异，而不是地图误差。开发专门将地图分类方案转换为新地图分类方案的通道有时可以解决这个问题。然而，这种方法很少能产生完美的通道，因此，一些错误是不可避免的。

3. 现有数据比用于创建新地图的数据旧。地物的变化（如火灾、城市发展、湿地减少等）不会反映在现有数据中。因此，由这些变化引起的误差矩阵的差异将被错误地认为是由地图误差引起的。

4. 现有地图中的误差通常是未知的，因为往往没有对旧地图进行精度评价。通常，由现有地图误差引起的差异会归咎于新地图，从而错误地降低了新地图的精度。

5. 与所有参考数据收集一样，位置精度必须纳入考虑因素范围内，以确保结果真正评价地图的专题精度，而不仅仅是位置问题。

如果现有信息是唯一可用的参考数据来源，则应考虑不对其进行定量精度评价。相反，应该对新地图和现有地图或现场数据进行定性比较，并仔细检查和识别两者之间的差异。如果使用现有数据进行定量评价，则必须记录使用的参考数据问题，以便地图的潜在用户了解此类评价的局限性。

7.2.2 遥感数据和实地访问

如果要收集新数据用于参考样本，则必须在实地（地面）访问和机载或卫星高分辨率影像、视频、无人机系统（unnamed aerial systems，UASs）或空中侦察之间做出选择并作为参考数据的来源。精度评价专业人员必须评估每种数据类型的可靠性，以获得准确的参考标签。

通过空中侦察或高分辨率影像或视频的解译，通常可以可靠地评价具有较少数量（如 2～8 个）地图类别的简单分类方案。随着地图分类方案中详细程度的增加，参考数据收集的复杂性也随之增加。最终，即使是很大规模的影像也无法提供有效的参考数据。那时，我们就必须在实地收集数据。

在某些情况下，使用图像解译来生成参考数据可能不合适。例如，航拍影像解译经常被当作用于评价从卫星影像（如 Landsat）生成的土地覆盖图的参考数据。因为航拍影像比卫星影像具有更高的空间分辨率，因此解译被认为是正确的，并且因为图像解译已成为一项历史悠久的技能，精度有所保证。可惜的是，图像解译和空中侦察中确实会出现误差，这取决于解译人员的技能和分类系统所需的详细程度。不恰当地把解译作为参考数据可能会严重影响有关基于卫星的土地覆盖图精度的结论。换言之，人们可能会得出这样的结论：基于卫星的地图的精度很差，而实际上，解译是有偏差的。在这种情况下，实际的地面访问可能是唯一可靠的数据收集方法。至少应该在实地收集一部分数据后，与高分辨率图像进行比较，以验证从机载影像中解译的参考标签的可靠性。即使大多数参考标签来自图像解译，实地访问这些区域的部分样本以验证解译的可靠性也是至关重要的。还需要做很多工作来确定提供这些重要信息所需的适当工作量和收集技术。当从图像解译与地面形成的标签开始经常出现不一致时，需要转向基于地面的参考数据收集。然而，地面参考数据的收集成本极高，因此，收集工作必须足以满足精度评价的需要，同时又必须足够高效以满足预算的需要。

由于地面上人的视角与从地面物体上方捕获的影像创建的地图的视角不同，现场样本也可能有其自身的问题。地上的人斜着看植被，而大多数用于制作地图的影像都是从地面正上方以 0%～3% 的天顶视角采集的。由于地面视角是倾斜的，因此地面覆盖物的现场估计值通常高于来自天顶视角影像的估计值。发生这种情况是因为地面视角通常包括从天顶影像看不到的亚冠层植被，并且因为眼睛有时会被欺骗，会高估比从上方可见的植被茎和叶密度。另外，Spurr（1960）提出，人们往往从空中影像高估了森林冠层郁闭度，而从地面低估了森林冠层郁闭度。这种视角差异会导致地面参考标签和地图标签之间的差异，这不是因为误差，而是因为参考数据收集人员的不同视角。

例如，Biging 等（1991）的一项经典研究将照片解译与地面测量结果进行比较，以表征森林结构。用于比较的地面数据是在足够数量的地块中进行的一系列测量结果，以表征每个森林多边形（林分）。结果表明，照片解译的总体精度为 75%～85%。大小等级精度在 75% 左右，冠层郁闭度精度不到 40%。本研究强调需要谨慎对待假设图像解译的结果足以或适合用作精度评价中的参考数据。在这项研究中，种类和大小等级也许可以当作可能的参考数据用来解释。然而，从上方（影像上看到）和从地面确定的冠层郁闭度只是由于观察的位置不同而有所差别。因此，在这种情况下，冠层郁闭度可能不适合作为参考数据。

另外，有时可以从遥感影像中看到的物体无法从地面看到，结果地面数据可能不如影像解译可靠。例如，在夏威夷火山国家公园，上部冠层中存在巨大但稀疏的多型铁心木（Ohi'a），下部冠层由密集、难以穿透的夏威夷树蕨（cibotium glaucum）组成。树蕨如此茂密，以至于从地面上都看不到多型铁心木的树冠。结果，现场工作人员不会注意到多型铁心木树的存在，即使每棵树的树冠都很大并且从上方看时清晰可见。

7.3 参考数据的收集

参考数据收集的下一个步骤涉及如何从源数据中收集信息以获得每个参考样本的可靠标签。参考数据必须采用与制作地图相同的分类方案进行标记。

虽然对地图和参考数据使用相同的分类方案似乎是一个简单的决定，但令人惊讶的是这个决定并非总是如此。近期越来越多的项目让一个实体制作地图，另一个实体进行精度评价。在这种情况下，两个实体更有可能不使用相同的分类方案，除非对精度评价人员进行地图使用方面的全面培训。在许多情况下，简单的观察 / 解译足以标记参考样本。在其他情况下，仅观察是不够的，需要在现场进行实地测量。

为样本站点收集参考数据的目的是为样本得到"正确"的参考标签，以便与地图标签进行比较。通常，仅通过观察飞机、汽车、UAS 或高分辨率影像中的样本即可获得参考标签。例如，在大多数情况下，可以通过从相当远的距离观察来准确识别高尔夫球场。是否应从观测或测量中获得精度评价参考数据将取决于地物的复杂性、分类方案的细节、精度评价所需的精度和项目预算。用于区分同质土地覆盖类型（如水域与农业）的简单分类方案的参考数据通常可以从地面上的观察以及估计或从更大规模的遥感数据中获得。例如，可以仅通过观察来将针叶林与农田和高尔夫球场区分开来。收集参考数据可能就像查看高分辨率影像或观察地面地点一样简单。

然而，复杂的分类方案可能需要一些测量来确定精确的（不变的）参考样本标签。例如，更复杂的森林分类方案可能涉及收集树木尺寸等级的参考数据，这与树干的直径有关。树木尺寸等级作为濒危物种栖息地的决定因素和木材产品适销性的衡量指标，在两者中都很重要。可以在高分辨率影像和地面上直观地估计尺寸等级。然而，不同的人可能会根据他们的训练和经验产生不同的估计，因此会在观察中引入可变性。这种差异不仅存在于个体之间，也存在于个体内部。同一个观察者可能会在星期一还是在星期五对事物的看法有所不同；或者是晴天还是雨天；或者是他或她喝了多少咖啡这类特别情况。为了避免人估计的可变性，可以在现场测量尺寸等级，但需要测量大量树木才能精确估计每个样本单元的尺寸等级。在这种情况下，精度评价专业人员必须决定是否需要测量（这可能既费时又昂贵）还是接受人的估计中固有的变化。

是否需要现场测量取决于地图用户所需的精度水平和项目预算。例如，有关斑点猫头鹰栖息地要求的信息表明，猫头鹰更喜欢包括大树在内的较旧的多层林分。在这种情况下，“大”是相对的，只要地图准确区分单层小树和多层大树的林分，就可能不需要精确测量树木。相较之下，许多木制品厂只能接受特定尺寸等级的树木。工厂的机器不能接受比规定范围小或大于 1 英寸的树木。在这种情况下，可能需要进行测量。在无法从高分辨率影像中精确测量的植被覆盖估计中，观察者的可变性尤其明显。此外，空中估计的植被覆盖度在地面验证是有问题的，因为如前所述，地面覆盖的估计（树冠以下）与冠层上方的估计根本不同。因此，使用地面估计作为覆盖度的参考数据就像比较两种本质不同的事物一样。

观察和测量的权衡在一项试点研究中得到了例证，该研究旨在确定收集用于森林清查的适当地面参考数据所需的努力程度。本研究的目的是确定熟悉该领域的专家为观察森林多边形（林分）所做的视觉判断是否足以准确地标记每个多边形，或者是否需要进行实地测量。显然，影响地面数据采集精度的因素很多，包括植被本身的复杂性。这项研究代表了各种植被的复杂性。这一结果对那些经常仅通过目测收集森林地面数据的遥感专家具有启发意义。该试点研究是一个更大项目的一部分，该项目旨在开发数字遥感数据的使用以进行商业森林清查（Biging and Congalton，1989）。

商业森林清查所涉及的不仅仅是从数字遥感数据中创建土地覆盖图。通常，该地图仅用于对地物进行分层，然后在地面上进行实地调查以确定每种类型的树木体积统计数据。完整的清单要求了解森林类型、规模等级和林区的冠层郁闭度，以确定该地区的木材体积。如果单一物种占主导地位，则森林类型通常由该物种命名（Eyre，1980）。但是，如果存在物种组合，则使用混合标签（如混合针叶树类型）。树木的大小是通过距离地面 4.5 英尺[①]处的树木直径（胸高直径，DBH）来测量的，然后分为不同的尺寸等级。这一措施显然很重要，因为大直径树木比小直径树木含有更多的优质木材（有价值的木材）。冠层郁闭度，通过树冠占据的地面面积（冠层郁闭度）来衡量，也是树木大小和数量的重要指标。因此，在这项试点研究中，不仅需要收集树种 / 类型的地面参考数据，还需要收集冠层郁闭度和尺寸等级的地面参考数据。

有两种方法收集地面参考数据。在第一种方法中，4 名实地工作人员进入林分（多边形），观察植被，在优势树种 / 类型、优势树种尺寸等级、冠层郁闭度优势尺寸等级和所有树种组合的冠层郁闭度的视觉判断上达成了共识。占据森林体积大部分的物种或类型定义为优势。在第二种方法中，测量是在一个固定半径的地块上进行的，以记录落在地块内的每棵树的种类、胸径和高度。在每个森林覆盖的多边形中至少测量两个地块（1/10 或 1/20 英亩）。由于难以进行所有必需的测量（地块中每棵树的精确位置和树冠宽度）来估计地块上的冠层郁闭度，因此开发了一种使用样带来确定冠层郁闭度的方法。至少 4 个 100 英尺长的样带随机放置在多边形内，以用于收集冠层郁闭度信息。冠层郁闭度的百分比是由沿样带以 1 英尺为间隔，间隔中存在或不存在树冠来确定。所有测量值都输入到计算机程序中，该程序将结果汇总为优势树种 / 类型、优势树种 / 类型的尺寸等级、优势尺寸等级的冠层郁闭度以及每个林区所有树种的冠层郁闭度。使用误差矩阵比较两种方法的结果。

表 7-1 展示了现场判断与视觉判断的结果，优势物种的误差矩阵如表 7-1 所示。该表表明可以通过视觉判断很好地确定物种，因为现场测量和视觉判断之间存在很强的一致性。当然，这个结论需要假设现场测量是地面参考数据获取的更好的测量方法；在这种情况下，这是一个合理的假设。因此，使用视觉判断可以有效最大化物种信息的地面参考数据收集，并且似乎不需要现场测量。

① 1 英尺 =30.48 厘米。

表 7-1 主要物种的现场测量与视觉判断的误差矩阵

视觉调用 \ 现场测量	TF	MC	LP	DF	PP	PD	OKA	行总数
TF	14	0	0	0	0	0	0	14
MC	0	10	0	0	0	2	0	12
LP	0	0	1	0	0	0	0	1
DF	0	1	0	8	0	0	0	9
PP	1	1	0	0	0	0	0	2
PD	0	0	0	1	0	0	0	1
OKA	0	0	0	0	0	0	0	0
列总数	15	12	1	9	0	2	0	39

种类
TF = 真冷杉
MC = 混合针叶树
LP = 山脊松
DF = 道格拉斯冷杉
PP = 黄松
PD = DF 与 PP 的混合
OKA = 橡树

总体精度 = 33/39=85%

生产者精度
TF = 14/15 = 93%
MC = 10/12 = 83%
LP = 1/1 = 100%
DF = 8/9 = 89%
PP = 0/0 = —
PD = 0/2 = 0%
OAK = 0/0 = —

用户精度
TF = 14/14 = 100%
MC = 10/12 = 83%
LP = 1/1 = 100%
DF = 8/9 = 89%
PP = 0/2 = 0%
PD = 0/1 = 0%
OAK = 0/0 = —

表 7-2 展示两种主要尺寸类别的地面参考数据收集方法的比较结果。与物种一样，总体一致性相对较高，大部分混淆发生在较大的类别之间。最大的不精确是由于视觉上将主要的尺寸等级（体积最大的那一种）分类为尺寸等级 3（12～24 英寸 DBH），而事实上，尺寸等级 4（＞24 英寸 DBH）的树包含最多立木材积。这种视觉分类错误很容易理解。立木材积与 DBH 的平方直接相关。在许多情况下，看似少数的大树占林分的大部分，然而那里中型树可能更多。中型树木的普遍性和少数大型树木的体积优势之间很难直观地评估。研究人员和从业人员很可能会在体积占大部分而尺寸类别不明显的情况下混淆这些类别。在这种情况下，仅仅提高一个人目测直径的能力并不能提高一个人对尺寸等级进行分类的能力。衡量数量和尺寸来估计体积的能力需要相当多的经验，并且肯定需要进行地块和树木测量才能获得并保持这种能力。

表 7-2　显示主要尺寸类别的现场测量与视觉判断的误差矩阵

视觉判断 \ 现场测量	1	2	3	4	行总数
1	1	0	0	0	1
2	1	3	1	0	5
3	0	0	17	5	22
4	0	0	1	11	12
列总数	2	3	19	16	40

尺寸等级
1 = 0～5″dbh
2 = 5～12″dbh
3 = 12～24″dbh
4 ≥24″dbh

总体精度 = 32/40 = 80%

生产者精度
1 = 1/2　= 50%
2 = 3/3　= 100%
3 = 17/19 = 89%
4 = 11/16 = 69%

用户精度
1 = 1/1　= 100%
2 = 3/5　= 60%
3 = 17/22 = 77%
4 = 11/12 = 92%

表 7-3 和表 7-4 展示了两种冠层郁闭度收集方法的比较结果。表 7-3 显示了主要尺寸等级的冠层郁闭度结果，而表 7-4 显示了整体冠层郁闭度的结果。在这两个矩阵中，观察到的估计值与现场测量值之间的一致性非常低（46%～49%）。因此，为了获得冠层郁闭度的精确测量值，可能需要进行现场测量，而视觉判断虽然成本更低、速度更快，但可能会达不到可接受的水平。

表 7-3　显示优势物种密度（冠层郁闭度）的现场测量与视觉判断的误差矩阵

视觉判断 \ 现场测量	O	L	M	D	行总数
O	10	8	3	0	21
L	2	8	1	1	12
M	0	3	1	1	5
D	0	1	0	0	1
列总数	12	20	5	2	39

密度等级
O = 露天（0%～10% 的冠层郁闭度）
L = 低密度（11%～25% 的冠层郁闭度）
M= 中密度（26%～75% 的冠层郁闭度）
D = 高密度（>75% 的冠层郁闭度）

总体精度 = 19/39 = 49%

生产者精度
O = 10/12 = 83%
L = 8/20　= 40%
M = 1/5　= 20%
D = 0/2　= 0%

用户精度
O = 10/21 = 48%
L = 8/12　= 67%
M = 1/5　= 20%
D = 0/1　= 0%

表 7-4 显示现场测量与视觉判断（冠层郁闭度）的误差矩阵

视觉判断 \ 现场测量	O	L	M	D	行总数
O	0	1	1	0	2
L	1	3	7	0	11
M	0	0	8	10	18
D	0	0	0	6	6
列总数	1	14	16	16	37

密度等级

O = 露天
L = 低密度
M = 中密度
D = 高密度

总体精度 = 17/37 = 46%

生产者精度

O = 0/1 = 0%
L = 3/4 = 75%
M = 8/16 = 50%
D = 6/16 = 38%

用户精度

O = 0/2 = 0%
L = 3/11 = 27%
M = 8/18 = 44%
D = 6/6 = 100%

总之，必须强调的是，这只是一项小型试点研究。还需要在该领域开展进一步的工作，以评价地面参考数据收集方法并包括验证航空方法（图像解译和录像）。结果表明，除了许多物种同时出现外，对物种进行视觉识别相对容易且准确。尺寸等级比物种更难评估，因为其中隐含了需要估计体积最大的尺寸等级。冠层郁闭度是迄今为止最难确定的。这主要取决于进行视觉判断时人站在哪里。现场测量，例如本研究中使用的样带，提供了另一种确定冠层郁闭度的方法。这项研究表明，至少必须使用测量来收集一些地面数据，并且它表明多层次的努力可能会获得收集地面参考数据的最有效和实用的方法。

表 7-5 展示了选择不同参考数据来源的优、缺点。

表 7-5 参考数据源的对比

参考数据源	优点	缺点
现有的地图 / 数据	速度最快且花费最少	如果地物景观发生变化，数据可能会过时。必须确保用于标记现有数据的最小制图单元和分类方案与方案相同
来自遥感影像的室内解释新数据	与现场收集的数据相比，成本更低且耗时更少。提供与用于制作地图的遥感数据相同的视角（上方视野）	植被物种识别的精度低于现场收集的数据。如果地物景观在获取遥感参考后发生变化，则数据可能过时
实地收集的新数据	植被物种识别更准确	成本最高。不提供与获取遥感数据的相同视角（下方视野与上方视野）由于地形或地面访问的限制，通常难以建立

7.4 收集参考数据的时间

世界上的地物景观在不断变化。如果用于创建地图的遥感数据的获取日期与参考数据收集的日期之间存在差异，则可能会影响精度评价参考样本标签。收割庄稼，湿地排水或田地发展成购物中心；误差矩阵可能会显示地图和参考标签之间的差异，这不是由地图误差引起的，而是由地物景观变化引起的。

如前所述，高分辨率航空或卫星影像通常用作参考源数据，用于对由中等分辨率（如 Landsat、Sentinel 或 SPOT）卫星数据创建的地图进行精度评价。虽然获取新的高分辨率影像可能非常昂贵，但可以在 Google Earth 和 ArcGIS Online 以及其他网站上轻松访问过时的全球高分辨率影像。

但是，如果某个区域自影像数据采集以来，由于火灾、病害、收获或生长而发生了变化，则在变化区域中生成的参考标签将不正确。在大多数中等分辨率卫星影像上，作物收获和火灾都清晰可见，因此可以通过查看过去用于制作地图的图像来检测变化。然而，在过去用于制作地图的影像上可能不容易观察到因病虫害导致的部分落叶，这使得使用较旧的高分辨率影像作为参考数据源存在问题。

一般来说，精度评价参考数据的收集时间应尽可能接近用于制作地图的遥感数据的收集日期。但是，可能需要在数据收集的及时性和使用影像对精度评价样本进行标记的需要之间进行权衡。

在大多数遥感测绘项目中，有必要去实地了解导致要绘制的类别变化的原因，校准图像分析员的经验，并收集信息以训练分类器（监督分类方法）或帮助标记分类结果（非监督分类方法）。在此行程期间，如果可以独立收集用于精度评价的参考数据，则可以取消第二次到现场的行程，从而节省成本并确保参考数据收集的时间接近获取遥感数据的时间。

但是，如果在生成地图之前，精度评价参考数据在项目开始时就收集了，则无法按地图类别对样本进行分层，因为尚未创建地图。因为每个地图类别的总面积还是未知数，所以也不可能按面积分配样本。因此，这里有很多需要考虑的因素，需要做出选择以使评价尽可能有效和高效。

一个例子有助于说明这些观点。在 20 世纪 90 年代后期，美国内政部垦务局使用 Landsat 卫星数据每年四次绘制科罗拉多河下游地区的农作物地图。该地区的农田非常多产，以至于种植者每年种植三到四季作物，并会在作物下耕种应对未来市场的新作物。由于作物变化如此之大，地面数据收集和精度评价必须与影像收集几乎同时进行。因此，该局将在影像采集日期前后派出一个地面数据采集人员到现场进行为期两周的工作。使用随机数生成器确定要访问的田地，并且无论种植的作物如何，在每次田间作业期间都需要访问相同的田地。

因此，精度评价样本是随机的，但没有按作物类型分层。如表 7-6 所示，每次都对一些作物进行过采样，而另一些作物欠采样。在这一特定评价中，当局认为确保正确识别作物比在很少出现的作物类型中收集足够的样本更为重要。这个决定是合理的，只要它被记录为过程的一部分，那么地图用户就会理解他们在结果误差矩阵中看到的内容。

表 7-6　显示每种作物类型中样本数量的误差矩阵

地图数据 \ 参考数据	A	C	SG	CN	L	M	BG	CS	T	SU	O	CR	F	D	S	行总数
A	157		8				3						3			171
C		1			1	1										3
SG	3		163		6						12	2	1			187
CN																0
L			4		3					1		1				9
M						5							1			6
BG	1						10									11
CS								69								69
T																0
SU																0
O			1		3						7					11
CR												2				2
F													224			224
D														11		11
S																0
列总数	161	1	176	0	13	6	13	69	0	1	19	5	229	11	0	704

图例		生产者精度	用户精度
A ＝紫花苜蓿	A	98%	92%
C ＝棉花	C	100%	33%
SG＝小粒谷类作物	SG	93%	87%
CN＝玉米	CN	—	—
L ＝莴苣	L	23%	33%
M ＝瓜类	M	83%	83%
BG＝百慕大草	BG	77%	91%
CS＝柑橘	CS	100%	100%
T ＝西红柿	T	—	—
SU＝苏丹草	SU	0%	—
O ＝其他蔬菜	O	37%	64%
CR＝十字花科	CR	40%	100%
F ＝休耕地	F	98%	100%
D ＝枣	D	100%	100%
S ＝红花	S	—	—

7.5 确保客观性与一致性

为了使精度评价有用，地图用户必须相信评价是地图精度的真实表示。他们必须相信评价是客观的，结果是可重复的。遵循以下 3 个条件以确保客观性和一致性：

1. 精度评价参考数据必须始终独立于任何训练数据；
2. 必须从参考样本点到地图样本点一致地收集数据；
3. 必须为数据收集的所有步骤制定和实施质量控制程序。

7.5.1 独立数据

早期精度评价使用与用于创建地图的相同信息来评价地图的精度，这种情况并不少见。这种不可接受的程序显然违反了所有独立性假设，并使评价结果偏向于地图。可以通过以下两种方式之一来确保参考数据的独立性。首先，参考和训练数据收集可以来自不同的时间或不同的人。然而，如前文所述，在不同时间收集信息是昂贵的，并且会引入地物景观变化问题。使用不同的人也可能很昂贵，因为需要对项目细节进行全面培训，并且必须控制个人偏见。参考数据收集时机见表 7-7。

确保独立性的第二种方法是同时收集参考数据和训练数据，然后使用随机数生成器从训练数据集中选择和删除精度评价点。在执行评价之前，不会再次查看精度评价地点（与制图分开）。此外，在划分参考数据和训练数据时，还必须考虑其他因素，如每个地图类别的样本大小以及空间自相关。无论使用哪种方法来确保独立性，精度评价参考数据都必须与任何训练 / 标记数据绝对分开，并且在手动地图编辑期间不得参考它们。

表 7-7　参考数据收集时机的优、缺点

参考数据收集时机	优点	缺点
遥感数据收集后	消除了绘图日期和参考数据日期之间地物景观变化的任何可能性。由于同时收集了制作和评价地图所需的信息，因此具有成本效益	由于尚未制作地图，因此无法确保在每个地图类别中都会抽取足够的样本。如果样本收集得太近，可能导致样本之间空间自相关
地图制作完成后	因为地图已经制作完毕，所以可以确保为每个地图类别收集到足够的样本	会更加昂贵。在地图日期和参考数据收集日期之间有发生地物景观变化的可能性

7.5.2 数据收集的一致性

可以通过人员培训和制定客观的数据收集程序来确保数据收集的一致性。在开始数据收集时，应同时对所有人员进行培训。1～3 天的强化培训通常是必要的，并且必须包括在众多示例地点上收集参考资料，这些地点代表了地图类别之间和内部的广泛变化。培训师必须确保参考数据收集人员能够做到：①正确应用分类方案和；②准确识别分类方案中固有的地物景观特征。例如，如果一个分类方案依赖于植物物种的识别，那么所有参考数据收集人员必须能够准确地识别参考源数据上的物种。精度评价中使用的分类方案也必须使用与创建地图相同的最小制图单元。

除了人员培训外，客观的数据收集程序对数据收集的一致性至关重要。参考数据收集涉及的测量（而不是估计）越多，收集的一致性和客观性就越高。然而，测量增加了精度评价的成本，因此大多数评价严重依赖于目测估计。如果要使用目测估计，则必须接受估计中固有的偏差是评估中不可避免的部分，并且必须在评价中包括一些评估偏差的方法。第 10 章“模糊精度评价”中讨论了其中几种方法。增加客观性的一个重要机制是使用参考数据收集表格来强制所有数据收集人员通过相同的收集过程完成参考数据的收集。参考数据收集表的复杂程度取决于分类方案的复杂程度。该表格应引导收集者通过基于规则的过程，从分类方案中获得明确的参考标签。表格还提供了一种对收集过程进行质量评价 / 质量控制检查的方法。通过记录导致确定特定地图类别的中间结果来执行控制检查。例如，表格可能有一个地方来记录一个区域的冠层郁闭度情况。如果数据收集者记录了 20% 树木的冠层郁闭度和针叶林的最终地图类别，但分类方案中的森林定义规定森林必须具有大于或等于 25% 的冠层郁闭度，那么质量控制分析表明，样地不可能是针叶林。表 7-8 是一个相对简单的分类方案的示例数据收集表格。该表格的一个重要部分是仅根据分类方案规则将数据收集人员引导至土地覆盖类别标签的二叉树分类检索表。参考数据收集表格，无论其复杂程度如何，都有一些共同的组成部分，其中包括：①收集者的姓名和收集日期；②地点的位置信息；③代表收集者所见内容的某种类型的表格或逻辑进展；④填写分类方案中实际参考标签的地方；⑤描述现场任何异常、任何可变性或有趣发现的地方。

表 7-8　简单分类方案的参考数据收集表

地点名称：________________　地点 ID#：________________

名　　称：________________　卫星影像 ID#：________________

纬　　度：__________　经度：__________　高程范围：__________

确定位置的方法：________________________________

位置评论：________________________________

天气评论：________________________________

工作人员：________________　日期：________________

类别		
背景	森林	沼泽林
已开发地区	灌木	河口露头树
农作物/草	裸露土地	沼泽露头树
	水源	

样本单元

植被

非植被

存在水源

如果树木覆盖率＞10%
沼泽林

如果树木覆盖率＜10%且有
淡水沼泽露头树

如果树木覆盖率＜10%且有
咸水河口露头树

不存在水源

如果树木覆盖率＞10%
森林

如果树木覆盖率＜10%且
其他木本蔬菜＞25%
灌木

如果树木覆盖率＜10%且
其他木本蔬菜＜25%
农作物/草

如果有人为结构
已开发地区

如果没有人为
结构裸露土地

水源

如果没有覆盖物
背景

根据流程图确定的实际类别：________________________________

对异常、可变性或有趣发现的评论：________________________________

如今，将表格放在笔记本电脑、数据记录器或平板电脑上比纸上更常见。这种自动化表格为数据收集者提供了更多的细节和信息。收集者可以自行决定查看代表各种地图类别的样本区域的图像。可以创建一个数据库，允许收集器只输入给定范围内的值，或者下拉菜单可以列出可能的选择。无论表现形式如何，利用某种形式来确保客观性至关重要。

7.5.3 质量控制

数据收集的每一步都需要质量控制。数据收集中的每个错误都可能转化为地图精度的误差。数据收集错误会导致出现高估和低估地图精度两种情况。

以下文本讨论了精度评价数据收集中每个步骤中的一些最常见的质量控制问题。由于精度评价需要从参考源数据和地图中收集信息，因此每个步骤都涉及两种可能的错误情况：从地图收集期间和从参考源数据收集期间。

1. 精度评价样本点的位置。精度评价人员在错误的位置收集信息的情况并不少见，因为在地图或参考数据上使用不当的程序来定位站点位置。即使在这个 GPS 时代，位置误差仍然存在。作者看到了许多最近的精度评价数据集，其中所有样本都是使用 GPS 设备在陆地上收集的，但是不知何故，几个样本落在了数据库中的水面上。正如第 4 章所讨论的，无论是在参考数据上还是在地图上，精度评价样点位置的任何误差都将导致专题误差。在进行专题精度评价时，位置精度不容忽视。

在高分辨率影像上地点定位精度评价的常用方法是在地图上查看该地点，然后根据地图和参考数据中相似的土地覆盖和数字高程模型上将位置“盯住”到图像上。在这种情况下，为参考人员提供尽可能多的工具和信息以帮助他们定位地点至关重要。GPS 设备已成为确保实地工作期间定位的关键。有用的信息包括数字化的航线图和其他辅助数据，如河流、道路或所有权范围。连接 GPS 并加载 GIS 软件、影像和辅助数据的手机、外业计算机或平板电脑可以极大地减少在现场的时间并提高参考定位精度。

野外位置总是有问题的，尤其是在几乎没有可识别的地物景观特征的荒地（如苔原、开阔水域、荒野地区等）。GPS 非常有用，应始终用于确保现场采样点的正确位置。但是，应该理解 GPS 位置并不总是正确的，并且存在直接影响 GPS 信号并因此影响位置的问题。这些问题包括密集的冠层、卫星位置。现场人员在现场采集参考数据时必须熟悉这些问题，并尽力弥补这些问题。

2. 样品单位划定。参考地点和地图精度评价地点必须在完全相同的位置。因此，不仅必须正确定位这些地点，而且还必须精确地描绘它们并正确地将它们转移到一个平面基础上。例如，如果使用现有地图作为参考源，并且该地图未正确配准，则所有精度评价参考点将不会配准到正在评价的新地图上，并且当参考点与地图进行比较时会发生错位。使用航空影像来创建历史地图这种情况并不少见，并且从照片到地图的转换是在不使用摄影测量设备的情况下直观地进行的。今天，大多数影像都得到了充分的配准，这应该可以最大限度地减少这个问题。然而，对于变化分析（如变化检测），使用模拟航空照片并将其作为参考数据的来源的现象仍然很普遍。

此外，鉴于当今自动化过程的需要和能力，可以使用地图坐标来表示参考样本和地图位置，并自动化创建误差矩阵的过程，这样分析人员就可以完全从过程中解放出来。这完全发生在计算机内部，只显示最终的误差矩阵。虽然这个过程的自动化非常吸引人，但如果完全不加检查也非常危险，因为没有对样本单元进行视觉比较，也没有发现任何潜在问题。从历史上看，在误差矩阵生成过程中手动比较参考样本与地图时会发现许多这类问题。因此，即使使用全自动方法也建议对这些样本单元中的一些进行目视检查以核查错误。

3. 数据收集和数据录入是精度评价中质量控制问题最常见的来源。当测量不正确、分类方案的变量被错误地识别（如物种）或分类方案被误用时，就会发生数据收集错误。此外，弱分类方案（定义不明确的分类方案）也会在数据收集中产生歧义。不幸的是，弱分类系统的第一个迹象通常出现在精度评价期间，此时地图已经完成，并且除非要重做整个项目，否则不可能对分类方案进行细化。

通常通过选择精度评价地点的子样本并由两个不同的人员在这些地点同时收集参考数据来监控和检测数据收集错误。最有经验的人员会被分配到子样本中。当检测到差异时，需要立即识别差异的来源，以便对其进行纠正。如果数据收集错误是差异的根源，则对人员进行再培训或从参考数据中删除数据采集，即使是最有经验的人员也可能犯数据输入的错误。

当使用更高空间分辨率影像作为参考源数据时，对图像解译的子样本进行地面评价，将非常有用而且信息含量丰富。换句话说，测试作为参考数据源的图像的有效性如何是非常重要的。可以对研究区域的一些子样本进行实地考察，并将实地样本与图像解译样本进行比较，以创建误差矩阵。地面和影像样本之间的高精度肯定了使用高空间分辨率影像作为参考数据的来源这一方法。矩阵中的任何错误（非对角线值）都揭示了地图类别之间发生混淆的问题，并且可能会被纠正以进一步改善图像解译。同样，从现有地图中选择的参考样本也必须以与刚刚描述的相同方式评价精度，即通过将这些样本的子集与一些地面 / 现场收集进行比较。

通过使用将表单的每个字段限制为允许格式的输入表，可以轻松减少数据输入错误的质量控制。也可以输入两次数据并比较两个数据集以识别差异和错误。地点数字化时也可能出现数据输入错误。质量控制必须包括相同比例的数字化地点与源地图的比较。

最后，虽然可能没有参考数据集是完全准确的，但参考数据具有高精度很重要。否则，评价无法客观地表示地图精度。因此，在任何精度评价中仔细考虑参考数据收集是至关重要的。确定提供此重要信息所需的适当工作量和适当的收集技术是一项持续的工作。只要遥感数据和地理空间分析在质量和数量上不断提高，这种努力就会持续下去。

8

基础分析技术

如前两章所述，专题地图精度评价的目标是生成一个在统计上有效且在实际中可实现的误差矩阵，该矩阵代表感兴趣地图的精度。生成这样的矩阵涉及许多考虑因素，包括各种误差来源、要使用的分类方案以及收集适当参考数据所需的诸多统计因素。一旦成功创建了矩阵，就可以直接从矩阵中计算出描述性统计数据，如总体精度、生产者精度和用户精度。遥感 / 地理空间界对此也提出了许多额外的方法（Foody，1992；Gopal and Woodcock，1994；Liu et al.，2007；Foody，2009；Pontius and Millones，2011）。Liu 等（2007）的研究成果对从误差矩阵中计算的 34 种不同测量值进行了比较分析，这些结果中的每一个都提供了有关地图精度在某些方面的信息。如果地图用户很容易获得误差矩阵，那么这些度量中的任何一个都可以随时计算。但是，如果只有一些汇总度量而不是完整矩阵可用，则只能基于这些度量来评估地图精度。因此，拥有完整的误差矩阵的价值是至关重要的。只有使用完整的矩阵，地图用户才能计算他们所选择的额外描述性和分析性统计数据。

本章介绍了两种被广泛接受的基本分析技术（Kappa 和 Margfit），一旦正确生成了误差矩阵，就可以使用这两种方法进行分析。虽然文献中对这两种技术的缺点进行了一些讨论，但在实际中两者都已广泛应用于许多精度评价工作，并且是许多遥感软件包的标准组件。因此，我们在本章介绍了这些技术，包括对使用它们的问题的讨论。需要注意的是，与遥感界提出的许多较少使用的分析方法一样，这些技术只有在完整的误差矩阵时才能应用。

8.1 Kappa 分析

Kappa 分析是一种用于精度评价的离散多元技术，用于统计确定一个误差矩阵是否与另一个误差矩阵具有显著不同（Bishop et al.，1975）。Kappa 方法能够有效地测试两个误差矩阵间是否存在显著差异。例如，如果想证明一种新的分类算法优于常用算法，可以使用两种分类算法生成同一区域的地图，再为每个地图生成误差矩阵，然后使用 Kappa 分析来统计确定新算法是否确实是更好的方法。类似的分析可以在不同解译人员之间、不同影像来源之间、多时间和单日期分析之间以及几乎任何其他可以想象到的对比之间进行。在每种情况下，都可以使用 Kappa 分析来确定哪个误差矩阵（或者说地图）明显优于另一个，这就是计算 Kappa 统计量的本领。

执行 Kappa 分析的结果是 KHAT 统计量（实际上是$\hat{K}$，Kappa 的估计值），它也可以用作一致性或精度评价的另一种度量（Cohen，1960）。这种一致性度量基于误差矩阵中的实际一致性（遥感分类与参考数据之间的一致性，如主对角线所示）与机遇一致性之间的差异，后者由行和列（边际）总计。通过这种方式，我们可以认识到 KHAT 统计量更类似于较熟悉的χ^2分析。

尽管这种分析技术已在社会学和心理学文献中出现多年，但 Kappa 方法直到 1981 年才被引入遥感界（Congalton，1981），并且在 Congalton 等（1983）之前没有人在遥感期刊上发表过相关文献。而时至今日，遥感期刊上已经发表了许多推荐该技术的论文。因此，Kappa 分析已成为几乎所有精度评价的标准组成部分（Congalton et al.，1983；Rosenfield and Fitzpatrick-Lins，1986；Hudson and Ramm，1987；Congalton，1991），并且是大多数图像分析的标准的组成部分，也包含在精度评价程序的软件包中。事实上，作为专题地图精度评价的一部分，遥感期刊上已经发表了成百上千篇报告 Kappa 统计数据的论文（Jensen，2016）。但是，我们必须记住 Kappa 的强大之处在于它能够测试一个误差矩阵在统计意义上是否与另一个矩阵显著不同，而不是简单地将这个值为另一种精度度量。

下列算式用于计算 KHAT 统计量及其方差。

$$p_o = \sum_{i=1}^{k} p_{ii} \qquad (8\text{-}1)$$

让p_o作为实际一致性并计算p_c：

$$p_c = \sum_{i=1}^{k} p_{i+} p_{+j} \qquad (8\text{-}2)$$

式中：p_{i+}和p_{+j}是之前在第 5 章末尾定义的“机遇一致性”。

我们假设一个多项式抽样模型，则 Kappa 的最大似然估计为

$$\hat{K} = \frac{p_o - p_c}{1 - p_c} \qquad (8\text{-}3)$$

出于计算的需要，上式可以这样表示：

$$\hat{K}=\frac{n\sum_{i=1}^{k}n_{ii}-\sum_{i=1}^{k}n_{i+}n_{+i}}{n^2-\sum_{i=1}^{k}n_{i+}n_{+i}} \tag{8-4}$$

式中：n_{ii}、n_{i+} 和 n_{+i} 与之前在第 5 章末尾的定义相同。

Kappa 的近似大样本方差是用 Delta 方法计算的，具体如下：

$$\widehat{\mathrm{var}}\left(\hat{K}\right)=\frac{1}{n}\left\{\frac{\theta_1(1-\theta_1)}{(1-\theta_2)^2}+\frac{2(1-\theta_1)(2\theta_1\theta_2-\theta_3)}{(1-\theta_2)^3}+\frac{\left(1-\theta_1\right)^2(\theta_4-4\theta_2^2)}{(1-\theta_2)^4}\right\} \tag{8-5}$$

其中：

$$\theta_1=\frac{1}{n}\sum_{i=1}^{k}n_{ii} \tag{8-6}$$

$$\theta_2=\frac{1}{n^2}\sum_{i=1}^{k}n_{i+}n_{+i} \tag{8-7}$$

$$\theta_3=\frac{1}{n^2}\sum_{i=1}^{k}n_{ii}(n_{i+}+n_{+i}) \tag{8-8}$$

$$\theta_4=\frac{1}{n^3}\sum_{i=1}^{k}\sum_{j=1}^{k}n_{ij}(n_{j+}+n_{+i})^2 \tag{8-9}$$

为每个误差矩阵计算 KHAT 值，这是衡量遥感分类结果与参考数据吻合程度的另一种方法。KHAT 值的置信区间可以利用近似大样本方差和是否符合渐进正态分布的 KHAT 统计量来计算。这一现象也提供了一种方法来凸显单一误差矩阵的 KHAT 统计量的重要性，以确定遥感分类结果和参考数据之间是否一致，以及一致性是否远大于 0（比随机分类的效果好）。

在一个单一矩阵上进行这个测试，用来确认你的分类是有意义的，并且明显优于随机分类，得到令人满意的结果。如果不是这样，说明在分类过程中出现了很大的问题。

最后，也最重要的是，需要进行一个测试来确定两个独立的 KHAT 值，即测试两个误差矩阵是否有显著的不同。有了这个测试，就有可能从统计学上比较两个分析人员或同一分析人员在不同时期、两种算法、两种图像类型、甚至两个日期的图像，看看哪个会产生更高的精度。单一误差矩阵和成对误差矩阵的显著性测试都依赖于标准正态分布，具体如下。

让$\hat{K}_1$和$\hat{K}_2$分别表示误差矩阵 #1 和 #2 的 Kappa 统计量的估计，并且让$\widehat{var}\left(\hat{K}_1\right)$和$\widehat{var}\left(\hat{K}_2\right)$表示从方程中计算出来的相应的方差估计值。则检验单个误差矩阵显著性的检验统计量表示为

$$Z = \frac{\hat{K}_1}{\sqrt{\widehat{var}\left(\hat{K}_1\right)}} \tag{8-10}$$

Z 是标准化的正态分布（标准正态偏差）。考虑到虚假假设 H_0：$K_1=0$ 和备择假设 H_1：$K_1\neq 0$，如果 $Z\geqslant Z_{\alpha/2}$，则拒绝 H_0。其中，$\alpha/2$ 是双侧 Z 检验的置信度，自由度被假定为∞（无穷大）。

而检验两个独立误差矩阵是否有显著差异的检验统计量表示为

$$Z = \frac{|\hat{K}_1 - \hat{K}_2|}{\sqrt{\widehat{var}\left(\hat{K}_1\right) + \widehat{var}\left(\hat{K}_2\right)}} \tag{8-11}$$

如式（8-11），Z 同样是标准化的正态分布。考虑原假设 H_0：$(K_1-K_2)=0$ 和备择假设 H_1：$(K_1-K_2)\neq 0$，如果 $Z\geqslant Z_{\alpha/2}$，则拒绝 H_0。

在这一点上，更有效的做法是提供一个实际例子，以便让读者对方程式和理论有更多的了解。表 8-1 中的误差矩阵是由 1 号分析员使用非监督分类方法从陆地卫星专题成像仪（TM）数据中生成的，第二个误差矩阵是使用完全相同的影像和分类方法生成的；但是，无监督的集群是由 2 号分析员标注的（表 8-2）。值得注意的是，2 号分析员不像 1 号分析员那样认真细致，没有收集那么多的参考数据与地图进行精度评价（生成误差矩阵）的比较。

表 8-3 展示了对单个误差矩阵的 Kappa 分析结果。如上文所述，KHAT 值可以作为整体精度之外的另一个衡量一致性或精度的标准。这个衡量标准与总体精度不同，因为它表明了误差矩阵中包含的不同信息，而总体精度仅仅是误差矩阵的主要对角线之和除以样本总数，而 KHAT 值通过使用行和列的总数（边际）间接包含了非对角线的元素。KHAT 的范围应为 -1～1，然而由于遥感分类结果和参考数据之间应该是正相关的，所以 KHAT 值应该是正的。Landis 和 Koch（1977）将 KHAT 的可能范围分为 3 组：数值大于 0.80（80%）代表强一致；数值为 0.40～0.80（40%～80%）代表中度一致；数值低于 0.40（40%）代表弱一致。

表 8-1　1 号分析师使用陆地卫星专题成像仪（TM）影像和非监督分类方法产生的误差矩阵

分类数据 \ 参考数据	D	C	AG	SB	行总和
D	65	4	22	24	115
C	6	81	5	8	100
AG	0	11	85	19	115
SB	4	7	3	90	104
列总和	75	103	115	141	434

土地覆盖类别
D　= 落叶植物
C　= 针叶植物
AG = 农作物
SB　= 灌木

总体精度 =（65+81+85+90）/434
=321/434=74%

生产者精度
D　= 65/75　= 87%
C　= 81/103 = 79%
AG = 85/115 = 74%
SB　= 90/141 = 64%

用户精度
D　= 65/115 = 57%
C　= 81/100 = 81%
AG = 85/115 = 74%
SB　= 90/104 = 87%

表 8-2　使用与表 8-1 相同的影像和分类算法处理后的误差矩阵

分类数据 \ 参考数据	D	C	AG	SB	行总和
D	45	4	45	24	85
C	6	91	5	8	110
AG	0	8	55	9	72
SB	4	7	3	55	69
列总和	55	110	75	96	336

土地覆盖类别
D　= 落叶植物
C　= 针叶植物
AG = 农作物
SB　= 灌木

总体精度 =（45+91+55+55）/336
=246/336=73%

生产者精度
D　= 45/55　= 82%
C　= 91/110 = 83%
AG = 55/75　= 73%
SB　= 55/96　= 57%

用户精度
D　= 45/85　= 53%
C　= 91/110 = 83%
AG = 55/72　= 76%
SB　= 55/69　= 80%

注：但该工作由 2 号分析员执行。

表 8-3　独立误差矩阵 Kappa 分析结果

误差矩阵	KHAT	Variance	*Z* 统计值
#1	0.65	0.000 777 8	23.4
#2	0.64	0.001 023 3	20.0

表 8-3 还列出了 KHAT 统计量的方差和用于确定分类是否明显优于随机结果的 Z 统计量。在 95% 的置信度下，临界值为 1.96。因此，如果测试的 Z 统计量的绝对值大于 1.96，则结果是十分显著的，我们可以得知该分类比随机的效果好。表 8-3 中两个误差矩阵的 Z 统计值都在 20 以上，因此这两个分类结果都明显优于随机。换句话说，分析员在制作地图时有效地利用了他们的专业知识。

表 8-4 列出了 Kappa 分析的结果，该分析每次对两个误差矩阵进行比较，通过这种方式确定它们是否有明显的差异。该检验是基于标准正态分布，以及离散的遥感数据的 KHAT 统计量符合渐进正态分布的现象。这种成对检验两个误差矩阵之间的显著性的结果显示，这两个矩阵没有显著差异。这并不令人惊讶，因为总体准确率为 74% 和 73%，而 KHAT 值分别为 0.65 和 0.64。因此，我们可以得出结论，这两个分析人员可能一起工作，因为他们产生的分类结果大致相同。如果正在测试两种不同的技术或算法，并且它们被证明没有明显的差异，那么我们最好选用更便宜、更快速或更有效的方法。

表 8-4　误差矩阵成对比较的 Kappa 分析结果

成对比较	Z 统计值
#1 和 #2	0.308 7

8.2　边际拟合（Margfit）分析

除了 Kappa 分析外，我们还可以应用第二种技术，即 Margfit 分析，使误差矩阵归一化或标准化，以便进行比较。Margfit 分析使用一个迭代的比例拟合程序，使得矩阵中的每一行和每一列（边际）的总和达到一个预定的值，因此其也被称为边际拟合（marginal fitting）。如果预定值是 1，那么每个单元格的值就是 1 的比值，这可以很容易地乘以 100 来表示百分比或精度。当然，预设值也可以设置为 100 来直接获得百分比，或者设置为分析人员选择的任何其他数值。

在归一化过程中，用于生成矩阵的样本量的差异被消除了，因此矩阵内的单个单元值是可以直接比较的。此外，由于作为迭代过程的一部分，行和列累加产生的归一化矩阵更能显示出非对角线单元的值（遗漏误差和包含误差）。换句话说，矩阵中的所有数值按行和列进行迭代平衡，从而将该行和列的信息合并纳入每个单独的单元值。然后，这个过程会沿着矩阵的主对角线改变单元值（正确的分类结果），因此，可以通过对主对角线求和并除以整个矩阵的总数来计算每个矩阵的归一化整体精度。

因此，可能有人会争辩说，归一化精度比从原始矩阵计算的整体精度具有更好的效果，是因为它包含有关非对角单元值的信息。表 8-5 给出了使用 Margfit 方法对表 8-1 中的原始误差矩阵生成的归一化矩阵（分析人员 #1 对 Landsat TM 数据的非监督分类）。表 8-6 显示了从表 8-3 中提供的原始误差矩阵生成的归一化矩阵，它使用相同的影像和分类器，但由分析人员 #2 执行。

表 8-5　分析人员 #1 的归一化误差矩阵

分类数据 \ 参考数据	D	C	AG	SB	
D	0.753 7	0.026 1	0.130 0	0.090 9	
C	0.122 6	0.773 5	0.052 1	0.051 7	
AG	0.009 0	0.104 2	0.773 1	0.113 3	
SB	0.114 7	0.096 2	0.044 8	0.744 0	
					3.044 3

土地覆盖类别
D　= 落叶植物
C　= 针叶植物
AG = 农作物
SB = 灌木

标准化精度
NORMALIZED ACCURACY=
0.753 7+0.773 5+0.773 1+
0.744 0=3.044 3/4.0=76%

表 8-6　分析人员 #2 的归一化误差矩阵

分类数据 \ 参考数据	D	C	AG	SB	
D	0.718 1	0.031 2	0.102 5	0.148 8	
C	0.123 0	0.760 7	0.054 1	0.061 9	
AG	0.013 6	0.101 7	0.784 8	0.099 5	
SB	0.145 3	0.106 4	0.058 7	0.689 8	
					2.953 4

土地覆盖类别
D　= 落叶植物
C　= 针叶植物
AG = 农作物
SB = 灌木

标准化精度
NORMALIZED ACCURACY=
0.718 1+0.760 7+0.784 8+
0.689 8=2.953 4/4.0=74%

除了计算归一化精度外，归一化矩阵还可用于直接比较矩阵之间的单元格数值。例如，我们可能对比较每位分析人员针对针叶树类别获得的精度感兴趣。从原始矩阵中，我们可以看到分析人员 #1 正确分类了 81 个样本单元，而分析人员 #2 正确分类了 91 个样本单元。

事实上这两个数字都没有什么意义，因为由于每个分析员用于生成误差矩阵的样品数量不同，它们不能直接进行比较。相反，这些数字需要转换为百分比或用户精度和生产者的精度后，才能进行比较。

在这里，另一个问题出现了。我们是用总和除以行总数（用户精度）还是除以列总数（生产者精度）？我们可以同时计算这两者并比较结果，或者使用归一化矩阵中的单元格值。由于使用迭代的比例拟合程序，矩阵中的每个单元格值都被其相应的行和列中的其他值平衡。这种平衡的效果是将生产者和用户的精度结合起来。此外，由于每一行和每一列的数值相加都是 1，因此单个单元格的数值可以通过乘以 100 迅速转换为百分比。因此，归一化过程提供了一个方便的方法来比较误差矩阵之间的单个单元值，而不考虑用于得出矩阵的样本数量（表 8-7）。

表 8-7　单个类别的精度值的比较

误差矩阵	初始单元值	生产者精度	用户精度	归一化值
#1	81	79%	81%	77%
#2	91	83%	83%	76%

表 8-8 提供了两个分析员的总体精度、归一化精度和 KHAT 统计的比较。在这个特定的例子中，3 种测量精度的方法与结果的相对排名相一致。然而，这些排名也有可能不一致，原因很简单，因为每个衡量标准都将误差矩阵中的不同层次的信息纳入其计算中。总体精度只包括主要的对角线，而不包括遗漏误差和包含误差。如前所述，由于使用迭代的比例拟合程序，归一化的精度直接包括了非对角线的元素（遗漏误差和包含误差）。而如 KHAT 方程所示，KHAT 精度间接包含了作为行和列的边际的乘积的非对角线元素，因此根据矩阵中包含的误差量，这 3 种测量方法结果的相对排名可能不一致。

表 8-8　分析人员 #1 和 #2 的 3 个精度指标总结

误差矩阵	总体精度	KHAT	归一化精度
#1	74%	65%	76%
#2	73%	64%	74%

我们不可能对何时使用哪项指标给出明确的规则。每种精度测量都包含了关于误差矩阵的不同信息，因此，必须将它们作为尝试解释误差的不同方面来研究。我

们的经验表明，如果误差矩阵倾向于有大量的非对角线单元值，并且有0值，那么归一化的结果往往与总体和Kappa分析结果不一致。

当取样不足或分类效果特别好的时候，矩阵中会出现许多0值。由于使用迭代的比例拟合程序，这些零在归一化过程中往往会出现正值，并可能会产生一些在预期内的误差。由于非对角线单元的这些正值，导致归一化过程的精度降低。如果大量的非对角线单元不包含零，那么这3种测量方法的结果就趋于一致。某些时候，Kappa测量也会与其他两个测量不一致。但由于计算所有3种测量方法都很容易，而且每种测量方法都反映了误差矩阵中包含的不同信息，我们建议尽可能地进行3种分析，以便从误差矩阵中收集尽可能多的信息。当然，也可以采用其他方法对矩阵进行计算，这些方法可能会进一步告知分析人员或地图用户关于地图的精度。只要提供了误差矩阵，就完全可以使用任何分析人员或地图使用者所寻求的合适的方法。

8.3 条件Kappa分析

Kappa分析除了计算整个误差矩阵的Kappa系数外，在查看矩阵中单个类别的一致性可能也很有用。单个类别的一致性可以用条件Kappa系数来度量。第i个类别的条件一致性的Kappa系数的最大似然估计由以下方程给出：

$$\widehat{K_i} = \frac{nn_{ii} - n_{i+}n_{+i}}{nn_{i+} - n_{i+}n_{+i}} \tag{8-12}$$

式中：n_{i+}和n_{+i}与之前第5章末尾的定义相同，而第i个类别的近似大样本方差由以下方程估计：

$$\widehat{\text{var}}\left(\hat{K}_i\right) = \frac{n\left(n_{i+} - n_{ii}\right)}{\left[n_{i+}\left(n - n_{+i}\right)\right]^3}\left[\left(n_{i+} - n_{ii}\right)\left(n_{i+}n_{+i} - nn_{ii}\right) - nn_{ii}\left(n - n_{i+} - n_{+i} + n_{ii}\right)\right] \tag{8-13}$$

用于Kappa系数的比较测试同样适用于单类别条件的Kappa分析。

8.4 加权Kappa分析

当矩阵中的所有误差都可以被认为是同等重要时，Kappa分析是合适的。然而，我们能够很容易想象出一个分类方案中不同种类的误差可能在重要性上有所不同。事实上，后一种情况往往是更常见的。例如，将一个林区归类为水域可能比将其归类为灌木要糟糕得多。在这种情况下，加权 Kappa 分析能够起到十分重要的作用（Cohen，1968）。本节我们将介绍如何进行加权 Kappa 分析。

使得 w_{ij} 是分配给矩阵中第 i，j 单元的权重。这意味着，第 i，j 单元中的比例 p_{ij} 要用 w_{ij} 加权。权重应限制在 $i \neq j$ 且 $0 \leqslant w_{ij} \leqslant 1$ 的区间内，最大权重等于 1，即 $w_{ij}=1$（Fleiss et al.，1969）。

$$p_o^* = \sum_{i=1}^{k}\sum_{j=1}^{k} w_{ij} p_{ij} \tag{8-14}$$

因此，让 p_o^* 作为权重一致性并计算 p_c^*：

$$p_c^* = \sum_{i=1}^{k}\sum_{j=1}^{kw_{ij}} w_{ij} p_{i+} p_{+j} \tag{8-15}$$

式中：p_{i+} 和 p_{+j} 是的定义在第 5 章末尾，而 p_c^* 即为加权的“机遇一致性”。

那么，就可以定义加权 Kappa 系数，如下式：

$$\hat{K}_w = \frac{p_o^* - p_c^*}{1 - p_c^*} \tag{8-16}$$

为了计算加权 Kappa 的大样本方差，可以通过以下方式定义遥感分类结果中第 i 类的加权平均：

$$\overline{w}_{i+} = \sum_{j-1}^{k} w_{ij} p_{+j} \tag{8-17}$$

式中：p_{+j} 与之前第 5 章末尾的定义一样，参考数据集第 j 类的权重加权平均为

$$\overline{w}_{+j} = \sum_{i=1}^{k} w_{ij} p_{i+} \tag{8-18}$$

式中：p_{i+} 与之前第 5 章末尾的定义一样，而方差可以通过以下方式估计：

$$\widehat{var}\left(\hat{K}_w\right) = \frac{1}{n\left(1-p_c^*\right)^4}\left\{\sum_{i=1}^{k}\sum_{j=1}^{k} p_{ij}\left[w_{ij}\left(1-p_c^*\right)-\left(\overline{w}_{i+}+\overline{w}_{+j}\right)\left(1-p_o^*\right)\right]^2-\left(p_o^*p_c^*-2p_c^*+p_o^*\right)^2\right\} \tag{8-19}$$

前文描述的 Kappa 分析的显著差异测试同样适用于加权 Kappa 分析。评价一个单独的加权 Kappa 值可以用来确定分类是否明显优于随机分类；我们也可以测试两个独立的加权 Kappa 值，看它们是否具有明显差异。

尽管加权 Kappa 分析自 20 世纪 60 年代就出现在文献中，甚至被 Rosenfield 和

Fitzpatrick-Lins（1986）建议给遥感界使用，但其并没有得到广泛的关注。缺乏使用的原因无疑是需要选择适当的权重，而在改变加权方案的同时，结果会随之显著改变。因此，使用不同权重方案的不同项目之间的比较将变得非常困难，并且选择权重的主观性总是难以自圆其说，所以使用未加权的 Kappa 分析则可以避免这些问题。

8.5 机遇一致性的补充

一些研究人员和科学家反对使用 Kappa 系数作为评估遥感分类精度的衡量标准，因为机遇一致性的程度在使用过程中可能被高估了（Foody，1992；Pontius and Millones，2011）。

$$\hat{K}=\frac{p_o-p_c}{1-p_c} \tag{8-20}$$

请记住，从计算 kappa 系数的等式中可以看出，p_o 是观察到的一致性比例（实际一致性），而 p_c 是预期发生的一致性比例（机遇一致性）。然而，除了机遇一致性外，p_c 还包括一些实际一致性（Brennan and Prediger，1981）或原因一致性（Aickin，1990）。由于机遇一致性项不仅仅包含一项，因此 Kappa 系数可能会低估分类一致性。

当图像边缘是自由的（不是先验固定）时会发生此问题，这在遥感分类中十分常见。Foody（1992）为这个问题提出了许多可能的解决方案，包括两个类似 Kappa 的系数，它们以不同的方式补偿机遇一致性。正如本章前面所讨论的，其他人也提出了额外的措施。然而，Kappa 分析的威力并不在于将其用作一致性或精度的度量，而是用于统计测试误差矩阵之间的显著差异。因此，尽管存在这种作为精度度量的潜在限制，但仍必须将其视为执行此统计比较的重要精度评价度量。Jensen（2016）将此称为 Kappa 辩论，并建议我们必须等待看看继续使用 Kappa 分析会发生什么。然而，尽管有人声称 Kappa 已于 2011 年作废（Pontius and Millones，2011），但在今天的遥感文献中，Kappa 的使用和价值依然非常活跃。

8.6 置信度区间

置信区间是非常常见的，是任何统计估计过程的一个预期组成部分。然而，计算误差矩阵中的数值的置信区间要比简单计算传统统计分析的置信区间复杂得多。

下面的例子说明了从误差矩阵中得出的计算结果（Card，1982），这个例子是使用了假设的简单的随机抽样。如果使用另一种抽样方案，则方差方程会略有变化。

与表 8-1 相同的误差矩阵，将用于计算置信区间。但是，我们还需要计算地图边际比例 π_j，即属于每个地图类别的比例（表 8-9）。地图边际比例不是从误差矩阵中得出的，而只是地图总面积落入每个地图类别的比例。这些比例可以通过将每个类别的面积除以地图总面积快速得到。

表 8-9　显示地图边际比例的误差矩阵

		真实参考数据（i）					
		D	C	AG	SB	行总和	地图边缘比例，π_j
地图分类数据（j）	D	65	4	22	24	115	0.3
	C	6	81	5	8	100	0.4
	AG	0	11	85	19	115	0.1
	SB	4	7	3	90	104	0.2
	列总和	75	103	115	141	434	

总体精度 =（65+81+85+90）/434=321/434=74%

对于给出的矩阵，第一步是用以下方程计算各个单元的概率：

$$\hat{p}_{ij} = \pi_j n_{ij} / n_{.j} \tag{8-21}$$

单个单元的概率就是简单地用地图边际比例乘以单个单元的值，再除以行边际，这些值的计算结果见表 8-10。

表 8-10　单个单元概率的误差矩阵，即 $\hat{p}_{ij}$

		真实参考数据（i）			
		D	C	AG	SB
地图分类数据（j）	D	0.170	0.101	0.057	0.063
	C	0.024	0.324	0.020	0.032
	AG	0.000	0.010	0.074	0.017
	SB	0.008	0.013	0.006	0.017 3

而真正的边际比例 $\hat{p}_i$，可以用以下方程计算出来：

$$\hat{p}_i = \sum_{j=1}^{r} \pi_j n_{ij} / n_{.j} \tag{8-22}$$

真正的边际比例也可以通过简单地计算每一列中各个单元格的概率之和来实现。例如，$\hat{p}_1$ =0.170+0.024+0.000+0.008=0.202，$\hat{p}_2$ =0.357，$\hat{p}_3$ =0.57，$\hat{p}_4$ =0.285。

第三步是计算给定真实类别 i 的正确概率，换言之，即生产者精度。应该注意的是，这里的数值与误差矩阵讨论中计算的数值有些不同，因为这些数值已经通过计算真正的边际比例对偏差进行了校正，如下式所示：

$$\hat{\theta}_{ii} = (\pi_i / \hat{p}_i)(n_{ii} / n_{.i}) \text{ 或者是 } \hat{p}_{ii} / \hat{p}_i \tag{8-23}$$

正如预期的那样，生产者精度是通过从单元格概率矩阵（表 8-10）中提取对角线单元格的值并除以真实的边际比例来计算得到的。例如，θ_{11}=0.170/0.202=0.841 或 84%，θ_{22}=0.908，θ_{33}=0.471，以及 θ_{44}=0.607。

下一步是计算给定地图类别 j 的正确概率，换句话说，即用户精度。这种计算与误差矩阵中所描述的完全一样，即取对角线单元的值，除以行（j）的边际。这个计算的方程式如下：

$$\hat{l}_{jj} = \frac{n_{jj}}{n_{.j}} \tag{8-24}$$

因此，$\hat{l}_{11}$ =65/115=0.565 或换算为 57%，$\hat{l}_{22}$ =0.810，$\hat{l}_{33}$ =0.739，以及$\hat{l}_{44}$ =0.865。

第五步是通过计算单元格概率的主对角线之和或使用方程式来计算总体精度：

$$\hat{P}_c = \sum_{j=1}^{r} \pi_j n_{jj} / n_{.j} \tag{8-25}$$

因此在本例中，$\hat{P}_c$ =0.170+0.324+0.074+0.173=0.741 或换算为 74%。

我们现在的计算与误差矩阵中描述的基本相同，只是我们使用了真实的边际比例来纠正偏差。下一步是计算那些我们希望得到的置信区间（总体、生产者和用户的精度）的方差。

总体精度的方差（$\hat{P}_c$）

$$V\left(\hat{P}_c\right) = \sum_{i=1}^{r} p_{ii}(\pi_i - p_{ii}) / \pi_i n \tag{8-26}$$

则在本例中

$$V\left(\hat{P}_c\right) = \left[\begin{array}{l} \dfrac{0.170(0.3-0.170)}{(0.3)(434)} + \dfrac{0.324(0.4-0.324)}{(0.4)(434)} \\ + \dfrac{0.074(0.1-0.074)}{(0.1)(434)} + \dfrac{0.173(0.2-0.173)}{(0.2)(434)} \end{array}\right] = 0.000\,40$$

总体精度的置信区间（$\hat{P}_c$）

$$\hat{P}_c = 2\left[V\left(\hat{P}_c\right)\right]^{\frac{1}{2}} \tag{8-27}$$

因此，在这个例子中，置信区间为

$$\begin{aligned}\hat{P}_c &= 0.741 \pm 2(0.000\,4)^{\frac{1}{2}} = 0.741 \pm 2(0.02) = 0.741 \pm 0.04 \\ &= (0.701, 0.781)\text{或换算为}70\%\sim78\%\end{aligned}$$

生产者精度的方差（$\hat{\theta}_{ii}$）

$$V\left(\hat{\theta}_{ii}\right) = p_{ii} p_i^{-4}\left[p_{ii}\sum_{i=1}^{r} p_{ij}\frac{\pi_j - p_{ij}}{\pi_j n} + \frac{(\pi_i - p_{ii})(p_i - p_{ii})^2}{\pi_i n}\right] \tag{8-28}$$

则在本例中

$$V\left(\hat{\theta}_{11}\right) = 0.170(0.202)^{-4}\left\{\begin{array}{l}0.170\left[\dfrac{0.024(0.4-0.024)}{(0.4)(434)} + \dfrac{0.008(0.2-0.008)}{(0.2)(434)}\right] \\ +\dfrac{(0.3-0.170)(0.202-0.170)^2}{(0.3)(434)}\end{array}\right\} = 0.001\,32$$

生产者精度的置信区间（$\hat{\theta}_{ii}$）为

$$\hat{\theta}_{ii} \pm 2\left[V\left(\hat{\theta}_{ii}\right)\right]^{\frac{1}{2}}$$

因此，在这个例子中，置信区间为

$$\begin{aligned}\hat{\theta}_{11} &= 0.841 \pm 2[0.001\,32]^{\frac{1}{2}} = 0.841 \pm 2(0.036) = 0.841 \pm 0.072 \\ &= (0.768, 0.914)\text{或换算为}77\%\sim91\%\end{aligned}$$

用户精度的方差（$\hat{l}_{ii}$）

$$\hat{\theta}_{ii} V\left(\hat{l}_{ii}\right) = \frac{p_{ii}(\pi_i - p_{ii})}{\pi_i^2 n} \tag{8-29}$$

则在本例中

$$V\left(\hat{l}_{11}\right) = \frac{0.170(0.3-0.170)}{(0.3)^2(434)} = 0.000\,57$$

置信区间为

$$\hat{l}_{ii} \pm 2\left[V\left(\hat{l}_{ii}\right)\right]^{\frac{1}{2}}$$

具体计算过程：

$$\hat{l}_{ii} = 0.565 \pm 2(0.000\,57)^{\frac{1}{2}} = 0.565 \pm 2(0.024) = 0.741 \pm 0.048$$
$$= (0.517, 0.613)\text{或换算为}52\% \sim 61\%$$

我们必须记住，这些置信区间是由渐进方差计算出来的。如果正态性假设是有效的，那么这些应是 95% 的置信区间；如果不是，那么根据切比雪夫的不等式，它们至少是 75% 的置信区间。

8.7　面积估计与校正

除了已经介绍的误差矩阵的所有用途外，它还可以用来更新地图类别的面积估值。从遥感数据中得出的地图是对地面的完整列举。然而，误差矩阵作为一个指标，能够体现出地图所描述的和地面上的实际情况之间产生的错误分类。因此，我们可以利用误差矩阵的信息来修订每个地图类别的总面积估计。虽然我们不可能更新地图本身或修改地图上的具体位置，但能够修改总面积估值。这种方式校正可能对细小的、罕见的类别特别重要，这些类别的总面积估值可能会因小的错误分类误差的改变而产生很大变化。

Czaplewski 和 Catts（1990）和 Czaplewski（1992）发布的文章对使用误差矩阵来更新地图类别的面积估计进行了介绍。他们提出了一种非正式的方法，通过数字和图形来确定错误分类在面积估计中引入的偏差的大小。他们还回顾了两种统计学上校准错误分类偏差的方法。第一种方法称为经典估计法，由 Grassia 和 Sundberg（1982）提出，并由 Prisley 和 Smith（1987）和 Hay（1988）在遥感应用中使用。经典估计法使用遗漏误差的概率对偏差进行校准。

第二种方法是反估算器，它使用类别误差的概率来校准区域估算。Tenenbein（1972）在统计学文献中介绍了这种技术，而 Chrisman（1982）和 Card（1982）将其用于遥感应用。上一节中得出的置信度计算则是来自 Card（1982）使用反估算器进行校准的工作。Woodcock（1996）提出了对 Card 方法的修改，将模糊集理论纳入校准过程。

尽管做了这么多工作，但没有多少用户掌握了这些校准技术或了解进行校准的必要性。从实用的角度来看，总体面积并不那么重要，我们也已经在非特定地点的精度评价方面讨论过这个问题。然而，随着越来越多的工作在研究特定种类的变化，特别是细小的、罕见的类别的变化，这些校准技术会越来越重要。

9

误差矩阵的差异分析

上一章介绍了一些应用于误差矩阵的方法和分析技术。本章我们对矩阵本身进行了更深入的研究，并展示了从对误差矩阵的所有组成部分进行的更彻底的研究中学到的知识，包括探索为什么一些地图标签与参考标签不一致。虽然人们通常把注意力放在总体精度上，或者是生产和用户精度上，但到目前为止，更有趣的分析会涉及为什么一些精度评价样本没有落在误差矩阵的对角线上（为什么会有遗漏误差和包含误差）。为了在未来既能有效地使用地图，又能制作出更好的地图，我们需要知道是什么原因导致这些非对角线样本或矩阵中的误差出现。

误差矩阵中非对角线上的所有数值实际上并不代表真正的误差。相反，误差矩阵中的所有非对角线样本或差异将是四个可能误差来源之一产生的结果：

1. 参考数据中的误差；
2. 不同观察者对分类方案的敏感性差异；
3. 用于绘制特定土地覆盖类别的遥感数据不合适；
4. 绘图误差。

本章对这些误差来源逐一进行了分析，并讨论了每个来源对精度评价结果的影响。

9.1 参考数据中的误差

误差矩阵的一个主要且必要的假设是来自参考数据的标签能代表样本站点的“正确”标签，并且地图和参考标签之间的所有差异都是由于分类错误（制图错误）造成的。虽然这个假设是必要的，但参考数据永远不会完美。如前所述，我们应该避免使用地面真值这个术语。在本书中，作者倾向使用参考数据或参考标签来指代与被评估的地图进行比较的样本数据集。不幸的是，误差矩阵往往是衡量地图误差的不充分指标，因为它们经常被参考数据中的误差所混淆（Congalton and Green，1993）。参考数据中的误差可能是以下差异产生的一个函数：

- 配准差异。参考数据和遥感分类地图之间的配准差异是由勾画和数字化过程中的错误引起的。例如，如果在精度评价期间没有在现场使用全球定位系统（GPS），现场人员就有可能在错误的区域收集数据。再有，即使是GPS定位也会有相当大的偏差，特别是在没有非常谨慎地收集GPS信息的情况下。当精度评价点的勾画或数字化不正确时，或者当用于参考数据的已有地图没有精确配准到被评估的地图上时，就会出现其他配准错误。即使所有这些因素都得到了控制，正如第4章所介绍的，产生的位置误差也必须仔细考虑，并应用于第6章的内容中。

- 数据输入错误。数据输入错误在任何数据库项目中都很常见，只有通过严格的质量监督才能控制。开发用于数据记录器、笔记本电脑、平板电脑或手机的数字数据录入表，并只允许特定字段使用某一组字符，可以在数据录入过程中捕捉到错误。捕捉数据输入错误的最好但成本高昂方法之一是将所有数据输入两次，然后比较两组数据，数据间的差异通常表明存在错误。

- 分类方案错误。每张精度评价地图和参考点都必须有一个标签，该标签来自用于创建地图的分类方案。当工作人员将分类方案错误地应用于地图或参考数据时，就会出现分类方案错误；这是复杂的分类方案中的常见情况。如果参考数据在数据库中，那么这种错误可以避免，或者至少可以表明错误数据位置，通过对分类方案规则进行编程，用程序来确定精度评价点的实际标签。当用于标记参考点的分类方案与用于创建地图的分类方案不同时，也会出现分类方案错误——这是在使用现有数据或地图作为参考数据时经常发生的情况。

- 目标变化。在遥感影像采集日期和参考数据日期之间，土地覆盖类型可能发生变化。正如之前第7章所讨论的，土地覆盖的变化会对精度评价结果产生深远的影响。潮汐差异、作物或树木采伐、城市发展、自然灾害、火灾和虫害都可能导致景观在采集遥感数据和精度评价参考数据收集之间的时间段内发生变化。

- 参考数据标记错误。标记错误的发生通常是因为使用没有经验或缺乏训练的人员来收集参考数据造成的。即使是有经验的人员，分类方案越详细，就越有可能发生参考数据的标记错误。例如，一些针叶树种和阔叶树种在地面上很难区分，更不用说从航空影像中区分了；西蓝花、球茎甘蓝和花椰菜的幼年作物也很容易被混淆。因此，我们还必须对参考数据进行精度评价。如果使用人工图像解译来评价通过半自动方法创建的地图，那么应该对解译的地点样本进行实地考察。如果使用现场数据，那么必须由两个不同的人员访问一些地点的样本，并对他们的考察结果进行比较。如果结果基本一致，那么采集工作就令人满意。如果结果大多不一致，那么参考数据的收集方法就存在问题。

表9-1总结了在实际精度评价质量监督过程中发现的参考数据错误。在125个

地图和参考标签之间的差异中，只有6个是由地图上的实际错误造成的，超过2/3的差异（85个地点）是由参考数据的错误造成的，而最重要的错误发生在使用不同的分类方案（50个地点）。在这个项目中，国家湿地目录（NWI）地图被完全用于绘制湿地地图（湿地在分类方案中被定义为那些被NWI数据确定为湿地的区域）。然而在进行精度评价时，收集参考数据的图像解译员使用了不同的湿地定义，并与NWI的湿地标签产生了分歧。其余的差异则是由观测者的差异造成的，本章的下一节将讨论。

表 9-1　地图和参考标签的差异分析

地图和参考数据差异	站点数量不同	地图错误	参考标签错误	日期变化	分类方案差异	估计变化
裸地和水体	19	0	6	8	0	5
阔叶林和水体	6	0	0	0	0	6
草地和森林	50	6	17	4	0	23
湿地和其他种类	50	0	0	0	50	0
合计	125	6	23	12	50	34

9.2　不同观察者对分类方案的敏感性差异

在绘图工作中，我们试图绘制的自然界是连续分布的，而不是被分割成不同的边界（如植被覆盖、土壤类型或土地利用类型）。然而，我们用于制图的分类方案规则往往使得这些连续的现象具有离散的边界。在分类方案中的断点代表了对连续体的人为区分的情况下，观测者的不一致性往往难以控制，虽然不可避免，但会对精度评价结果产生深远影响（Congalton，1991；Congalton and Green，1993）。对误差矩阵的分析必须包括探讨当精度评价地点处于分类方案中两个或多个地图等级之间的边缘时，有多少矩阵差异是由观察者无法精确区分这些地图等级导致的结果。

柏拉图关于洞穴中的影子的寓言对于思考观察者的可变性而言很有帮助。在这个寓言中，柏拉图描述了不能移动的囚犯：

> 在他们的身后的远处有一团火在燃烧，在火和囚犯之间有一个屏幕，屏幕前提线木偶演员在他们面前展示木偶……囚犯们只看到自己的影子，或者是火投射在洞穴对面墙上的彼此的影子……对他们来说……真相除了图像的影子外，简直一无所有。
>
> （柏拉图，《共和国》，第七卷，515-B，摘自本杰明·乔维特的译文，发表于《复古经典》，兰登书屋，纽约。）

就像柏拉图笔下洞穴中的囚犯一样，我们都在我们的经验范围内感知世界。现实和对现实的感知之间的区别往往像柏拉图的影子一样模糊不清。我们的观察和感知因人而异，取决于我们的训练、经验或情绪。

表 9-1 中的分析显示了解译的变化对精度评价的影响。在该项目中，要求两个图像解译员对相同的精度评价参考点进行标注。在地图和参考标签之间的差异中，近 30%（125 个中的 34 个）是由解译或者估计的差异造成的。

例如，考虑对树冠郁闭度的评价，其分类方案定义的类别为：

无植被覆盖：0%～10% 的树冠郁闭度

稀疏覆盖：11%～30%

轻度覆盖：31%～50%

中度覆盖：51%～70%

重度覆盖：71%～100%

用于图像解译（本例为航空影像）精度评价的参考点估计树冠覆盖率为 45%，因此，根据分类方案，该点将被标记为轻度覆盖。然而，由于人们认识到树冠郁闭度在航拍照片上的解译需要 ±10%（Spurr，1960），所以适当地替代标签也是可行的，即为中度覆盖。无论是“轻”还是“中”的标签，都在参考数据收集的可变性范围内。地图使用者更关心的是地图上的“无植被”与参考标签上的“重度覆盖”之间的差异。虽然等级边缘的差异是不可避免的，但对地图用户来说，其意义远小于其他类型差异。

一些研究者已经注意到人工解译的变化对地图结果和精度评价的影响（Gong and Chen，1992；Lowell，1992；Congalton and Biging，1992；Congalton and Green，1993）。Woodcock 和 Gopal（1992）指出使精度评价变得困难的问题在于某些地点的地图标签选择存在模糊性。一个类别完全正确而所有其他类别同样完全错误的情况往往不存在。Lowell（1992）呼吁：我们需要一个新的空间模型，以便显示边界的过渡区域和不确定的多边形属性。正如 Congalton 和 Bing（1992）对照片解译的林分类型地图的验证研究中得出的结论：“解译人员如何划定林分边界的差异是最出人意料的。我们预计结果会有一些位置上的变化，但没有达到我们想到的程度。这一结果再次证明了森林的复杂性和照片解译的主观性。”

虽然很难控制观察者的差异，但我们可以衡量这种差异，并利用测量结果来补偿参考资料和地图数据之间的差异，这种差异不是由地图错误而是由解译的差异造成的。其中一种解决方案是精确测量每个参考点，以减少观测者在参考点标签上的差异。这种方法的成本过于高昂，通常需要大量的野外采样。而第二种方案是将模糊逻辑纳入参考数据，以补偿参考数据和地图数据之间的非误差差异，我们将在第 10 章中讨论这个方案。

9.3 绘制地图中使用的不合适的遥感数据

早期的卫星遥感项目主要是测试各种遥感数据对于绘制某些类型的土地覆盖的可行性而言。研究人员验证了遥感影像能否用于绘制土地利用类型、作物类型或森林类型的假设，且许多精度评价技术的开发主要是为了测试这些假设。

时至今日，精度评价更注重了解土地管理或政策分析的地图的可靠性。然而，误差矩阵中的一些差异的产生是因为地图制作者试图使用的遥感数据或方法无法区分某些土地覆盖或植被等级类型，即使有今天的高空间分辨率影像和复杂的分类方法，仍有一些信息是无法通过遥感获得的。例如，仅通过封闭树冠下的植被种类区分的地图类别，使用光学遥感数据是无法对其进行区分的，因为光学遥感无法穿透树冠。了解不同技术造成的差异，对地图制作者在制作地图时很有帮助。

在一个绘制 Wrangell-St. Elias 国家公园地图的项目中，Landsat TM 数据被用作主要的遥感数据，并以 1：60 000 航空影像资料作为辅助数据。分类方案包括区分纯黑云杉和白云杉的混合林。精度评价分析一直体现出 TM 数据在区分黑云杉和白云杉的纯林方面的重要作用，然而在混合或偶尔出现的杂交林中持续区分这些物种的情况下并不可靠。考虑到在地面上区分混合和杂交林分中的这些树种通常有困难，这种现象的确并不令人惊讶。总之，光学遥感数据在所采用的尺度上（空间和光谱分辨率的组合），不能用来可靠一致地区分这两种树种的混合水平。

为了使地图更加可靠，地图使用者可以将整个特定地图等级的分类方案变成一个更一般的地图等级。在这个例子中，封闭的、开放的和林地的非纯云杉类被合并成一个“未指明云杉”类。在所产生的合并误差矩阵（collapsed error matrix）中，如果“未指明云杉”地图标签对应于纯白云杉或黑云杉参考点，显示出相同的“封闭”“开放”或“林地”密度等级，则被认为是正确绘制的。例如，如果一个地图标签“开放的未指明云杉”被认为是正确绘制的，且它对应的参考点标签是“开放的黑云杉”“开放的白云杉”或“开放的黑 / 白云杉”，虽然地图上显示的信息较少，但剩下的信息却更可靠。

9.4 绘图误差

造成误差矩阵差异的最后一个原因是绘图误差（实际的真实误差）。通常情况下，这些误差很难与遥感数据的不恰当使用区分开来，它们往往是系统性的、特别明显的、不可接受的错误。例如，一些没有经验的遥感专业人员根据卫星数据制作的土地覆盖图，将陡坡上面朝向东北的森林错误地归类为水，事实上这种情况并不罕见，因为水和有阴影的林坡都吸收了大部分能量。虽然这种类型的错误是可以解释的，但它是不可接受的并且必须避免。许多地图用户会对这种类型的错误感到震惊，而且对造成这一错误的原因——电磁波谱并不在意。仔细负责地编辑并与其他图像的比较，建立有水源存在且没有坡度的地区模型，以及与现有的水系和湖泊地图的比较，将减少产生这种类型的地图错误的可能性。

了解实际误差产生的原因可以为地图制作者提供更多的方法来提高地图的精度。如遥感数据不同波段间组合会提高精度，包括计算波段比率、指数和图像转换［如归一化差异植被指数（NDVI）、主成分分析（PCA）等］；结合其他辅助数据，如坡度、方位、海拔或激光雷达衍生的数字表面模型同样是有用的。在 Wrangell-St. Elias 国家公园的例子中，矮灌木类和禾本科之间存在混淆，通过使用非监督分类和数字高程数据、实地数据和航空影像的模型，成功解决了这种混淆。首先，对地图中被归类为“矮灌木”的图像区域进行了 20 个类别的非监督分类。其次，使用数字高程覆盖用来对研究区域进行分层，以便随后对以前绘制为“矮灌木”但实际上为“禾本科”覆盖区域的非监督分类结果进行重新标记。从非监督分类中发现，有两个光谱类别始终代表整个研究区的“禾本科”覆盖，而另一个光谱类别则代表海拔 3 500 英尺以下区域的“禾本科”覆盖，这些光谱类随后被重新编码为“禾本科”。

9.5 总结

分析误差矩阵差异的原因可能是根据遥感数据创建地图过程中最重要和最有趣的步骤之一。过去我们过于强调地图的整体精度，没有深入研究决定整体精度的条件。而通过了解导致参考数据和地图数据不同的原因，我们可以更可靠地使用地图，并在未来生成更好的地图和更准确的精度评价。

10

模糊精度评价

随着我们对遥感数据和地图的使用越来越复杂（如空间和光谱分辨率的提高），相关的地图分类方案也越来越复杂。较复杂的分类方案，尤其是在保持各类别互斥性变得更加困难的情况下，成为影响整个项目精度的更重要因素。精度评价文献指出了仅使用传统误差矩阵方法对具有复杂分类方案的地图进行精度评估的一些局限性。Congalton 和 Green（1993）建议将误差矩阵作为识别混淆源（从遥感数据创建的地图与参考数据之间的差异）的起点，而不仅仅是“错误”。如第 7 章和第 9 章所述，人为解译的差异会对被认为是正确的参考数据的收集产生重大影响。如果图像解译被用作参考数据的来源，并且该解译结果是有偏差的、不一致的，甚至是错误的，那么精度评价的结果可能会非常具有误导性，这同样适用于在现场进行的观察。

随着分类方案变得越来越复杂，人类精准地解译参考数据的能力也呈现更多差异。此外，在分类系统中的中断（类别之间的划分）代表沿连续统一体的人为区分的情况下，人类解译的变化通常很难控制，虽然不可避免，但会对精度评估结果产生深远影响（Congalton，1991；Congalton and Green，1993）。一些研究人员已经注意到人类解译的差异对地图结果和精度评估的影响（Gong and Chen，1992；Lowell，1992；McGuire，1992；Congalton and Biging，1992）。

Gopal 和 Woodcock（1994）提出使用模糊集来“明确识别地图上某些位置的适当地图标签可能存在歧义的可能性。一个类别完全正确，其他类别同样完全错误的情况通常不存在”。在这种模糊集方法中，人们认识到，不是一个简单的正确（同意）和错误（不同意）系统，而是可以有各种各样的响应，如绝对正确、好的答案、可接受、可以理解但错误和绝对错误的。

模糊集合论或模糊逻辑是集合论的一种形式。虽然最初是在 20 世纪 20 年代引入的，但模糊逻辑直到 20 世纪六七十年代才从 Zadeh（1965）获得了它的名称和代数，他开发了模糊集合理论，作为一种描述人脑处理模糊关系能力的方法。模糊集合论的关键概念是，一个类别的成员资格是一个程度问题。模糊逻辑认识到，在划分连续体的类的边缘，一个对象可能属于两个类。正如 Woodcock 和 Gopal

（1992）所说，“模糊集理论的潜在假设是，从成员到非成员的转变很少是阶跃函数”。因此，虽然 100% 阔叶林分可以标记为阔叶，而 100% 针叶林可以标记为针叶树，但如果 49% 阔叶林和 51% 针叶林标记为针叶树或阔叶，都是可以接受的。

Lowell（1992）呼吁“一种能够显示边界的过渡区域和不确定的多边形属性的新的空间模型，它显示边界的过渡区域和不确定的多边形属性”。正如 Congalton 和 Biging（1992）对照片中的林分类型地解译精度验证的研究中得出的结论：“不同的解译员在划分林分边界上的差异是最令人惊讶的。我们期待着一些位置上的变化，但是不同的解译员的成果没有达到我们所看到的程度。结果再次证明了森林的类型是多样的，同时也是人们在照片解译中有巨大差异的一个有力的指标。”

已经提出了许多技术来将模糊性（ambiguity or fuzziness）纳入精度评价过程。本章介绍了 3 种方法：①扩展误差矩阵的主对角线；②测量地图类别的可变性；③使用模糊误差矩阵方法。

10.1 误差矩阵的主对角线扩展

将模糊性纳入精度评价过程的最简单和最直接的方法是扩展误差矩阵的主对角线。请记住，误差矩阵的主对角线表示参考数据和地图之间的一致性，并由每个地图类别的矩阵中的单个单元格表示。通过承认分类中的一些模糊性，可以在实际类型中加或减一个类来扩展分类边界。换句话说，主对角线不再只是每个地图类的单个单元格，而是一个更宽的范围。如果分类方案是连续的，例如，海拔或树木大小等级或森林冠层郁闭度，则此方法效果很好。如果分类方案是离散的，例如，在植被或土地覆盖制图项目中，则此方法不合适，因为超出矩阵中的主对角线将没有合理的意义。

表 10-1 给出了森林冠层郁闭度分类的传统误差矩阵（连续分类方案分为 6 个离散类）。传统的误差矩阵只有完全匹配才被认为是正确的，并沿主要对角线计算。按此方法的总体准确率为 40%。表 10-2 给出了相同的误差矩阵，只有主对角线被扩展为包括正负一个冠层郁闭度等级。例如，对于 3 级冠层郁闭度，冠层郁闭度等级 2 和等级 4 也被认为是正确的。然后，这个修改后的主要对角线导致整体精度大幅提高至 75%。

使用这种计算模糊类边界的方法的直接优势是显而易见的，分类的准确性可以显著提高。缺点是如果接受加减一个等级的理由不能充分证明或者不符合地图用户的要求，那么可能会被认为你只是在扩大主对角线以试图获得更高的精度（作弊）。

因此，虽然这种方法应用起来非常简单，但只有在一致认为这是合理的行动方案时才应使用它。接下来描述的其他技术可能更难应用，但更容易证明。

表 10-1　显示森林树冠郁闭度参考数据和分类数据的误差矩阵表

图像分类 \ 地面参考	1	2	3	4	5	6	行总和
1	2	9	1	2	1	1	16
2	2	8	3	6	1	1	21
3	0	3	3	4	9	1	20
4	0	0	2	8	7	10	27
5	0	1	2	1	6	16	26
6	0	0	0	0	3	31	34
列总和	4	21	11	21	27	60	144

冠层郁闭度

Class1 = 0% CC
Class2 = 1%～10% CC
Class3 = 11%～30% CC
Class4 = 31%～50% CC
Class5 = 51%～70% CC
Class6 = 71%～100% CC

总体精度 =58/144 = 40%

生产者精度

Class1 = 2/4 = 50%
Class2 = 8/21 = 38%
Class3 = 3/11 = 27%
Class4 = 8/21 = 38%
Class5 = 6/27 = 22%
Class6 = 31/60 = 52%

用户精度

Class1 = 2/16 = 13%
Class2 = 8/21 = 38%
Class3 = 3/20 = 15%
Class4 = 8/27 = 30%
Class5 = 6/26 = 23%
Class6 = 31/34 = 91%

表 10-2　显示森林树冠郁闭度的参考数据和分类数据在正负一级范围内的误差矩阵表

图像分类 \ 地面参考	1	2	3	4	5	6	行总和
1	2	9	1	2	1	1	16
2	2	8	3	6	1	1	21
3	0	3	3	4	9	1	20
4	0	0	2	8	7	10	27
5	0	1	2	1	6	16	26
6	0	0	0	0	3	31	34
列总和	4	21	11	21	27	60	144

冠层郁闭度

Class1 = 0% CC
Class2 = 1%～10% CC
Class3 = 11%～30% CC
Class4 = 31%～50% CC
Class5 = 51%～70% CC
Class6 = 71%～100% CC

总体精度 = 108/144 = 75%

生产者精度

Class1 = 4/4 = 100%
Class2 = 20/21 = 95%
Class3 = 8/11 = 73%
Class4 = 13/21 = 62%
Class5 = 16/27 = 59%
Class6 = 47/60 = 78%

用户精度

Class1 = 11/16 = 69%
Class2 = 13/21 = 62%
Class3 = 10/20 = 50%
Class4 = 17/27 = 63%
Class5 = 23/26 = 88%
Class6 = 34/34 = 100%

10.2 测量地图类别的变异性

将模糊性纳入精度评价过程的第二种方法并不像扩展误差矩阵的主对角线那么简单。虽然很难控制人工解译的变化，但可以测量这种变化并使用这些测量来补偿参考数据和地图数据之间的差异，这些差异不是由地图错误而是由人工解译的差异引起的。有两个选项可用于控制人工解译的变化，以减少这种变化对地图精度的影响。一种是高精度地测量每个参考站点，使得参考站点标签的差异最小化。这种方法可能非常昂贵，通常需要大量的现场采样和详细的测量。第二个选项是测量方差并使用这些测量来补偿参考数据和地图数据之间的非误差差异。测量方差需要让多个分析师评估每个参考站点。这种评估可以通过实地考察或使用图像解译来完成，并且需要一种客观且可重复的方法来捕捉人为差异的影响。收集用于精度评价的参考数据是任何测绘项目花费高昂的一部分，多次访问每个参考站点以捕获人为差异可能非常昂贵。因此，虽然在理论上是可行的，但测量参考数据的可变性并不是大多数遥感测绘项目的可行组成部分。换句话说，虽然这种方法可以作为一种有趣的学术练习来更好地理解特定情况下的变化，但从实际的角度来看，这种方法不会被采用。

10.3 模糊误差矩阵方法

先前扩展主要对角线以在精度评价过程中包含模糊性的方法可能难以证明是合理的，并且使用重复观察来测量可变性所需的努力可能成本过高。因此，需要另一种方法将模糊性纳入地图精度评价过程。如前所述，使用模糊逻辑的一个挑战是为其应用制定每个人都同意的具体规则。模糊系统通常依赖专家来制定这些规则。Hill（1993）开发了一个任意但实用的模糊集规则，该规则确定了滑动类宽度，用于评价为加利福尼亚州西北部克拉马斯省的加利福尼亚林业和消防部门制作的地图的精度。Woodcock 和 Gopal（1992）依靠专家应用模糊集来评价美国林务局第五区生成的地图的精度。虽然他们的两种方法都将模糊性纳入精度评价过程，但都没有使用误差矩阵方法。相反，计算了许多其他表示地图精度和一致性的指标。

10.3.1 模糊误差矩阵

鉴于误差矩阵被广泛接受为报告专题地图准确性的标准，采用某种方法将误差矩阵和一些模糊性度量结合起来会好得多。这种技术称为模糊误差矩阵方法，由 Green 和 Congalton（2004）引入。模糊误差矩阵的使用是精度评价过程中非常强大的工具，因为模糊误差矩阵允许分析人员补偿两种情况，第一种情况是分类方案中对连续的土地利用的人为区分，第二种情况是难以控制的不同解译者的差别。换句话说，当难以定义或解译地图类别时，可以使用模糊性来保持分类方案中互斥的特性。虽然本书其余部分使用的传统或确定性误差矩阵的假设之一是参考数据样本站点只能有一个标签，但模糊误差矩阵方法并非如此。

让我们继续本章到目前为止使用的示例。表 10-3 给出了一个模糊误差矩阵，它由一组模糊规则生成，这些规则应用于与生成表 10-1 中给出的确定性（非模糊或传统）误差矩阵相同的分类。在这种情况下，分类是使用以下模糊规则定义的：

表 10-3 显示森林树冠郁闭度的参考数据和分类数据在正负一级范围内的误差矩阵

		地面参考						
		1	2	3	4	5	6	行总和
图像分类	1	2	6,3	1	2	1	1	16
	2	0,2	8	2,1	6	1	1	21
	3	0	2,1	3	4,0	9	1	20
	4	0	0	0,2	8	5,2	10	27
	5	0	1	2	1,0	6	12,4	26
	6	0	0	0	0	2,1	31	34
	列总和	4	20	11	21	27	60	144

冠层郁闭度

Class1 = 0% CC

Class2 = 1%～10% CC

Class3 = 11%～30% CC

Class4 = 31%～50% CC

Class5 = 51%～70% CC

Class6 = 71%～100% CC

总体精度 = 92/144 = 64%

生产者精度

Class1 = 2/4 = 50%

Class2 = 16/21 = 76%

Class3 = 5/11 = 45%

Class4 = 13/21 = 62%

Class5 = 13/27 = 48%

Class6 = 43/60 = 72%

用户精度

Class1 = 8/16 = 50%

Class2 = 10/21 = 48%

Class3 = 9/20 = 45%

Class4 = 13/27 = 48%

Class5 = 19/26 = 73%

Class6 = 33/34 = 97%

- 第 1 类定义为冠层郁闭度始终为 0%。如果参考数据指示值为 0%，则仅接受 0% 的地图分类。
- 如果参考数据在地图分类数据的 5% 以内，第 2 类被定义为可接受。例如，如果参考数据表明样本的冠层郁闭度为 15%，而地图分类将其置于第 2 类（1%～10% 的冠层郁闭度），则答案不会绝对正确，但会被认为是可以接受的。

• 如果参考数据在地图分类数据的 10% 以内，则第 3～6 类被定义为可接受。例如，在图像上分类为 4 类但在参考数据上发现 55% 的冠层郁闭度的样本将被认为是可接受的。

由于这些模糊规则，矩阵中的非对角元素包含两个单独的值。非对角线中的第一个值表示那些虽然不是绝对正确，但在模糊规则中被认为是可接受的标签。第二个值表示那些仍然不可接受（错误）的标签。主对角线仍然只记录那些被认为是绝对正确的标签。因此，为了计算精度（总体、生产者和用户），沿主对角线的值（绝对正确）和非对角线元素中被认为可接受的值（第一个值中的值）组合在一起。在表 10-3 中，绝对正确和可接受答案的组合使总体准确率为 64%。这个整体精度明显高于原始误差矩阵（表 10-1），但没有表 10-2 高。这种方法也更容易证明，因为定义了模糊规则有效地补偿观察者的可变性。证明生成表 10-3 中使用的模糊规则的合理性要比简单地将主要对角线扩展到加减一个完整类要容易得多，如表 10-2 中所做的那样。对于冠层郁闭度，人们认识到制图通常会加减 10%（Spurr，1948）。因此，将 3～6 类的 10% 范围内定义为可接受的范围是合理的。第 1 类和第 2 类采用更加保守的方法，因此更容易证明其合理性。

模糊集理论除了适用于冠层郁闭度等连续变量外，它还适用于更多分类数据。所需要的只是一组模糊规则来解译或捕捉变化。例如，在加利福尼亚州的阔叶分布区，许多土地覆盖类型的区别仅在于哪种阔叶种类占主导地位。在许多情况下，两块土地存在相同的物种，每块土地具体的土地覆盖类型取决于哪个物种更为丰富。此外，在某些情况下，这些物种在航拍影像上甚至在地面上看起来都非常相似。很明显，在绘制阔叶范围时存在大量可接受和不可避免的变化。

在国家地理空间情报局（NGA）资助的使用 Landsat 影像的全球测绘工作中，无法通过地面访问来收集参考数据。由于该项目是在 Google 地球出现之前进行的，因此用于参考数据的影像在全球部分地区的分辨率非常低，以至于很难解译各个类别。在这种情况下，使用这种模糊误差矩阵方法是唯一可行的解决方案（Green and Congalton，2004）。使用这种高度可变的参考数据进行的传统的、确定性的精度评价会错误地代表这种制图工作的精度。

因此，在许多情况下，使用这些模糊规则，除了绝对正确的参考标签外，还允许将可接受的参考标签加入到误差矩阵的构造中，这是非常有意义的。在误差矩阵方法中使用模糊规则结合了误差矩阵的所有已建立的描述和分析能力，同时将变化纳入评估。

正如本章前面介绍的扩展主对角线方法所讨论的那样，一些分析师或地图用户可能会认为使用模糊误差矩阵方法只是提高地图精度的一种方法（作弊）。这里可以考虑几个因素来让任何怀疑者相信这种方法在某些情况下是有效和必要的。首先，一个简单的实例可以帮助我们理解。聚集对特定制图项目感兴趣的人。展示一个特别复杂的参考数据站点（复杂意味着在这里很难保持分类方案的互斥性）并要求每个人基于项目使用的分类方案写下他们认为适当的地图标签。确保每个人都有完整的分类方案，不仅包含地图标签，还包含每个地图类别的定义（更好的是，如果可能的话，将小组带到一个站点并执行相同的过程）。然后，让每个人说出他们的方案并解释他们选择该方案的原因。随着若干可能的方案的发表，可以显而易见地发现这些方案各自都有十分合理的解释。同样，这个结果的出现是因为地图类之间的差异是微妙的，需要解释的，并且缺乏很强的互斥性。在几个领域进行这个实例通常会让每个人相信在这个项目中使用模糊是合理的。其次，可以提出这样的论点，即在给定层次分类方案的情况下，应该将彼此非常相似的地图类合并为更一般的类。

例如，在一个创建哈莱阿卡拉（Haleakala）国家公园植被精细比例图的项目中发现，金叶槐（Sophora chrysophylla）亚高山灌木丛和金叶槐 - 车桑子（*Sophora chrysophylla - Dodonaea viscosa*）山地灌木丛生态群落难以区分，因为它们仅通过小灌木车桑子（Dodonae viscosa）的存在或不存在来区分。因此，只有一种植物可能会影响植被标签。由于这些植物群落难以区分，因此将其合并为一个综合多种植被种类的（*Coprosma montana–Leptecophylla tameiameiae–Dodonaea viscosa*）亚高山灌木丛类（Green et al.，2015）。

但是，将地图类合并减少为几个通用的类会减少地图类的数量和地图中的细节。分析人员或地图用户可能希望保留尽可能多的细节，并且愿意在评估过程中有一些模糊性以保留最精细的信息。最后，如前所述，当不能获取或收集能够精确标记每个地图类别的空间分辨率参考数据时，假设参考数据是高度准确的而不补偿观察者的可变性将是有问题的。在这种情况下，不使用模糊评估方法会导致评价的地图精度不高，不一定是因为地图有误，主要可能是因为参考数据有误。

10.3.2 模糊误差矩阵的实施

使用一种特殊的参考数据收集形式，如图 10-1 中的形式，可以大大简化模糊误差矩阵方法的实现。

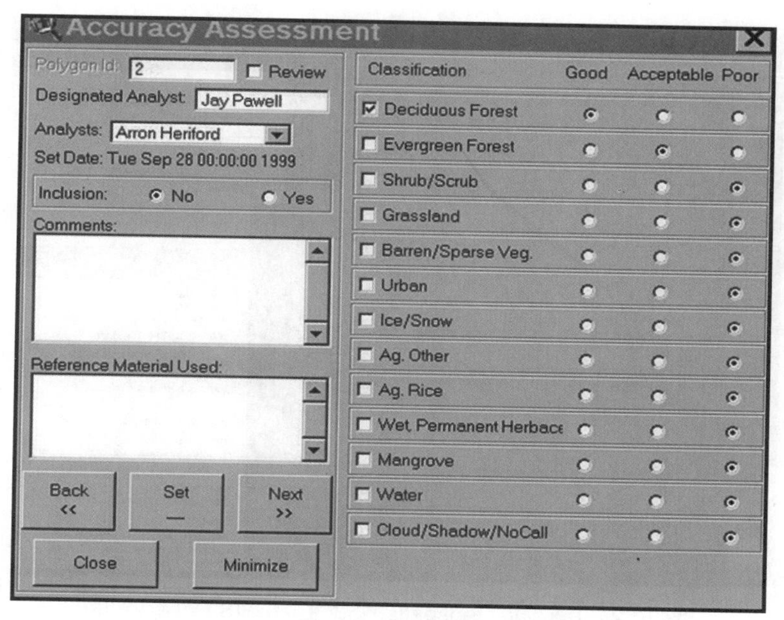

图 10-1　精度评价中标记参考站点属性的表格

根据该项目的模糊规则，可以评估每个参考点被识别为每个可能地图类别的可能性。首先，分析员为样本点确定最合适的（"良好"）标签，并将该标签输入表格"分类"列下的相应框中。此标签确定样本点将在矩阵的哪一行进行计数，也是用于计算确定性误差矩阵的值。将最合适的标签分配给样本点后，其余可能的地图标签被评估为"可接受的"或"差的"候选站点的标签，同样由模糊规则表示。例如，一个地点可能位于落叶林和常绿林的边缘附近，因此造成物种的混合和人员难以对参考图像解译。在这种情况下，分析师可能会将落叶林评为最合适的标签（"良好"），但也会将常绿林评为"可接受"（图 10-1）。没有其他地图类是可以接受的，所有其他地图类都将被评为"差"。

图 10-2 显示了为加利福尼亚州索诺玛县的精细比例尺测绘项目创建的精度评价表的另一个示例。参考数据人员不评估地图中所有 83 个可能类别对每个精度评价参考样本的适用性，而只填写他们认为最有可能（主要，primary）、次最有可能（次要，secondary）的内容，以及有可能的（第三个，tertiary）估计值。如果分类显然只有一个可能的标签（如水），则不会输入第二个或第三个标签。在具有复杂分类方案的情况下，该方法可以极大地减少标记每个精度评价参考样本所需的时间。

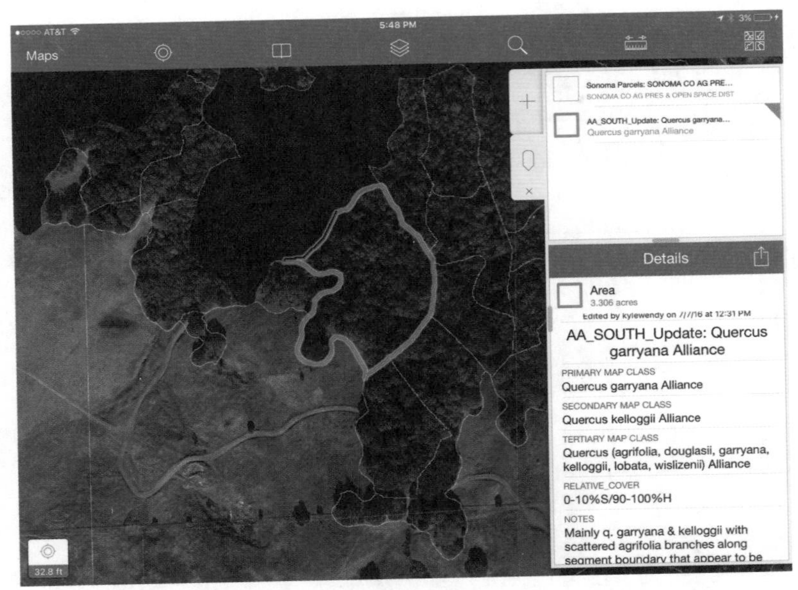

图 10-2　Tukman Geospatial 公司在 ArcGIS Collector 中开发的 Sonoma 县测绘项目精度评价表

注：该表格采用模糊逻辑，允许参考数据收集人员为精度评价样本点输入最多三个可能的标签。

模糊误差矩阵方法使分析员能够补偿解译者的差异和为每个参考数据样本点仅确定一个标签的困难。虽然该方法可用于任何精度评价，但在以下情况下效果最佳：由于参考数据收集方法的限制，在收集良好参考数据时存在问题，包括参考数据图像的质量 / 空间分辨率；当无法控制解译者的差异性时；当被制图的生态系统有高度异质性时，如高度复杂的分类方案所示。如果所有这些因素都可以控制（分类方案中几乎没有变化或模糊性，或者可以采取详细的测量来最小化变化），则可能不需要这种方法。然而，在大多数从遥感影像创建地图的项目中，使用模糊误差矩阵方法可以极大地帮助合并项目中固有的变化，应该正确地使用。此外，它还向地图用户提供额外信息，用户可以使用模糊误差矩阵评估与每个地图标签相关的模糊度。

10.3.3　模糊误差矩阵示例

表 10-4 显示了地物类别分类方案（土地利用 / 覆盖物制图项目）的模糊误差矩阵。同样，模糊误差矩阵的威力在于能够计算与传统确定性误差矩阵中相同的描述性度量。模糊误差矩阵的总体、生产者和用户精度统计的计算方法与传统的确定性误差矩阵的计算方法相同，但增加了以下内容。矩阵中的非对角单元格包含两个计数，可以用来区分不确定的或落在类边距上的类标签和最有可能出错的类标签。第

表 10-4　显示确定和模糊精度评价的模糊误差矩阵示例

地面参考 / 图像分类

	Deci forest	EG Forest	Shrub/ Scrub	Grass	Barren Veg.	Urban	Agr	Water	Deterministic Totals	Percent Deterministic	Fuzzy Totals	Percent Fuzzy
Deciduous Forest	48	24,7	0,1	0,3	0,0	0,1	0,11	0,18	48/113	42.5%	72/113	63.17%
Evergreen Forest	4,0	17	0,1	0,0	0,0	0,0	0,1	0,3	17/26	65.4%	21/26	80.8%
Shrub/Scrub	2,0	0,1	15	8,1	0,0	0,0	2,2	0,0	15/31	48.4%	27/31	87.1%
Grassland	0,1	0,0	5,1	14	0,0	0,0	3,0	0,0	14/24	58.3%	22/24	91.7%
Barren Veg.	0,0	0,0	0,2	0,0	0	0,0	0,1	0,0	0/3	0%	0/3	0%
Urban	0,0	0,0	0,0	0,0	0,0	20	2,0	0,0	20/22	90.9%	22/22	100%
Agriculture	0,1	0,1	7,15	18,6	0,0	2,0	29	1,2	29/82	35.4%	57/82	69.5%
Water	0,0	0,0	0,0	0,0	0,0	0,0	0,0	8	8/8	100%	8/8	100%

冠层郁闭度

用户精度

生产者精度

	Deci forest	EG Forest	Shrub/ Scrub	Grass	Barren Veg.	Urban	Agr	Water
Deterministic Totals	48/56	17/50	15/47	14/50	NA	20/24	29/51	8/33
Percent Deterministic	85.7%	34%	31.9%	28%	NA	83.3%	56.9%	24.2%
Fuzzy Totals	54/56	41/50	27/47	40/50	NA	22/24	36/51	10/33
Percent Fuzzy	96.4%	82%	57.4%	80%	NA	91.7%	70.6%	30.3%

Deterministic 151/311 = 48.6

Fuzzy 230/311 = 74%

一个数字表示地图标签与模糊评估中“可接受”参考标签匹配的样本点（表 10-4）。因此，尽管标签不被认为是最合适的，但鉴于分类系统的模糊性和 / 或某些参考数据的最低质量，它被认为是可以接受的。这些站点被认为是评估模糊精度的“匹配”。单元格中的第二个数字表示地图标签被视为较差（错误）的样本点。模糊评估的总体精度估计为“良好”和“可接受”参考标签与地图标签匹配的样本点的百分比。生产者和用户的精度以传统方式计算，但同样，不只是使用主对角线（“良好”）上的值，还应包括第一个非对角线位置（“可接受”）上的值（表 10-4）。

10.4 小结

虽然本章介绍了 3 种方法来处理精度评价过程中的变化或模糊性，但模糊误差矩阵方法是迄今为止最有用的方法，应被视为最佳实践。这种方法的优雅之处在于它结合了传统（称为确定性）误差矩阵的所有功能，包括计算整体、生产者和用户的精度，并有结合许多分类方案中固有的变化或由参考数据收集过程产生的不确定的能力。鉴于矩阵包含计算传统确定性精度评价和模糊精度评价的信息，使用这种方法有很大的吸引力。所以我们强烈建议，当制图项目中存在地图类别难以区分和收集参考数据中有不确定性时，优先考虑这种方法。

11

基于对象的精度评价方法

直到21世纪初，大多数由卫星遥感数据生成的专题地图都采用基于像素的分类方法，而由航空照片生成的地图则采用基于多边形的分类方法。基于像素的方法存在缺陷，因为像素是地面上任意划定的矩形区域。当我们不知道特别两类地物的具体边界在哪里的时候，我们倾向于将他们分为一组。最近，随着更高的空间分辨率的卫星和机载影像的出现，研究人员开发了新的分类方法，将影像像素合并成有意义的对象，然后对这些对象进行分类（Blaschke，2010），这种方法被称为基于对象的图像分析方法（object-based image analysis，OBIA）。当基于对象的图像分析方法被用来生成专题地图时，具有类似光谱特征的像素被分组为各异的对象，然后将这些对象作为一个组进行分类，而不是逐个像素分类。对象的大小和形状一般由用户输入和对象中像素的光谱特征的变化决定。一旦成功创建对象，这些对象可以显示出许多有价值的特征，如地物的尺寸、形状和纹理，以及来自辅助数据的各种分区统计信息，这些数据可以用来帮助对对象进行分类，而不仅仅显示每个像素的光谱响应曲线。一旦图像对象或者地物被分类，彼此相邻的且具有相同地图分类的对象就被合并（或称之为溶解）为较大的多边形。由于传统的、被广泛接受的航空影像解译也是基于多边形的，并且其中的多边形代表了地面和图像上可识别的物体，因此使用基于对象的图像分析方法创建的地图往往比使用基于像素的方法创建的地图更容易理解、更有亲和力，更有助于对地图用户的使用。

与任何专题的精度评价一样，评价基于对象或多边形地图也需要参考数据的样本单位与地图进行比较，以便生成误差矩阵。本章的其余部分涉及在进行基于对象的图像分析方法的精度评价时必须考虑的许多因素，包括参考数据的合适样本单位是什么，以及应该使用什么方法来收集样本。本书中许多已经介绍过的原则仍然适用于此。然而，在处理基于对象的图像分析方法生成地图这一特殊情况时，还有一些额外的概念和问题必须考虑。

11.1 应该使用什么样本单位？

到目前为止，在进行基于对象的精度评价时，第一步要考虑的是确定样本单位。这方面具有多种可能性。首先，可以简单地按照前文描述的方法进行精度评价。也就是说，使用地图多边形内的一簇像素（通常是正方形），其大小足以抵消样本单元的任何位置误差，在这种情况下，使用在第 6 章和第 7 章中介绍过的精度评价方法。其次是选择一些面积较大的多边形作为采样单位。这个大面积的多边形可以是：①实际的地图多边形；②实际地图多边形中的一个子集，但在多边形边界内有一定距离（像素数）的缓冲，以避开图形边缘从而避免任何位置问题；③一些固定面积的且具有缓冲的地块，并适当地置于地图多边形的边界内（固定地块的大小需要大于指定的最小测绘单位）。

选择以上两方法中的任何一种都有其优点和缺点。传统的像素簇作为一个单一的样本单位，其主要优点是作为最常用的方法，高效且有效地收集参考数据，使考虑因素和程序能够被很好地记录和理解。第二个方法的强大优势是，由于样本单位的大小都是一样的，所以可以用计数的方法生成误差矩阵（更多讨论详见后文）。而其最大的缺点是没有对地图的多边形进行评估，因此，相较于基于像素的地图，很难定量评估其有效性。使用某种多边形来评估基于对象的图像分析方法结果的最大优势显然是样本单位与地图产品更吻合，然而如果使用整个地图多边形或一些缓冲多边形，其样本单位的大小将是可变的，再使用统计方法来生成误差矩阵可能是不可行的（基于面积的误差矩阵可能更合适）。一种固定面积绘图的方法在这里提供了一个折中的办法，即在保持固定面积的同时，使用一个比小像素簇更大的面积范围，这样基于统计的误差矩阵仍然可以被采用。使用多边形方法的最大缺点是在参考数据中对整个多边形进行标记太过复杂，在本章接下来的章节中会对这些重要的考虑因素进行更详细的讨论。

11.2 基于计数和面积误差矩阵的比较

到目前为止，本书所介绍的误差矩阵都是基于计数方法的。即将每个参考数据样本单元视为单个计数，将矩阵中适当的单元格（行与列的交点）加 1。产生误差矩阵的计数方法很简单，是基于每个数值的权重相等这一事实。如果用于生成矩阵的样本单位大小（面积）相等，那么就确定这个假设是有效的。例如，当使用 3×3 像素的样本单元来评价由 Landsat TM 数据创建的专题地图的精度时，每个样本单元的大小是一样的，可以使用简单的计数法来生成矩阵。

然而，如果样本单位是大小不一的多边形，那么使用基于统计的误差矩阵就会出现问题。因为每个多边形的权重是不一样的，多边形的大小（面积）不同，那么在误差矩阵中的权重或重要性也不同。因此在这种情况下，使用基于面积的误差矩阵可能更合适。实际工作中，基于面积的误差矩阵的使用也按照与传统误差矩阵相同的原则。

另外，该方法不是统计合适单元中每个参考数据的样本数，而是将样本单元的面积（如公顷或英亩）作为参考数据样本单元输入误差矩阵中适合的单元内。表 11-1 列出了使用基于像素分类方法的传统的基于统计误差矩阵和基于面积误差矩阵之间的比较，后者在使用可变大小的多边形作为样本单位基于对象的图像分析方法分类时更为合适。矩阵之间唯一真正的区别是，传统矩阵中的数值代表统计数字，而基于面积的误差矩阵中的数值代表每个单元的所有样本的总面积。

表 11-1　传统误差矩阵（a）和基于面积的误差矩阵（b）的比较

（a）

		参考数据					
		1	2	…	k	行总和	用户精度
地图数据	1	n_{11}	n_{12}	…	n_{1k}	n_{1+}	$\frac{n_{11}}{n_{1+}}$
	2	n_{21}	n_{22}	…	n_{2k}	n_{2+}	$\frac{n_{22}}{n_{2+}}$
	…	…	…	…	…	…	…
	k	n_{k1}	n_{k1}	…	n_{kk}	n_{k+}	$\frac{n_{kk}}{n_{k+}}$
	列总和	n_{+1}	n_{+2}	…	n_{+k}	N	总体精度
	生产者精度	$\frac{n_{11}}{n_{+1}}$	$\frac{n_{22}}{n_{+2}}$	…	$\frac{n_{kk}}{n_{+k}}$		$\frac{\sum_{i=1}^{k} n_{ii}}{N}$

（b）

	参考数据 1	2	…	k	行总和	用户精度
地图数据 1	S_{11}	S_{12}	…	S_{1k}	S_{1+}	$\frac{S_{11}}{S_{1+}}$
2	S_{21}	S_{22}	…	S_{2k}	S_{2+}	$\frac{S_{22}}{S_{2+}}$
…	…	…	…	…	…	…
k	S_{k1}	S_{k2}	…	S_{kk}	S_{k+}	$\frac{S_{kk}}{S_{k+}}$
列总和	S_{+1}	S_{+2}	…	S_{+k}	S	总体精度
生产者精度	$\frac{S_{11}}{S_{+1}}$	$\frac{S_{22}}{S_{+2}}$	…	$\frac{S_{kk}}{S_{+k}}$		$\frac{\sum_{i=1}^{k} S_{ii}}{S}$

11.3　两种误差矩阵方法的比较

用一个实例对证明这两种方法的差别是很有帮助的，同时也有很高的参考价值。表 11-2 和表 11-3 是一个测绘项目的结果，用于测试使用多个日期影像创建土地覆盖地图与只使用单一日期影像创建土地覆盖地图相比，是否能提高该地图的精度（MacLean and Congalton，2013）。高效且有效地收集参考数据，使考虑因素和程序能够被很好地记录和理解。表 11-2 显示了单纯使用基于统计的传统误差矩阵的结果，而表 11-3 显示使用了基于面积的误差矩阵的精度评价。使用传统的误差矩阵方法的地图的总体精度为 70%（表 11-2），而使用基于面积的方法计算的精度更高，达到了 75%（表 11-3）。在这两张地图中，最容易混淆的类别是已开垦的土地或其他空地和混合林地的类别。清理过的耕地或其他空地与生长中的农作物类别相混淆，在这个地区是很显而易见的。这个地区的大多数农业是干草或牧场，清理过的耕地或其他空地类别包括高尔夫球场和其他草地等区域，这些区域在光谱上与牧场相当相似，甚至混合林类别与落叶林和针叶林类别也会产生混淆。鉴于新罕布什尔州南部森林的异质性和 Landsat 5 TM 影像的 30 m 像素，混合林通常与其他类型的林地相混淆也就见怪不怪了。

在这里使用基于面积的误差矩阵的问题是，不是每个样本单元有相同的权重

（计数为 1），而是由每个样本单元的大小来加权。因此，矩阵中的比例不再是每个地图等级的样本单位数量的函数，而是样本单位的数量和大小相组合的函数。正如之前在第 6 章中考虑的那样，在某些情况下，评价可以按比例进行；而在其他情况下，每个地图等级（分层）可以选择最低数量的样本单位。如果不考虑样本单位面积的影响，那么采样策略的目标可能会因为每个地图类别的样本单位大小不均而受到消极影响。我们可以设想这样一种情况，即容易绘图的土地覆盖类别（水域）具有非常大的多边形，因此地图精度被水域的样本不成比例地加权，导致精度膨胀。所以说在从大小不一的样本单元中获取地图精度时，考虑多边形大小的影响至关重要，以免精度结果被不适当地提高或降低。

11.4 参考数据的收集与标示

正如本书第 6 章所介绍的，在将一幅影像分类为专题地图时，既需要样本作为训练数据，也需要作为验证样本的独立的参考数据集。参考样本单元通常是通过照片 / 影像解译或到野外进行观察测量来收集的。分类的精度和可解译性完全取决于训练数据和参考数据的精度。训练数据的精度将影响分类的成功与否，而在精度评价中若假定参考数据为正确的，则专题地图标签和参考数据标签之间的任何差异都会被认为是地图上的错误。因此，如何收集和标注参考数据会大大影响土地覆盖分类的结果。

如前文所述，在传统的基于像素的分类方法中，我们推荐同质土地覆盖类型内的一小组像素（如 3 × 3 或更大范围，取决于影像的空间分辨率和位置精度）作为单一参考样本单元。当图像具有中高空间分辨率时，像素面积相对较小，此类参考样本单元所覆盖的区域也非常小，通常仅涵盖景观内的少量异质景观［图 11-1（a）］。因此，在该参考样本单元内（通常靠近中心）在地面上进行的单个观察应该足以准确地标记该组像素或参考样本单元。但是，如果使用图像解译或基于对象的图像分析方法的方法，样本单元是一个多边形，则该区域范围会增大且多变，因此多边形内某处的单个地面观测通常不足以标记整个多边形［图 11-1（b）］。那么，与基于像素的方法相比，基于对象的参考样本单元通常包含更多的地物景观变化，由于参考样本单位的可变性更大，可能需要不止一次的观察来准确标记每个样本单位［图 11-1（b）］。参考样本单位内潜在的高可变性加上抽样不足可能导致参考标记不准确，尤其是在很复杂或异质的土地覆盖类别中变得显而易见。

表 11-2　2010 年多日期基于对象的图像分析方法分类的误差矩阵（单元值为统计数据）

地图数据（hm^2）	参考数据（hm^2）									
	Active Agriculture	Cleared/Other Open	Coniferous	Deciduous	Developed	Mixed Forest	Open Water	Wetlands	行总数	用户精度
Active Agriculture	51	20	0	0	14	0	0	0	85	60%
Cleared/Other Open	19	19	0	0	13	0	0	0	51	37%
Coniferous	0	0	49	4	0	16	0	0	69	71%
Deciduous	0	0	2	63	0	12	0	0	77	82%
Developed	10	10	0	0	70	0	0	0	90	78%
Mixed Forest	0	1	14	28	0	28	0	0	71	39%
Open Water	0	0	0	0	0	0	50	0	50	100%
Wetlands	0	0	0	0	0	0	0	50	50	100%
列总数	80	50	65	95	97	56	50	50	543	总体精度
生产者精度	64%	38%	75%	66%	72%	50%	100%	100%		70.00%

表 11-3　2010 年多日期基于对象的图像分析方法分类的面积的误差矩阵（单元值为 hm^2）

地图数据（hm^2）	参考数据（hm^2）									
	Active Agriculture	Cleared/Other Open	Coniferous	Deciduous	Developed	Mixed Forest	Open Water	Wetlands	行总数	用户精度
Active Agriculture	471.3	189.7	0.0	0.0	113.7	0.0	0.0	0.0	774.7	61%
Cleared/Other Open	161.0	165.1	0.0	0.0	114.8	0.0	0.0	0.0	440.9	37%
Coniferous	0.0	0.0	737.1	36.7	0.0	212.0	0.0	0.0	985.8	75%
Deciduous	0.0	0.0	14.4	1080.9	0.0	141.0	0.0	0.0	1236.3	87%
Developed	82.1	68.9	0.0	0.0	582.4	0.0	0.0	0.0	733.4	79%
Mixed Forest	0.0	0.0	148.4	244.7	0.0	272.7	0.0	0.0	665.8	41%
Open Water	0.0	0.0	0.0	0.0	0.0	0.0	696.0	0.0	696.0	100%
Wetlands	0.0	0.0	0.0	0.0	0.0	0.0	0.0	525.2	525.2	100%
列总数	714.4	423.7	899.9	1362.3	810.9	625.7	696.0	525.2	6058.1	总体精度
生产者精度	66%	39%	82%	79%	72%	44%	100%	100%		74.80%

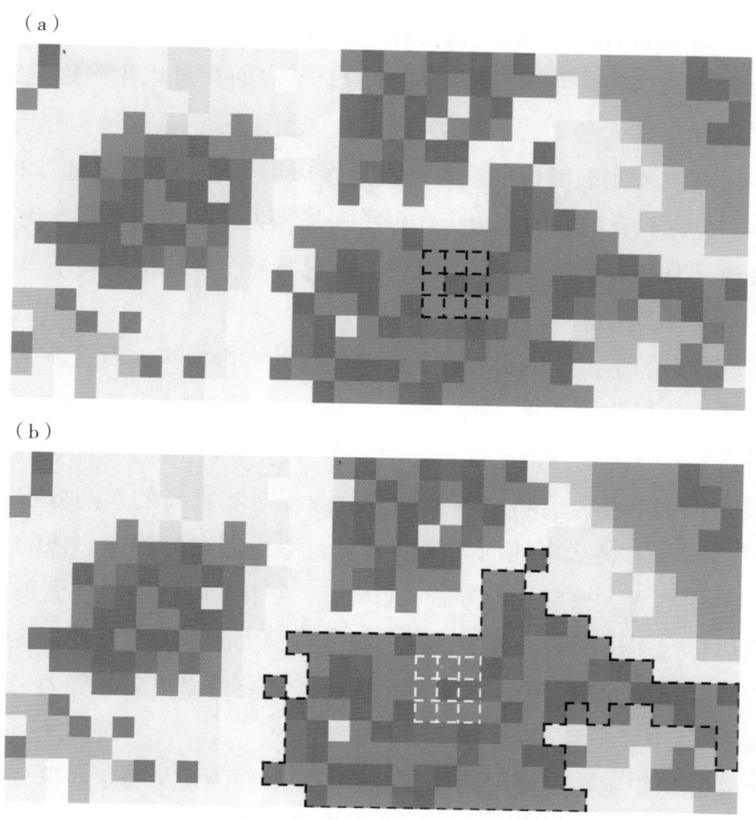

图 11-1 这些数字是为了清楚地表示中等分辨率彩色合成影像

(如陆地卫星专题成像仪[TM]或运动陆地成像仪[OLI]上的景观变化)

注:(a)表示用于基于像素的分类的 3×3 参考单元(黑色虚线框范围)。(b)即在多边形分类中,如果多边形被用作参考样本单元(黑色虚线多边形范围),那么多边形中的单个观测值(白色虚线框范围)就无法对整个多边形进行准确标记。

在许多地物景观中,森林栖息地提供了巨大的价值,并且是诸多测绘工作的主题,特别是在自然资源、人类与环境相互作用或野生动物研究方面。然而,森林与其他土地覆盖类型相比具有更大的异质性,这取决于森林分类的详细程度。因此,我们需要更细致、更多的观察来准确标记多边形样本单元,以评估使用多边形分类方法生成的地图中的林地覆盖类型。MacLean 等(2013)进行的一项分析旨在确定在复杂的新英格兰森林中准确标记森林多边形所需的地面观测数量。这项工作采用了自举式统计模拟,以确定在给定的允许差异范围内,标记多边形所需的最小观测数。每个观测点的信息都是用一种常规的以林业采集方法收集的,称为棱镜取样(Prism sampling)(水平点取样或 Bitterlich 取样)。棱镜取样是量化树木基底面积的有效方法,因为一棵树的取样的概率与其大小成正比(Bitterlich,1947;Husch et al.，2003）。基部面积被定义为一棵树的表皮内，在胸高（离地 1.3 m）时的横截面积（Bitterlich，1947）。然后，每个树种的总基底面积可以用来确定根据项目分类方案得出的样本单元的适当林地类型标签（地图等级）。这项工作的结果表明，需要进行多次观测才能准确地标记各种林地多边形（MacLean et al.，2013）。正如预期的那样，包含混合物种的多边形比以单一类型为主的多边形需要更多的观测次数。平均来说，总共需要 3～6 次地面观测（观测每个多边形的样本单位）才能准确地标记一个森林多边形。

这里应该指出的是，这项研究只是针对美国的一个地区，而且新英格兰地区的森林往往是美国最复杂的森林区域。而南部和西部的森林往往具有较少的物种多样性，可能只需要较少的观测值来准确标记一个多边形单元。还应注意的是，这种方法完全是基于地面观测，若将一些地面观测数据与非常高的空间分辨率影像结合起来，可能会减少对这么多地面观测的需求。考虑到高分辨率影像的可用性，以及最近开始使用的无人驾驶航空系统（UAS），在未来以较少的地面工作来获得必要的信息用以标记多边形的任务中，这项技术有很大的潜力。然而，更值得考虑的是，如果参考样本单元是一个多边形的话，可能需要付出更多的努力来准确标记该单元。

其他项目和组织也探索使用某种类型的多边形作为评价基于对象分类精度的样本单位。这里介绍几个例子，以证明一些具有关键意义的问题和考虑。显然，在考虑基于对象分类的精度评价之前，必须进行进一步的探索和研究。就像本书的其他内容一样，显然没有一种方法是最佳方法，制图的目标以及统计的有效性和实际应用必须得到平衡，以实现实际的最佳评价。

美国国家公园管理局（NPS）负责绘制全美国家公园的土地覆盖类型图，其工作要求非常高（详见第 12 章的案例研究）。随着时间的推移，公园管理局人员在为公园绘制地图和评价地图精度方面都积累了相当多的经验。Lea 和 Curtis（2010）公布了 NPS 用于专题地图精度评价的指南。他们的方法是使用地图的最小测绘单位（mmu）来确定参考数据样本单位的大小，然后确定样本单位为一个基于 mmu 的固定半径的圆（如 0.5 hm^2 的 mmu 使用 40 m 的固定半径圆，而 1 hm^2 的 mmu 使用 56 m 的固定半径圆）。由于样本单位的大小是固定的，这里可以采用计数的方式来生成误差矩阵。

本书的一位合著者是 Tukman GeoSpatial LLC 领导项目的参与者，该项目旨在绘制加州索诺玛县约 100 万英亩的地图（www.sonomavegmap.org）。与 NPS 所做的测绘一样，索诺玛县使用的分类方案相当复杂，包括 83 个地图类别。绘图是采用基于对象的图像分析方法进行的，精度评价则使用影像分割过程中产生的对象作为采样单位，现场人员结合地面观测和高空间分辨率的影像来标记每个样本单元。在这种情况下，样本单位的大小是不固定的，基于统计的和基于面积的误差矩阵都是作为精度评价的一部分。

最后，另外一个实例是，北佐治亚大学的 J.B. Sharma 博士进行了一项试点研究，他和他的团队评价了在使用基于面积的误差矩阵方法时，不同样本单位面积的影响。这项工作表明，在地图类别内随机选择样本单位会导致产生不均匀的加权（非比例）误差矩阵，从而无法显示实际的地图精度。他的团队探索了使用中位数大小的样本单位，取得了比基于统计的方法更相近的结果，进一步表明各种大小的样本单位都会影响地图精度。

11.5 精度计算

除了收集和标记参考数据样本单位的问题外，评价使用多边形方法创建的专题（如土地覆盖）地图的精度中，还有一些额外的考虑因素，这些考虑因素已经远远超出了基于像元方法的考虑因素。使用多边形作为参考数据样本单元时，计算精度的统计数据与基于像素的方法不同，因为每个参考样本单元的大小不同（Radoux et al.，2010）。在传统的基于像素的方法中，或者当所有参考单位都是相同大小时（基于统计的方法），总体精度的估计使用如下方程：

$$\hat{\pi} = \frac{\sum_{i=1}^{n} C_i}{n} \tag{11-1}$$

式中：π 是总体准确性；C_i 等于 1 或 0，即验证样本单元 i 是否被正确分类（1 代表是，0 代表否）；n 是收集的验证单位的数量。

只要看一下这个方程就会发现，它与表 11-1（a）和第 5 章中的方程是等价的。许多研究人员在使用可变大小的多边形参考样本单位时，也采用了这个方程来计算精度（Radoux et al.，2010），这个方程在精度评价中并没有考虑多边形不均一的尺寸，使用多边形方法创建的地图的精度应该用如下方法计算：

$$\pi = \frac{\sum_{i=1}^{N} C_i S_i}{\sum_{i=1}^{N} S_i} \tag{11-2}$$

式中：N 是图像中的总对象数；S_i 是单个样本单元 i 的面积。

然而，地图中每个多边形的精度通常鲜为人知，因此 Radoux 等（2010）提出了两个总体精度的估计方法。第一种是用 n 代替 N 值：

$$\hat{\pi}=\frac{\sum_{i=1}^{n}C_iS_i}{\sum_{i=1}^{n}S_i} \tag{11-3}$$

它通过验证多边形的面积对精度评价进行加权（Radoux et al.，2010）。对基于多边形的精度的第二个估计方法包括在验证过程中采用未使用的其余多边形的大小的附加信息，虽然每个多边形或对象的精度（C_i）是未知的，但大多数多边形项目的尺寸或面积（S_i）通常是已知的。因此，通过了解未取样多边形的 S_i 获得的信息可用于减少总体精度估计的方差，使用方程为

$$\hat{\pi}=\frac{1}{S_T}\left(\sum_{i=1}^{n}C_iS_i+\hat{p}\sum_{i=n+1}^{N}S_i\right) \tag{11-4}$$

式中：S_T 是地图的总面积，$\hat{p}$是多边形被正确分类的概率估计值。

只要 C_i 是独立于 S_i 的，$\hat{p}$就可以用以下方法来估计：

$$\hat{p}=\frac{1}{n}\sum_{i=1}^{n}C_i \tag{11-5}$$

Radoux 等（2010）研究发现，当该方程用于计算$\hat{p}$时，为实现相同的精度和方差估计，所需的多边形区域比基于像素的方法中精度评价所需的样本单位数量变得更少。

由于使用多边形方法创建的地图的精度应以参考单位的面积为权重，因此将面积纳入每个单元的误差矩阵更适合于报告专题精度。新的基于面积的误差矩阵的设置与传统的基于统计的误差矩阵类似，但并不是每个参考单位都有相同的权重，而是各个单元需要反映出落入该单元的参考单位的总面积，如表 11-1（b）所示。

使用基于面积的误差矩阵［表 11-1（b）］，可以很容易地计算出总体精度。如果使用式（11-3）的方法计算总体精度，则相同的总体精度在误差矩阵中需使用以下方程来计算：

$$\hat{\pi}=\frac{\sum_{i=1}^{k}S_{ii}}{S} \tag{11-6}$$

式中：S_{ii} 的总和是主对角线单元值的总和，类似于传统误差矩阵中计算总体精度的方式。

如果使用式（11-4）的方法计算总体精度，基于面积的误差矩阵的值也可以使用以下方程来计算：

$$\hat{\pi} = \frac{\sum_{i=1}^{k} S_{ii} + \hat{a}\left(S_T - S\right)}{S_T} \tag{11-7}$$

式中：$\hat{a}$是使用基于像素的传统误差矩阵计算的地图的总体精度。

当使用式（11-4）计算总体精度时，特别重要的一点是，基于多边形的和基于统计的传统误差矩阵都要计算考虑。在基于面积的误差矩阵中，可以使用与基于像素的传统误差矩阵相同的程序来计算用户精度和生产者精度（表 11-3）。最后，Kappa 分析数据也可以用与传统误差矩阵相同的方法计算。

11.6 结论

本章介绍了在使用基于对象的分类方法生成专题地图进行精度评价的一些方法和相应的问题，之前描述的使用基于像素的分类方法生成地图的许多考虑因素都适用于新的方法。然而，在决定使用不同大小对象的参考样本单元（非等面积的多边形）时，必须注意，当参考样本单元具有不同的尺寸时，那么基于统计的误差矩阵生成方法就不再合适了，相反我们可以使用基于面积的误差矩阵，则统计表被每个多边形参考样本单元的实际面积取代。适当的描述性统计（如总体精度、生产者精度和用户精度）和分析性统计（如 Kappa 分析）的计算与基于统计的矩阵类似。然而，因为可以知道地图中所有多边形的面积，包括那些被选为参考样本单位和那些没有被选的多边形，我们能够提升工作的效率。这些面积均可以用于精度计算，从而以较少的样本获得有效的结果。

最后，给这些面积更大、形状更复杂的多边形参考样本单元标记也更加困难，因为单一的观测可能不再足以提供准确的标签。在一个复杂的森林环境中进行的一项试验研究表明，也许在一个多边形（参考样本单元）中需要多达 6 次观测，才能准确地标记该单一样本（注意，这 6 次观测不是 6 个样本，它们是用于标记一个多边形样本单元的 6 个观测值）。而将高分辨率影像与地面观测相结合，可以减少观测次数。随着基于对象的图像分析方法的不断发展，特别是考虑到高和极高空间分辨率影像的大量应用，有效评估基于多边形的地图的精度的方法将变得越来越重要。

12

基于对象的精度评价案例研究——植被分类和制图项目

本章和下一章的内容是论证以本书所概述的原则和方法，进行的实际案例研究。这些案例为读者提供了在进行每个项目的地图精度评价时，针对其想法、考虑和决定方案的全面讨论。这两个案例都不是完美的，也不应该作为准确做法的范例来遵循。不过，这两个案例中提供的评估过程的细节比读者在同行评议的论文甚至大多数项目最终报告中看到的还要多，读者应该利用这些研究细节来很好地掌握每个测绘项目所具有的局限性，以及评估团队如何在处理问题的方案的同时，尝试使用保持统计有效性的方法来处理这些局限性、统计的有效性。

第 12 章介绍了基于对象的分类和精度评价的结果。这个例子是作者的经历中最近发生的，代表了对地图精度较先进的分析。然而与其他任何评估一样，最后总是要进行利弊权衡和总结经验教训。

第 13 章讨论了另一个具体的实际案例，使用影像解译创建的地图和另一张基于像素分类方法创建的地图以及相应的精度评价。这是一个十分经典的例子，会引起许多读者的共鸣。这个案例研究是在作者进行此类评估的早期完成的，因此对于那些刚开始接触地图精度或在处理地图精度方面经验不足的读者来说，应该是非常合适的。本书提供了大量的研究细节，能够为读者在计划他们的评估时提供许多想法。

这两个案例研究中所涉及的考虑因素、局限性、决定方案和细节讨论的结合，将为细心的读者提供经验并培养其洞察力，在他们进行自己的精度评价时将会大有裨益。

12.1 案例简介

本章重点介绍了一项现实世界的案例，以证明在实施基于对象的专题精度评价过程中需要做出的典型权衡和决定。该案例研究是对美国国家公园管理局（National Park Service，NPS）大峡谷国家公园 / 大峡谷 - 帕拉桑特国家纪念馆（Kearsley et al.，2015）创建的小尺度植被地图的精度评价。本章第一节对该项目进行了概述，并简要总结了所使用的测绘方法。而下一节总结了项目的精度评价设计、数据收集和分析任务。最后，本章回顾了精度评价的设计和实施过程中的经验教训。

12.2 案例研究概述

美国国家公园管理局通过 NPS 植被清查计划（NPS-VIP）制作其国家公园和 NPS 相关单位的标准化、高质量植被地图。这些地图是为国家公园管理局的自然资源清单和监测（I&M）计划创建的，其目的是开发长期数据，用以支持资源评估、保护措施和公园管理。2007—2012 年，国家公园管理局与其他几个组织签订了合同，为大峡谷国家公园和由国家公园管理局管理的大峡谷 - 帕拉桑特国家纪念馆创建不断更新的植被地图。项目总面积约为 140 万英亩，该项目的目标是使用国家植被分类标准（NVCS）创建的植被分级分类方案，在植被群落级别创建分类描述，并为这些植被群落建立分类标准，将该信息与遥感方法和实地考察相结合，为项目区域创建精细比例的专题植被地图。

大峡谷国家公园和大峡谷 - 帕拉桑特国家纪念馆位于美国亚利桑那州北部。美国这个偏远地区的特点是巨大和起伏的地形和生物学、地质学和考古学特征。其中的科罗拉多河，南北方向以高原为界，向西南流经峡谷，分割了东半部，并形成项目区西半部的南部边界。国家公园的海拔高度从最低的 375 m 到北缘的最高点超过 2 800 m，不同的景观和土壤类型孕育了无数的栖息地和高度多样化的植物资源，常常分布于科罗拉多高原、大盆地、莫哈韦和索诺兰省的植物群之中。

与任何遥感测绘项目一样，该案例也完成了 4 项基本任务：

1. 了解当地的变化并确定其特征，这些变化将在一个分级的、互斥的和完全详尽的分类方案中被绘制出来；

2. 将地面变化与用于制作地图的影像和辅助数据的变化联系起来；

3. 控制影像和辅助数据中与地图类别不相关的变化；

4. 捕捉影像和辅助数据中与地图类别相关的变化，以创建地图（Green et al., 2017）。

项目的第一步是建立一个分级分类方案和植被群落的二叉树分类检索表以符合美国 NVCS 标准（USNVCS，2018）的要求。该分类方案清楚地描述了植被群落等级的植被，而二叉树分类检索表则提供了分类的规则，以便在野外将植被标记到层面。植被分类方案和二叉树分类检索表是由 NPS 和 Nature Serve[①] 利用两个来自植被分类现场地块数据制定的。一是 NPS 在 2007—2008 年收集的 1 508 个分类地块，这些地块的面积为 400 m^2，一般情况下为正方形，但形状可能略有差异；二是大峡谷监测和研究中心（GCMRC）在 20 世纪 80 年代初收集的 461 个地块。进行植被分类数据采样是为了收集数据，以推动将项目区域的所有植被分类为符合 NVCS 要求的植被群落等级。植被分类区位置的选择是特意的而非随机的，通常由当地富有植被类型知识的专家来确定，在本项目中还结合了成本曲线的梯度分析（ESRI, NCGIA and the Nature Conservancy，1994）。

2007 年和 2008 年的分类地块数据显示，整个项目区域有 1 025 个采用定量技术分类的分类群。而 GCMRC 的数据集没有进行定量分析，其主要是用于补充分类结果。在项目的这一步骤中，总共确定并描述了 217 个植物群落。

对于绘图任务，项目被分为 3 个阶段，每个阶段在一年的时间内完成。在工作过程中，实地调查与影像和多个辅助数据集（如坡度、坡面、海拔、与科罗拉多河的距离等）相结合，形成了用于创建地图的基础数据。第一步，使用 Trimble eCognition 软件对项目图像［国家农业成像计划（NAIP）2007 年和 2010 年，1 m，4 波段数字航空影像］进行分割，而为了了解植被群落在地面上的差异，我们进行了多次实地测绘考察，按照二叉树分类检索表定义的植被群落来标注对象。表 12-1 总结了每个项目阶段收集的测绘实地样本总数。

表 12-1　每个阶段的实地考察中收集的样本数量

	阶段 1	阶段 2	阶段 3	总数
实地考察期间收集的对象	727	16 215	12 752	29 694

为了构造植被群落的变化与影像和辅助数据的变化之间的相关性，在训练样本

① www.natureserve.org.

对象（因变量）与影像和辅助数据（自变量）之间进行了分类和回归树（CART）分析。CART 分析是使用 See5 统计软件进行的，所得到的 CART 模型被应用于项目区域所有影像对象的分类，如图 12-1 所示。

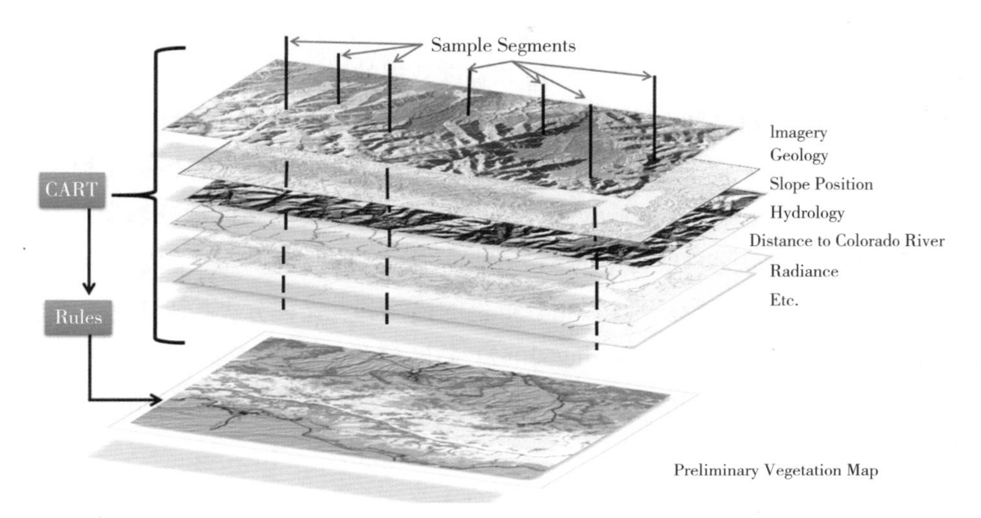

图 12-1 该图说明了使用 CART 机器学习算法制定规则的方法，将影像和辅助数据转换为初步植被地图

为了控制与植被无关的影像和辅助数据的变化，所有的影像和辅助数据都经过了严格的质量监督，一些不可靠的辅助数据集被排除在外。得益于此，他们在 2010 年的部分影像中发现了严重的错误记录，随后被影像供应商纠正。而最重要的问题是 2010 年影像中峡谷边缘下的阴影。

CART 分析的结果为每个项目阶段产生了一个初步地图。初步地图经过人工编辑、审查，并作为地图草案交付给国家公园管理局。国家公园管理局审查了每张地图草案，并就地图可以改进的地方提供意见。在项目进入下一阶段之前，进行了最后的编辑，以创建最终的地图。最终地图的链接可以在 www.crcpress.com/9781498776660 上找到，它能更好地显示地图的细节。

12.3 精度评价

每个阶段的精度评价所使用的程序都遵循 1994 年 NPS 关于专题精度评价的指南要求（ESRI、NCGIA 和 Nature Conservancy，1994）。本章的这一部分通过回答本书前几章提出的问题来回顾项目的精度评价过程。

12.3.1 要评估的专题类别

NatureServe 对分类样本数据的分析确定了项目区域的 217 个植被群落（vegetation associations）。然而，并不是所有的植被群落都可以被绘制成图。理想情况下，当植被群落发生变化时，遥感数据的响应和辅助数据的类别也会发生变化，从而使得植被群落与地图类别之间存在一一对应的关系（植被群落与影像和辅助数据之间存在很强的相关性）。然而，由于植被群落通常通过亚冠层或稀有指示物种相互区分，因此通常不可能反映到区域级别，从而导致工作中需要将区域分解为不太详细的地图类别。借助于此，项目中的 217 个植被群落被减少到 87 个类别，可以与遥感影像和辅助数据区分开来。项目植被群落的描述和二叉树分类检索表可在 https: //irma.nps.gov/DataStore/DownloadFile/520521 上该项目的 NPS 最终报告中找到。该报告还包括一个将植被群落与地图标签相关联的表格，报告中所有地图类别的最小制图单位为 0.5 hm^2。

12.3.2 合适的采样单位

这个项目的样本单位是实地验证的对象。因为最终的地图是一个基于多边形的地图，所以分割对象被选为最合适的样本单位。

12.3.3 采集样本的数量

我们的目标是为每个阶段的各个地图类别选择至少 30 个精度评价样本。然而一些地图类别极为少见，它们的所有样本对象都需要进行 CART 建模，即作为训练样本。我们对所有具有足够样本的地图类别都进行了精度评价，最终获得了 47 个地图类别的评价结果。每个阶段、各个地图类别的实际精度评价样本数量是由该阶段在野外采集的样本总数决定的（表 12-1），如果表 12-1 中某一阶段显示的样本数少于 30 个，则该阶段的区域内不存在该地图类别，或者认为该地图类别罕见，以至于不可能收集足够的样本首先用于 CART 建模，然后再独立用于精度评价。

另外，一些专题类别跨越了不止一个项目阶段的区域，所以为了防止过度取样导致精度评价向更丰富的类倾斜，我们选择了精度评价阶段样本的一个子样本进行最终的项目精度评价。例如，黄西松（*Pinus Ponderosa*）森林和林地与草本树种联合地图等级在所有阶段共有 158 个精度评价样本，因此随机选择了 50 个精度评价点的子样本，用于最终项目精度评价（表 12-2）。

表 12-2 每个阶段按地图类别划分的精度评价样本和最终精度评价样本

精度评价样本参考标签	阶段 1	阶段 2	阶段 3	收集的参考样本总数	最终项目精度评价的参考样本数量
Ephedra torreyana–Opuntia basilaris Shrubland	0	47	0	47	47
Eriogonum corymbosum Badlands Sparse Vegetation	0	0	25	25	25
Fraxinus anomala–Rhus trilobata–Fendlera rupicola Talus Shrubland Alliance	0	45	0	45	45
Gutierrezia（sarothrae, microcephala）–Ephedra（torreyana, viridis）Mojave Desert Shrubland Alliance	0	52	55	107	50
Juniperus osteosperma Woodlands/Savannahs	0	0	60	60	50
Larrea tridentata–Ambrosia spp. Shrubland Alliance	0	0	50	50	50
Larrea tridentata–Encelia spp. Shrubland Alliance	0	54	90	144	50
Mortonia utahensis Shrubland	0	0	50	50	50
Picea pungens/Carex siccata Forest	41	0	0	41	41
Pinus edulis–Juniperus osteosperma/Artemisia Woodland Alliance	8	54	7	69	50
Pinus edulis–Juniperus osteosperma/Cercocarpus–Quercus Woodland Alliance	9	43	12	64	50
Pinus edulis–Juniperus osteosperma/Coleogyne ramosissima Woodland	0	22	21	43	43
Pinus edulis–Juniperus osteosperma/Grass–Forb Understory Woodland Alliance	29	0	0	29	29
Pinus edulis–Juniperus osteosperma/Quercus turbinella Woodland	0	23	29	52	50
Pinus edulis–Juniperus osteosperma/Sparse Understory Woodland	0	0	30	30	30
Pinus edulis–Juniperus osteosperma/Talus or Canyon Slope Scrub Alliance	0	8	0	8	8
Pinus monophylla–Juniperus osteosperma/Grass–Forb Understory Woodland Alliance	0	0	35	35	35

续表

精度评价样本参考标签	阶段 1	阶段 2	阶段 3	收集的参考样本总数	最终项目精度评价的参考样本数量
Pinus monophylla-Juniperus osteosperma/Shrub Understory Woodland Alliance	0	0	123	123	50
Pinus ponderosa Forest and Woodland with Herbaceous Understory Alliance	141	15	2	158	50
Pinus ponderosa Forest and Woodland with Shrub Understory Alliance	42	19	2	63	50
Pleuraphis rigida Herbaceous Vegetation	0	0	17	17	17
Populus fremontii-Salix gooddingii Woodland Alliance	0	20	20	40	40
Populus tremuloides-Ceanothus fendleri/ Carex spp. Shrubland	37	0	0	37	37
Populus tremuloides/Carex siccata Forest	14	0	0	14	14
Populus tremuloides/Robinia neomexicana Shrubland	5	0	0	5	5
Prosopis glandulosa var. torreyana Shrubland	0	42	7	49	49
Pseudotsuga menziesii/Symphoricarpos oreophilus Forest	7	0	0	7	7
Quercus gambelii Shrubland Alliance	31	52	21	104	50
Southern Rocky Mountain Montane-Subalpine Grassland Group	67	0	0	67	50
Tamarix spp. Temporarily Flooded Semi-natural Shrubland	0	32	50	82	50
参考样本总数	634	1 080	1 078	2 792	1 850

12.3.4 如何选择样本？

图 12-2 说明了如何从国家公园管理局的植被分类地块（vegetation classification plots）和制图实地对象（mapping field segments）中选择精度评价样本。首先，在影像上对所有的植被分类地块进行了检查，并将分类样地标签确定为其所属区段的有效标签，并纳入野外样本集。通过地理信息系统（GIS）的空间分析，将地块位置与影像对象相叠加，并把每个植被分类地块的标签转移到一个影像对象上。项目

分析员使用影像对每个对象进行检查，以确定每个对象的标签是否能代表该对象。如果植被分类地块代表了一个不同类的大群落中的一个较小的植被类别，则该地块通常会被排除。从野外实测回来后，所有的植被分类地块和制图实地对象都按植被群落进行分级，并使用随机数生成器从每个地图类别中选择分级样本，并将这些样本将用于精度评价。只有那些有足够样本用于 CART 分析和精度评价的地图类别被用于总体的精度评价。精度评价样本对象与用于建立 CART 规则的样本对象会分开保存，而不提供给地图分析、编辑和审查人员。

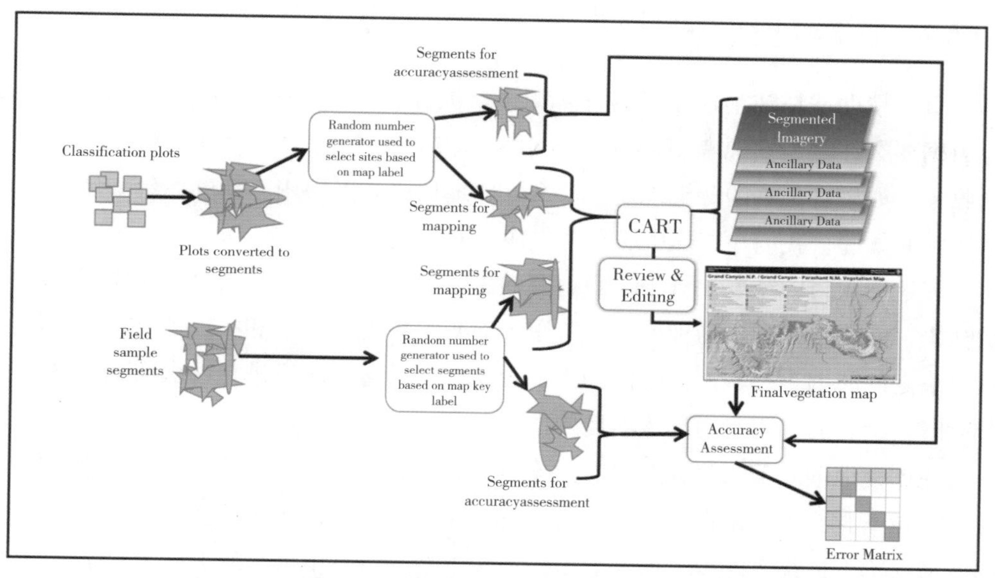

图 12-2　从分类地块和田地中选择精度评价样本的过程说明

12.3.5　参考数据的来源

对样本对象进行实地验证的人工解译结果是参考数据的主要来源。分类地块的参考标签是通过实地解译确定的，然后在可能的情况下通过对数字航空影像的人工解译转移到样本对象。所有阶段的实地对象的参考标签都是通过实地解译影像上的对象来确定的。

12.3.6　收集参考数据

将制图现场的标签作为影像对象被收集，该对象将使用以下标准将被赋予植被群落标签：

- 信息同质性——该区段必须且仅代表一个植被地图等级。

- 光谱同质性——对象内的光谱变化应小于它与其他对象之间的变化。
- 最小尺寸——该对象范围必须等于或大于最小绘图单位。
- 项目范围内的分布——在项目区域内的各个类别分布中，应尽可能均匀地收集这些对象。
- 光谱唯一性——对象内的植被应具有光谱唯一性。

现场人员还试图收集分类地块中不能很好地被植被类别地块样本代表的植被的样本，以及似乎具有尚未收集的光谱特征的样本。

12.3.7 收集参考数据的时间

由于精度评估样本使用了两种来源（植被分类样地和制图现场对象），因此参考数据要么在测绘实地考察之前（如 NPS 植被分类样地），要么在测绘实地考察期间收集。如果有足够的分类地块，那么这些地块将被专门用于精度评价。然而实际情况并非如此，我们在工作中必须收集额外的样本。

在这个项目的精度评价中，最重要的决定也许是在同一时间收集制图现场对象的样本，然后将样本分为训练样本（用于 CART 模型开发）和精度评价样本。做出这个决定的原因是很难进入公园的大部分地区，若每个阶段进行两次实地考察将十分耗时，所需的费用也超出了项目的预算。

在创建地图之前收集样本具有成本效益，并且可以在创建地图时进行临时精度评价。然而它并不能确保每个地图等级都有足够数量的样本被采集，所以有些等级的参考样本点最终可能少于所需数量，就像本案例研究中出现的那样（表 12-2）。

12.3.8 确保参考数据的一致性和客观性

在不同的项目中，我们主要通过使用以下步骤实现了一致性和客观性：

1. 为了确保数据收集的一致性，图像分析人员和现场工作人员，包括国家公园管理局人员，需要同时接受收集现场数据的培训。工作人员还要接受识别植被物种、识别生态关系和使用电子现场表格的培训，该表格则是在移动设备上编程实现的。

2. 为了确保数据收集的一致性和质量监督的顺利进行，在第一阶段中要在笔记本电脑上使用与 GPS 相连接的数字 ArcMap 现场表格（图 12-3）；而在第二和第三阶段，需要在 Trimble Yuma 加固型现场计算机上使用该表格。该表格的功能包括下拉菜单、自动错误检查和便于参考的分类计划规则。

3. 为确保质量监督的准确性，在实地工作结束时要对所有样本进行审查，以确保为每个地点收集的信息是完整和正确的。

而为了确保数据的独立性，在测绘过程中的任何时候，精度评价样本都不能提供给图像分析员。

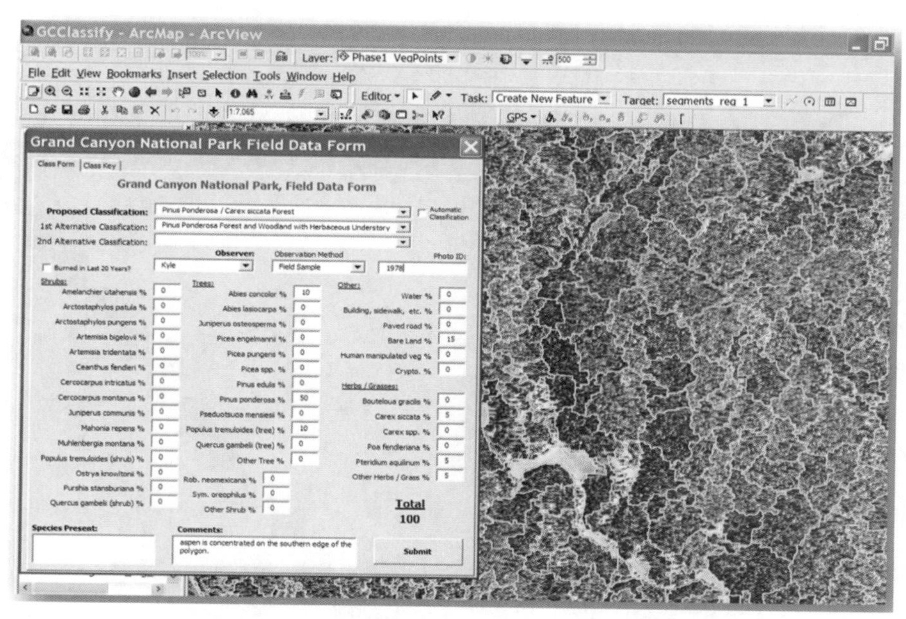

图 12-3　所选样本对象以青色突出显示的数字字段表单

12.4　分析

我们对每个阶段的区域和最终地图进行了精度评价分析。因为地图类别是不连续的，所以唯一适用的精度评价分析技术就是误差矩阵。

12.4.1　误差矩阵以及应用

项目的 3 个工作阶段的误差矩阵和最终地图可以在网站 www.crcpress.com/9781498776660 中查看。表 12-3 显示了最终地图误差矩阵的简化版本，为了便于在本书中阅读，该矩阵被分成合并表示。表 12-4 总结了最终精度评价中所有地图类别的生产者精度和用户精度。

表 12-3 合并处理的最终精度评价矩阵

	Abies concolor - *Pseudotsuga menziesii* Dry Forest Alliance	*Abies lasiocarpa* - *Picea engelmannii* Southern Rocky Mountain Dry Forest Alliance	*Acacia greggii* Shrublands	Arizonan Desert Margin Chaparral Group	*Artemisia bigelovii* Shrubland Alliance	*Artemisia tridentata* Shrubland Alliance	*Baccharis* spp. - *Salix exigua* - *Pluchea sericea* Shrubland Alliance	*Brickellia longifolia* - *Fallugia paradoxa* - *Isocoma acradenia* Shrubland	*Coleogyne ramosissima* Shrublands	Colorado Plateau Pinyon-Juniper Wooded Scrub Group	Colorado Plateau Pinyon-Juniper Woodland Group	*Ephedra* spp. Colorado Plateau Shrubland Alliance	*Eriogonum corymbosum* Badlands Sparse Vegetation	Great Basin Pinyon-Juniper Woodland Group	*Gutierrezia* (*sarothrae, microcephala*) - *Ephedra* (*torreyana, viridis*) Mojave Desert Shrubland Alliance	*Juniperus osteosperma* Woodlands / Savannahs	Mojave Mid-Elevation Mixed Desert Scrub Group	*Populus tremuloides* Dry Forest Alliance	*Prosopis glandulosa* var. *torreyana* Shrubland	Sonoran-Mojave Creosotebush-White Bursage Desert Scrub Group	Southern Rocky Mountain Douglas-fir-White Fir-Blue Spruce Mesic Forest Group	Southern Rocky Mountain Montane Shrubland	Southern Rocky Mountain Montane-Subalpine Grassland Group	Southern Rocky Mountain Ponderosa Pine Forest & Woodland Group	Western North American Warm Temperate Flooded & Swamp Forest	ROW TOTAL (n_{i+})	User's Accuracy
Abies concolor - *Pseudotsuga menziesii* Dry Forest Alliance	46	3																1					1	4		55	84%
Abies lasiocarpa - *Picea engelmannii* Southern Rocky Mountain Dry Forest Alliance	3	45																1			3					52	87%
Acacia greggii Shrublands			36				1	4				1							4						1	47	77%
Arizonan Desert Margin Chaparral Group				86	1		1	1	2	5	4	2			2	1						5	1		1	112	77%
Artemisia bigelovii Shrubland Alliance					18	4						8														30	60%
Artemisia tridentata Shrubland Alliance					2	38										1						2				43	88%
Baccharis spp. - *Salix exigua* - *Pluchea sericea* Shrubland Alliance			1				27	3											1						9	41	66%
Brickellia longifolia - *Fallugia paradoxa* - *Isocoma acradenia* Shrubland			1		1		4	35				1					1			1		1				45	78%
Coleogyne ramosissima Shrublands			1						45	1		4			1		2			1		1				56	80%
Colorado Plateau Pinyon-Juniper Wooded Scrub Group										105	15					3						1			3	127	83%
Colorado Plateau Pinyon-Juniper Woodland Group				2	2	5				10	101											2				122	83%
Ephedra spp. Colorado Plateau Shrubland Alliance			1		4			1	1			111			5							5				128	87%
Eriogonum corymbosum Badlands Sparse Vegetation													24													24	100%
Great Basin Pinyon-Juniper Woodland Group				1						1				82		15										99	83%
Gutierrezia (*sarothrae, microcephala*) - *Ephedra* (*torreyana, viridis*) Mojave Desert Shrubland Alliance				8		1			2	1		8	1	1	35		8					1				66	53%
Juniperus osteosperma Woodlands / Savannahs										7	3			1		30										41	73%
Mojave Mid-Elevation Mixed Desert Scrub Group								1				2					48			4						55	87%
Populus tremuloides Dry Forest Alliance																		54				1	3	1		59	92%
Prosopis glandulosa var. *torreyana* Shrubland			4				3												38						10	55	69%
Sonoran-Mojave Creosotebush-White Bursage Desert Scrub Group			5				6	1				6			6		13		3	144					1	185	78%
Southern Rocky Mountain Douglas-fir-White Fir-Blue Spruce Mesic Forest Group	1	2																			43		1	1		48	90%
Southern Rocky Mountain Montane Shrubland			1	3	1	2	1	2		1	5	1		1	1							122		3		144	85%
Southern Rocky Mountain Montane-Subalpine Grassland Group																						1	43			44	98%
Southern Rocky Mountain Ponderosa Pine Forest & Woodland Group											1										2	1	1	91		96	95%
Western North American Warm Temperate Flooded & Swamp Forest							4	1											3						65	73	89%
COLUMN TOTAL (n_{+j})	50	50	50	100	29	50	47	49	50	131	129	144	25	85	50	50	72	56	49	150	48	143	50	100	90	1 847	
Producer's Accuracy	92%	90%	72%	86%	62%	76%	57%	71%	90%	80%	78%	77%	96%	96%	70%	60%	67%	96%	78%	96%	90%	85%	86%	91%	72%		82%

表 12-4 项目范围内的生产者精度和用户精度

地图类别	生产者精度 /%	用户精度 /%
Canotia holacantha（Grand Canyon）Shrubland	100	100
Eriogonum corymbosum Badlands Sparse Vegetation	96	100
Pseudotsuga menziesii/Symphoricarpos oreophilus Forest	86	100
Populus tremuloides–Ceanothus fendleri/Carex spp. Shrubland	97	88
Southern Rocky Mountain Montane–Subalpine Grassland Group	86	98
Larrea tridentata–Ambrosia spp. Shrubland Alliance	86	96
Quercus gambelii Shrubland Alliance	94	85
Pinus edulis–Juniperus osteosperma/Coleogyne ramosissima Woodland	86	93
Mortonia utahensis Shrubland	88	90
Abies lasiocarpa–Picea engelmannii Southern Rocky Mountain Dry Forest Alliance	90	87
Abies concolor–Pseudotsuga menziesii Dry Forest Alliance	92	84
Ceanothus fendleri/Poa fendleriana Shrub–Steppe Shrubland	75	100
Picea pungens/Carex siccata Forest	88	86
Ephedra torreyana–Opuntia basilaris Shrubland	74	97
Coleogyne ramosissima Shrublands	90	80
Pleuraphis rigida Herbaceous Vegetation	65	100
Artemisia tridentata Shrubland Alliance	76	88
Pinus ponderosa Forest and Woodland with Shrub Understory Alliance	76	88
Populus tremuloides/Carex siccata Forest	86	75
Cercocarpus intricatus Shrubland Alliance	83	77
Pinus monophylla–Juniperus osteosperma/Shrub Understory Woodland Alliance	92	68
Pinus ponderosa Forest and Woodland with Herbaceous Understory Alliance	82	77
Larrea tridentata–Encelia spp. Shrubland Alliance	92	66
Fraxinus anomala–Rhus trilobata–Fendlera rupicola Talus Shrubland Alliance	76	81
Populus fremontii–Salix gooddingii Woodland Alliance	63	93
Tamarix spp. Temporarily Flooded Semi–natural Shrubland	74	80
Brickellia longifolia–Fallugia paradoxa–Isocoma acradenia Shrubland	71	78
Acacia greggii Shrublands	72	77

续表

地图类别	生产者精度 /%	用户精度 /%
Ephedra torreyana-（Atriplex canescens, Atriplex confertifolia）Sparse Vegetation	62	85
Pinus edulis-Juniperus osteosperma/Artemisia Woodland Alliance	80	67
Prosopis glandulosa var. torreyana Shrubland	78	69
Ephedra fasciculata Mojave Desert Shrubland Alliance	64	82
Pinus edulis-Juniperus osteosperma/Grass-Forb Understory Woodland Alliance	52	94
Pinus edulis-Juniperus osteosperma/Quercus turbinella Woodland	76	69
Arctostaphylos-Quercus turbinella Shrubland Alliance	80	63
Pinus edulis-Juniperus osteosperma/Sparse Understory Woodland	70	70
Populus tremuloides/Robinia neomexicana Shrubland	40	100
Ephedra（torreyana, viridis）/Mixed Semi-desert Grasses Shrubland	72	62
Juniperus osteosperma Woodlands/Savannahs	60	73
Encelia（farinosa, resinifera）Shrubland Alliance	76	54
Cercocarpus montanus-Amelanchier utahensis Shrubland Alliance	50	80
Pinus edulis-Juniperus osteosperma/Cercocarpus-Quercus Woodland Alliance	62	67
Baccharis spp. -Salix exigua-Pluchea sericea Shrubland Alliance	57	66
Gutierrezia（sarothrae, microcephala）-Ephedra（torreyana, viridis）Mojave Desert Shrubland Alliance	70	53
Artemisia bigelovii Shrubland Alliance	62	60
Pinus monophylla-Juniperus osteosperma/Grass-Forb Understory Woodland Alliance	46	52
Pinus edulis-Juniperus osteosperma/Talus or Canyon Slope Scrub Alliance	13	50

注：这些数值比表 12-3 所示的数值要低，因为表 12-3 是一个合并的误差矩阵，将几个地图类别进行了分组。

12.4.2 与误差矩阵相关的统计以及适用的分析技术

对最终的项目范围误差矩阵进行 Kappa 分析，并使用 NPS 开发的方法计算总体精度和 Kappa 估计值的置信区间（Lea and Curtis，2010）（表 12-5）。

表 12-5 最终地图的总体精度、Kappa 分析和置信区间

单位：%

总体精度	76.20
上限，90% 置信区间	73.80
下限，90% 置信区间	78.60
Kappa 分析	76.00
上限，90% 置信区间	74.40
下限，90% 置信区间	77.70

注：表中总体精度低于表 12-3 中的误差矩阵，因为表 12-3 是完整误差矩阵的合并版本。

12.4.3 模糊精度以及评价方法

正如第 10 章所讨论的，传统的或者说确定性的误差矩阵的一个假设是一个精度评价样本点只能有一个参考标签。然而，分类方案的规则常常给离散的边界赋予具有连续性质的条件。在这种情况下，分类方案的分界点代表了对土地覆盖连续体的人为区分，而观察者的不一致性往往难以控制，虽然不可避免，但会对结果产生深刻的影响。虽然很难控制观察者的变化，但可以使用模糊逻辑来补偿参考数据和地图数据之间的差异，这些差异是由解译的变化而不是地图错误造成的（Gopal and Woodcock，1994）。在这个项目中，只对第一阶段区域的确定性和模糊性误差矩阵进行了汇编和分析。

表 12-6 显示了第一阶段区域的确定性和模糊误差矩阵。总体确定性精度为 85%，总体模糊精度为 89%。该矩阵可按以下方式解读：

- 矩阵的每个单元格有两行。
- 顶行用于确定性标签，底行用于模糊标签。
- 对角线（以浅蓝色突出显示）用以显示确定一致性。
- 非对角线单元格中的红色数字显示每个单元格的混淆位点数。
- 非对角线单元格中的黑色数字显示该单元格具有的模糊且可接受标签的站点数量。
- 显示了确定性和模糊的用户精度、生产者精度和总体精度。

表 12-6　第一阶段区域的模糊误差矩阵

	Abies concolor - Pseudotsuga menziesii Dry Forest Alliance	Abies lasiocarpa - Picea engelmannii Southern Rocky Mountain Dry Forest Alliance	Arctostaphylos - Quercus turbinella Shrubland Alliance	Artemisia bigelovii Shrubland Alliance	Artemisia tridentata Shrubland Alliance	Below Rim Conifer	Below Rim Deciduous Shrub	Below Rim Evergreen Shrub	Below Rim Pinus edulis - Juniperus spp.	Ceanothus fendleri / Poa fendleriana Shrub-Steppe Shrubland	Picea pungens / Carex siccata Forest	Pinus edulis - Juniperus osteosperma / Artemisia Woodland Allian	Pinus edulis - Juniperus osteosperma / Cercocarpus - Quercus Woo	Pinus edulis - Juniperus osteosperma / Grass - Forb Understory W	Pinus ponderosa / Amelanchier - Quercus Woodland Alliance	Pinus ponderosa Forest and Woodland with Herbaceous Understory Alliance	Pinus ponderosa Forest and Woodland with Shrub Understory Alliance	Populus tremuloides - Ceanothus fendleri / Carex spp. Shrubland	Populus tremuloides / Carex siccata Forest	Populus tremuloides / Robinia neomexicana Shrubland	Pseudotsuga menziesii / Symphoricarpos oreophilus Forest	Quercus gambelii Shrubland Alliance	Southern Rocky Mountain Montane-Subalpine Grassland Group	Total	Deterministic Users Accuracy	Fuzzy User's Accuracy
Abies concolor - Pseudotsuga menziesii Dry Forest Alliance	81	4													1	6 2			1				2	93 4	87%	88%
Abies lasiocarpa - Picea engelmannii Southern Rocky Mountain Dry Forest Alliance	1 2	68									1 2								1					71 4	96%	96%
Arctostaphylos - Quercus turbinella Shrubland Alliance			9																				1	9 1	100%	100%
Artemisia bigelovii Shrubland Alliance				9																				9 0	100%	100%
Artemisia tridentata Shrubland Alliance					15																			15 0	100%	100%
Below Rim Conifer						31																		31 0	100%	100%
Below Rim Deciduous Shrub						1	21	10 1																32 1	66%	67%
Below Rim Evergreen Shrub							1	16	2 1															19 1	84%	85%
Below Rim Pinus edulis - Juniperus spp.							1	1	35															37 0	95%	95%
Ceanothus fendleri / Poa fendleriana Shrub-Steppe Shrubland										3														3 0	100%	100%
Picea pungens / Carex siccata Forest	1 1	4									36					3					1		1	45 2	80%	81%
Pinus edulis - Juniperus osteosperma / Artemisia Woodland Alliance												8		11										19 0	42%	42%
Pinus edulis-Juniperus osteosperma / Cercocarpus -Quercus Woodland Alliance with evergreen shrub understory			1										8	2										11 0	73%	73%
Pinus edulis - Juniperus osteosperma / Grass - Forb Understory Woodland Alliance													1	15										16 0	94%	94%
Pinus ponderosa / Amelanchier - Quercus Woodland Alliance	1														25	6						1 1		32 2	78%	79%
Pinus ponderosa Forest and Woodland with Herbaceous Understory Alliance											2			1	9 2	122	1						2	136 3	90%	90%
Pinus ponderosa Forest and Woodland with Shrub Understory Alliance																1	4							5 0	80%	80%
Populus tremuloides - Ceanothus fendleri / Carex spp. Shrubland																1		36				1	6	44 0	82%	82%
Populus tremuloides / Carex siccata Forest	1																	1	12	2 1		1		15 3	80%	83%
Populus tremuloides / Robinia neomexicana Shrubland																				2		1		2 1	100%	100%
Pseudotsuga menziesii / Symphoricarpos oreophilus Forest																					6			6 0	100%	100%
Quercus gambelii Shrubland Alliance			1			1																26	1	28 1	93%	93%
Southern Rocky Mountain Montane-Subalpine Grassland Group										1													54	55 0	98%	98%
Total	88	76	11	9	15	33	23	28	38	4	41	8	9	29	37	141	5	37	14	5	7	31	67	756		
Deterministic Producer's Accuracy	92%	94%	82%	100%	100%	94%	91%	57%	92%	75%	88%	100%	89%	52%	68%	87%	80%	97%	86%	40%	86%	84%	81%		85%	
Fuzzy Producer's Accuracy	98%	94%	91%	100%	100%	94%	91%	61%	95%	75%	93%	100%	89%	55%	73%	89%	80%	100%	93%	60%	100%	87%	85%			89%

12.5 结果

整个项目的总体精度评价为76%，在总共1 847个样本中，有1 415个样本是一致的，432个样本是混淆的。大约1/3的错误（432个混淆样本中的128个）是沿着地图分类的边缘分布，在那里出现的混淆是在预料之中的。例如，三齿拉雷亚灌木与菊属类植被结合的（*Larreatridentata-Encelia* spp.）灌丛和菊属类混合植被［*Encelia*（*farinosa*，*resinifera*）］都是植被稀疏的类型，灌木总覆盖率为10%～20%，而这两种类型都包括菊属中的多个未知属（*Encelia* spp.）和三齿拉雷亚 *Larrea tridentata*，美福桂花 *Fourquieria splendens* 也会出现在这两种类型中。这两种类型的区别主要在于Larrea tridentata的数量，在 *Encelia*（*farinosa*，*resinifera*）灌丛中，*Larrea tridentata* 的出现率达到1%，在 *Larrea tridentata-Encelia* spp. 灌丛中出现率平均为3%～5%。鉴于照片解译人员对植被的估计会有 ±10% 的差异（Spurr，1948），因此有9个精度评价样本将 *Larrea tridentata-Encelia* spp. 灌丛与 *Encelia*（*farinosa*，*resinifera*）灌丛混淆就不足为奇。

其他类似发生边缘混淆的如下：

- 25% 的混淆样本属于正确的植物生活型类别，有：

1. 11%（48个样本）在松树 - 杜鹃花类中。
2. 7%（31个样本）属于麻黄类。
3. 5%（20个样本）在两种松树 - 杜松类之间。
4. 2%（8个样本）在两种 *Larrea tridentata* 类别之间。

- 3%（13个样本）的样本将单叶松 -*Juniperus bonesperma*/Grass-Forb Understory Woodland Alliance 与 *Juniperus bonesperma* Woodlands/Savannahs 混淆。

还有其他混淆来源是：

- *Tamarix* spp. Temporarily Flooded Semi-natural Shrubland 包含的6个 *Baccharis* spp. -Salix exigua-Pluchea sericea Shrubland Alliance 样本和7个 *Prosopis glandulosa* var. torreyana Shrubland 样本。这13个样本中有12个来自第二阶段的区域。
- Artemisia bigelovii 灌丛类型包含的8个 *Ephedra torreyana*-（*Atriplex canescens*，*Atriplex confertifolia*）稀疏植被样本。

12.6 经验教训

与大多数项目一样，随着项目的进展，人们不断地吸取着经验教训。在本案例研究的精度评价获得的部分具体经验如下：

1. 在项目结束后，人们意识到自己没有做任何事情来确保精度评价所选择的对象与 CART 分析中使用的训练对象没有空间上的自相关。虽然精度评价样本对象和训练样本对象分别位于不同的位置，并且在整个项目中完全分开，但有可能由于它们的位置足够接近，导致违反了独立性的要求。现在，项目组的所有后续工作在选择精度评价样本之前，都会对训练样本的空间自相关进行测试。

2. 在第二阶段和第三阶段（大峡谷内）区域的实地工作往往是十分艰苦的。此外，因为木筏在河上移动速度很快，工作人员从科罗拉多河上的木筏上收集的所有样本对象都必须迅速输入移动设备。因此，在第二阶段和第三阶段，图 12-7 中详细的现场表格往往没有被填写完全，这使得这些阶段无法实施模糊精度评价。

13

加州阔叶林牧场项目

13.1 引言

本案例首先回顾了用于进行精度评价程序的 4 张地图——1981 年使用人工影像解译创建的两张航空影像地图和两张 1990 年基于像素分类的地图。虽然本案例研究的地图已经过时，但他们在评估中使用的概念在今天仍然有效。我们决定纳入这个案例研究，因为它包含：

- 分析了人工解译创建的地图和半自动图像分类地图的精度；
- 对基于像素的地图的评估，包括了由像素组组成的样本生成地图标签带来的问题；
- 对不同人员得出的同一区域的参考标签进行比较，从而可以量化人为解译的变化；
- 确定性和模糊精度评价的实施；
- 深入分析参考标签和地图标签之间差异的原因；
- 统计严谨性和实际实施之间的众多权衡。

本案例研究并非精度评价设计、实施和分析的完美示例。该项目提供了丰富的学习机会并提出了重大挑战。当然，它也说明了精度评价中通常会遇到的问题。它提供了一个现实世界的例子，其中包含现实世界的权衡取舍和考虑，分析和讨论每个决策的含义。展示本案例研究的目的是让读者充分了解在设计和实施精度评价时需要考虑的明显的或微小但至关重要的因素。

13.2 背景

加利福尼亚州（以下简称加州）的阔叶林牧场资源在历史上以低利用率和低价

值为特征。然而，在过去的几十年里，郊区的发展加上果园和葡萄园的扩张导致了这种资源分布范围的变化。随着作为土地资源的阔叶林牧场被转化为工业、住宅和集约农业用途，阔叶林库存已经减少，阔叶林牧场的英亩数也减少了。为了评估和分析这些变化的性质和影响，加利福尼亚州林业和消防局（CDF）对海拔低于5 000 英尺的加州阔叶林牧场进行了长期监测。

20 世纪末，进行了两次测绘工作：

- 1981 年航空影像的人工解译（Pillsbury et al.，1991）；
- 1990 年 Landsat 卫星影像的基于像素的半自动图像分类。

评价了这两项工作创建的 4 张地图的精度：

- 根据 1981 年航拍影像的人工解译创建的树冠郁闭度图；
- 根据 1981 年航拍影像的人工解译创建的土地覆盖类型图；
- 根据 1990 年数字卫星影像创建的基于像素的树冠郁闭度图；
- 根据 1990 年数字卫星影像创建的基于像素的土地覆盖类型图。

本章的组织结构遵循本书的组织结构。首先，讨论项目的采样设计，接下来，介绍参考数据的收集和方法，最后对分析和结果进行详细说明。

13.3 样本设计

样本设计对于任何精度评价而言都至关重要。与所有精度评价一样，样本设计涉及解决第 6 章开头提出的问题：

1. 地图信息是如何分布的？
2. 什么是合适的样本单位？
3. 应该抽取多少样本？
4. 应该如何选择样本？

该项目的样本设计极其复杂，因为它涉及在有限预算的限制下对 4 张不同地图的评价。因此，在整个案例研究中，统计严谨性和实用性之间的权衡是显而易见的。由于 CDF 负担不起新影像的费用，现有的 1981 年航空影像被用作评价 1981 年和 1990 年地图的主要参考源数据。反过来，使用 1981 年的照片决定了大部分样本设计，包括选择合适的样本单元和用于选择样本单元的方法。

13.3.1 地图信息分布

研究区域是加利福尼亚的阔叶林牧场，在加利福尼亚中央山谷周围形成一个环形区域。1981 年地图的覆盖范围被定义为加州海拔 5 000 英尺以下的阔叶林覆盖类型的区域。1990 年的覆盖范围最初被定义为 1981 年地图的范围。

然而，在制作 1990 年的地图时，发现在 1981 年的地图中有遗漏误差。因此，1990 年地图的范围有所扩大，加入了超过 3 000 万英亩的土地。为了评估 1981 年地图中可能存在的遗漏误差，在 1990 年地图上绘制为阔叶林而在 1981 年地图中遗漏的位置采集了精度评估样本。

该项目的分类方案通过树冠郁闭度和土地覆盖类型来描述加利福尼亚的阔叶林牧场。树冠郁闭度分为以下 5 类：

1. 0%（非阔叶林）；
2. 1%～9%；
3. 10%～33%；
4. 34%～75%；
5. 76%～100%。

土地覆盖分类系统由 12 种类别组成，分别为蓝橡树林地、蓝橡木 / 灰松林地、谷橡树林地、海岸橡树林地、山地阔叶林地、潜在阔叶林地、针叶树、灌木、草地、城市、水体、其他。

图 13-1 是一个二叉树分类检索表，说明了用于区分植被覆盖类型类别的规则。

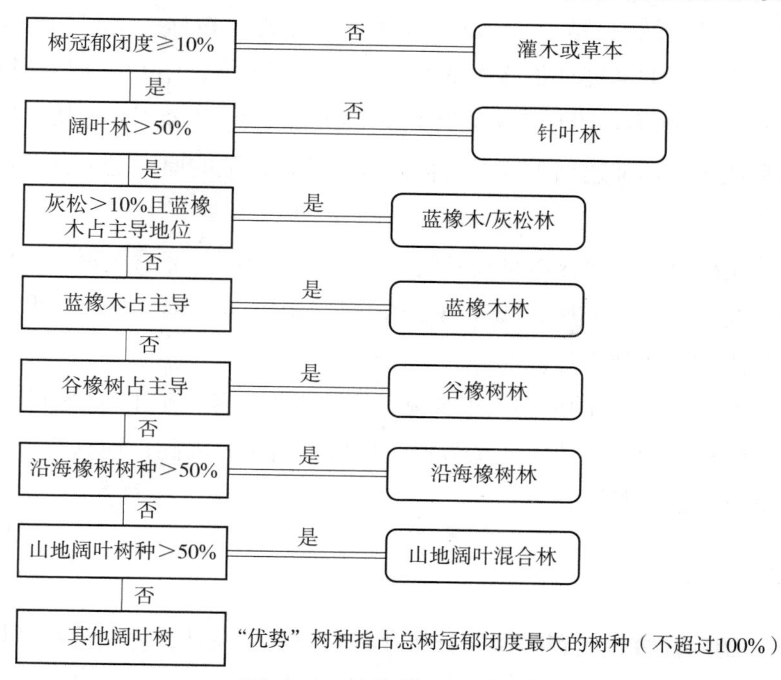

图 13-1 植被覆盖类型决策树

注：制图标准：40 英亩的最小制图单位仅限于海拔＜5 000 英尺的地方使用。来源：Pillsburv 等，1991。

13.3.2 合适的采样单位

初步精度评价抽样设计时预计，1981 年植被类型多边形可用作 1981 年和 1990 年地图精度评价的抽样单位。然而，使用 1981 年的植被类型多边形作为精度评价样本单元时，假设多边形在冠层郁闭度和土地覆盖类型类别上是同质的，准确地描绘，并且没有遗漏误差。不幸的是，在项目过程中发现 1981 年的地图中有重大的遗漏和多边形边界错误，导致 1981 年的许多多边形在多边形内的类别变化多于多边形之间的类别变化。许多多边形的大小也有数百英亩，这使得它们无法通过影像解译或在野外遍历。

因此，当 1981 年地图中的样本多边形太大、包含多个类别或描绘不佳时，会在原始多边形内描绘出一个在冠层郁闭度和覆盖类型上均质的新样本多边形。

13.3.3 样本数量

项目共抽取了 640 个精度评价点；其中 512 个样本是从 1981 年的地图中抽取的，另外仅从 1990 年地图区域中抽取出的用于冠层郁闭度的 128 个样本在 1981 年的地图中未被绘制为阔叶林。在 1981 年地图的 512 个样本中，有 177 个样本被标记了两次——一次在野外人工影像解译，一次在室内人工影像解译，这样可以比较不同影像解译人员之间的差异。表 13-1～表 13-3 汇总了按样本类型、覆盖类型和冠层郁闭度等级划分的精度评价样本的数量。理想情况下，640 个样品会被分配到各类别，以便从每个冠层郁闭度或覆盖类型等级中选择至少 50 个样品。如表格所示，并非所有地图类别都达到了这一目标。这些抽样缺陷的原因是多种多样的，包括以下实际考虑：

- 加州林业部要求合同样本量按其管理区域平均分配，然后按每个区域内的土地覆盖类型分配。由于并非所有阔叶林牧场类型都出现在所有地区，因此样品的预分层导致某些类型的采样不足。
- 谷橡树类在 1981 年的地图上很少见，因此很难找到足够的区域进行采样。
- 现场访问极其困难，使得现场数据收集成本高昂。因此，预算要求在差旅成本和样品分布之间做出折中选择。

13.3.4 样本分布

尽管已知阔叶林牧场覆盖类型的分布存在空间自相关性，但仍选择了样本多边形群进行图像解译和实地访问的站点，因为使用多边形群节省了行程和时间成本。精度评价样本多边形的选择可以使用不同的方法，具体方法取决于：①样本单元是从 1981 年的覆盖类型图还是从 1990 年的覆盖类型图中选择的；②参考标签是从室内航拍影像解译的还是现场解译的。

表 13-1 从 1981 年地图中按样本获取类型和土地覆盖类型选择的样本数量

参考覆盖类型标签	样品在室内贴上标签	样品在现场标示	行总数
蓝色橡树林	108	55	163
蓝橡树 / 灰松	16	20	36
谷橡树森林	12	11	23
海岸橡树森林	71	45	116
山区阔叶林	112	29	141
其他阔叶林	10	10	20
非硬质材的	6	7	13
列总数	335	177	512

表 13-2 从 1981 年地图中按样本获取类型和树冠郁闭度选择的样本数量

参考冠层郁闭度标签	样品在室内贴上标签	样品在现场标示	行总数
0%	6	8	14
1%～9%	16	10	26
10%～33%	124	54	178
34%～75%	173	78	251
76%～100%	16	27	43
列总数	335	177	512

表 13-3 从 1990 年地图中按样本获取类型和树冠郁闭度选择的其他样本

参考冠层郁闭度标签	样品在室内贴上标签	样品在现场标示	行总数
0%	21	11	32
1%～9%	13	2	15
10%～33%	18	9	27
34%～75%	11	10	21
76%～100%	25	8	33
列总数	88	40	128

13.3.4.1 从 1981 年地图中选择的样本

对于从 1981 年地图中选择的要在室内使用影像解译进行标记的样本，使用混合随机抽样——整群抽样方法来选择样本多边形。通过以下方式完成采样：

1. 将地图划分为 5 个加州管理区域内的不同土地覆盖类型；

2. 为每个多边形分配唯一的编号；

3. 使用随机数生成器从每个区域中出现的每种覆盖类型中选择多达 20 个样本多边形；

4. 将选定的多边形转移到 1981 年的航空影像中；

5. 从包含随机选择的多边形的照片中心选择由 2 个或 3 个不同覆盖类型的附加样本多边形组成的群。

如果样本多边形太大或异质，则将多边形的较小同质部分划定为最终样本单位。虽然这种选择方法对于室内解译的样本是可行的，但不能在现场使用随机抽样来选择精度评价多边形进行标记，这是由于无法从航空影像中确定可访问的地点。5 次实地测试证明，超过 50% 的随机选择的样本单元位于封闭的大门后面的私人牧场。

为了确保可达性，选择的路线靠近或穿过尽可能多的生态变化区域。实地考察的参考数据样本多边形选自 1：100 000 的影像地图，显示 1981 年地图类多边形（无标签）和公共道路。为了减少潜在的选址偏差，现场工作人员使用骰子来决定是否对可访问的地图类多边形进行采样。然后使用一个模板在随机选择的路边多边形内描绘航空影像的样本单元。在同一张照片上最多有两个不同密度或覆盖类型类别的额外样本多边形被描绘和标记。

13.3.4.2　从 1990 年的土地覆盖地图中选择的样本

为了测试 1981 年地图的精度，我们还从 1990 年地图中超出 1981 年地图范围的区域中选择了精度评价样本。首先，随机从每个管理区域选择 50 个阔叶林像素作为可能的样本位置。

使用每个随机选择像素的 x、y 坐标，通过计算机程序在每个随机选择的位置周围创建一个 3×3 像素框来生成一个样本单元。在每个管理区域的 50 个样本中，选择了 15 个样本纳入评估。

13.4　参考资料收集

一旦完成了复杂的样本设计，参考数据的收集就相对简单了，因为在所有参考站点上都收集了相同的数据。如第 7 章所述，数据收集需要解决 4 个基本问题：

1. 参考样本的源数据是什么？

2. 每个样本应该收集什么类型的信息？

3. 何时收集参考数据？

4. 我们如何确保正确、客观和一致地收集参考数据？

13.4.1 参考样本的数据源

参考数据有两个来源——1981 年的航空影像和 1991 年的实地考察。预算的限制要求使用 1981 年的影像作为主要来源数据来评估 1981 年和 1990 年地图的精度。所有站点的标签值都是在室内影像解译获得。因此，人工解译的 1981 年地图是使用用于创建地图的相同照片进行评价的，而 1990 年的地图是使用 9 年前的航拍照片进行评价的。如果不对人工解译的精度进行评价，那么对 1981 年地图的评价将更多是对两种不同的人工解译的比较，而不是精度评价。因此，对一部分人工解译点进行了实地考察，并在可能的情况下收集了额外的实地样本。

13.4.2 收集信息类型

1981 年和 1990 年的项目都关注绘制加州阔叶林牧场的范围、类型和状况。每个样本单元都在室内或实地现场进行影像解译，并完成了精度评价表，描述了该样本单元土地覆盖的差异（表 13-4）。现场工作人员驾车穿过该地点或在允许进入的情况下步行进入，或者如果该地点无法进入，则通过双筒望远镜从远处观察该地点来识别主要和相关的阔叶林覆盖类型物种。

对于每个样本单元，记录了以下内容：

1. 站点信息——一个由 3 部分组成的字母数字精度评价多边形标签，由以下代码组成：

类型 =A（室内照片解译）

J（现场照片解译）

P（现场验证现场的室内照片解译）

区域 =CDF 管理区域

数量 = 样本数量

2. HWPOLY-ID——用于识别地理信息系统（GIS）中现有站点的编号。

3. 日期——照片解译日期。

4. 观察者——图像解译的姓名首字母。

5. 照片——已描绘精度评价多边形的航拍照片的照片编号［分别由航线、照片编号和美国地质调查局（USGS）四边形标识组成］。

6. 照片来源——航空影像的来源机构［如 CDF、美国国家航空航天局（NASA）等］和照片工作编号（如果有）。

7. 影像——使用指示路径或行的 4 位或 6 位代码（如 44/33、44/32-33）识别站点多边形所在的 Landsat Thematic Mapper（TM）场景。

8. 观察级别——用作照片解译的潜在精度或质量的指标，“①”是最准确的，“④”是最不准确的：

①进入实地；

②从靠近实地的道路上观看；

③从远处观看（实地对面的道路或山脊）；

④在室内解译照片。

9. 冠层郁闭度矩阵——4 个字母的物种代码，用于记录主要和相关物种（包括灰松）和“针叶树”的冠层郁闭度百分比；在评论框中包括与物种和冠层郁闭度有关的编号。

10. 其他植被覆盖矩阵——4 个字母的物种代码记录以下非树木覆盖类型的闭合百分比：

草

灌木（如果是灌木橡树，列出与其他灌木分离的百分比）

城市

水

其他（裸地、农业、沼泽等）

11. WHR 覆盖类型——使用绘制阔叶林树种决策树在现场或室内中计算的覆盖类型（Pillsbury et al.，1991）（图 13-2）并记录如下：

BOW= 蓝橡木林地

BOGP= 蓝橡木山麓 / 灰松

VOW= 谷橡树林地

COW= 海岸橡树林地

MH= 山地阔叶林

OH= 其他阔叶林

12. 尺寸等级——按尺寸等级记录的估计的平均胸径（DBH）：

S＜12″

L = 12″

13. 当前地图描述——通过在图像上叠加多边形，在计算机屏幕上对现有地图多边形描述的一般精度水平进行可视化分析，描述如下：

a. 很差：现有的多边形边界不沿着其任何阔叶林分的边界，有很多不自然的轮廓，任意的封闭多边形；地图多边形包括一个以上的密度等级，在密度或覆盖类型方面有很大的变化，并且在 40 英亩的最小制图单元内包含非阔叶林覆盖或其他阔叶林覆盖类型和密度的地物。

b. 较差：现有的多边形边界偏离了实际的阔叶林分边界；在 40 英亩的最小制图单元内包含非阔叶林覆盖物或其他阔叶林覆盖物类型和密度的地物。

c. 较好：现有的多边形边界通常沿着实际的阔叶林分边界；在 40 英亩的最小制图单元内不包含非阔叶林覆盖物或其他阔叶林覆盖物类型或密度的地物。

d. 很好：现有的多边形边界紧密地沿着整个阔叶林地的边界；划定了 40 英亩内的非阔叶覆盖物的内含物；阔叶林分在整个多边形中具有均匀分布的冠层郁闭和均匀的覆盖类型。

14. 覆盖类型和密度模糊逻辑矩阵——评估每个多边形被识别为 6 种可能的覆盖类型和 4 种可能的现有冠层郁闭类别的可能性。“可能性”使用“绝对错误”“可能错误”“可接受”“可能正确”和“绝对正确”等术语来表示（表 13–5）。

表 13-4　精度评价照片解译表

地点：（类型）–（区域）–#		HWPOLY–ID：		日期：		观测者：
影像：（航线）– 照片—			影像来源：			影像：
观测等级：	1	2	3	4		
森林占的百分比 /%				草地、裸地、灌丛占比 /%		
C#	种类	%		C#	种类	%
注意：森林和其他占比的总和为 100%						
WHR 覆盖类型			数量			
当前地图多边形情况		非常差	较差	较好	很好	
C#	评价					

表 13-5　覆盖类型和冠层郁闭度矩阵

覆盖类型 / 郁闭度	绝对正确	可能正确	可接受	可能错误	绝对错误
Blue Oak					
Blue Oak/Grey Pine					
Valley Oak woodland					
Coastal Oak Woodland					
Montane					
other					
1（＜10%）					
2（10%～33%）					
3（34%～75%）					
4（76%～100%）					

表格填写完成后，所有数据都输入数据库以供将来分析。此外，在完成现场数据收集后，使用平视数字化（heads-up digitizing）获取了经过现场验证的精度评价站点边界。

13.4.3　收集参考数据的时间

如前所述，可用于精度评价的唯一参考数据是用于创建 1981 年地图的 1981 年 1∶24 000 全色影像。虽然林地通常不会像农业或城市土地那样快速变化，但 1981 年的照片和 1990 年的影像之间存在 9 年的差异，这导致评估可能存在问题。火灾、采伐和城市发展改变了在影像拍摄日期（1981 年）、Landsat 影像成像日期和实地考察日期（1991 年）的不同时间的精度评价地点。只有那些在现场没有显著变化的地点才被包括在现场样本中。但是，无法知道有多少未被实地考察的地点在 1981 年和影像发布之日之间也发生了变化。

数据独立

因为它们是由两个不同的组织完成的，所以对 1981 年地图的评价完全独立于创建 1981 年地图的工作。此外，对 1990 年地图的评价也具有独立性。精度评价数据始终与用于制作 1990 年地图的所有信息分开。精度评价人员对 1981 年或 1990 年地图的标签无从所知。

数据一致性

数据一致性以多种方式实施。首先，制定一份精度评价手册，上面清楚地解释了所有数据收集程序。其次，如表 13-4 所示，工作人员使用表格收集所有的精度评价数据。最后，所有的工作人员同时接受培训，项目经理也经常对他们的工作进行审核。

数据质量

精度评价样本的地图位置直接来自1981年的地图，因为样本单位是从1981年的地图多边形中选择的。参考数据（1981年的影像）上的站点位置是通过在卫星影像上查看多边形的边界来完成的，然后通过匹配航线位置、道路、溪流和植被模式将站点位置转移到照片上。

为了尽量减少解译误差，最熟悉每个区域植被的人员对样本单元进行了解译。通过使用辅助数据，包括广泛的实地记录和有关阔叶林类型分布的生态信息，加强了室内的物种识别（Griffin and Critchfield，1972）。

数据输入只完成了一次。为了检查条目的质量，我们选择了数据库字段的一个子集，并与表单上的原始信息进行了比较。然而，数据输入并不完美，在误差矩阵分析中出现了问题。

13.5 分析

13.5.1 误差矩阵的发展

精度评价分析的第一步需要建立误差矩阵。反过来，误差矩阵需要对样本进行标记。如第2章所述，误差矩阵中的每个精度评价样本都有两个标签：

- 参考样本标签是指从现场或室内照片解译中收集的数据产生的标签，这些数据在精度评价期间构成参考数据（与地图进行比较的数据）。
- 地图样本标签是指精度评价站点的地图标签。在这个项目中，地图标签来自现有的1981年照片解译地图，或者来自用决策分类规则对1990年卫星地图上由像素组成的站点进行分类的地图。

参考标签包括：①用于在传统误差矩阵中分析的确定性标签；②解译差异的模糊标签。创建模糊标签是为了：①考虑估计的差异；②处理覆盖类型分类系统中的不精确性。专家和有关模糊集理论的方法均参与了精度评价，测量方法是从同一站点的成对解译中确定差异，并从误差矩阵中删除该差异。每个精度评价参考站点有两种独立的解译，分别为在现场和室内的照片解译。因为当解译者变化时，地点保持不变，这一对解译可以用来衡量解译的差异。这种方法很容易在如冠层郁闭度等植被特征上实现，这些特征由单个连续变量的离散中断表示。在由多个变量离散中断表示的特征（如几种阔叶林树种类型的冠层郁闭度百分比的函数的覆盖类型）上实施该方法的算法定义较少且较难实施。出于这个原因，Gopal 和 Woodcock（1994）使用的方法被用于覆盖类型参考站点的标记。

1981 年地图的样本标签直接取自每个样本的地图标签。1990 年的地图标签是通过计算得到，该计算是将基于分类决策规则的算法应用于从冠层郁闭度和覆盖类型的栅数据层中获得的样本像素组成。因此，样本多边形接收到的标签是多边形中像素混合的结果。例如，一个精度评价样本包括封闭冠层（76%～100%）和开放冠层（1%～10%）像素，则该样本多边形将得到一个所有像素平均值的冠层盖度标签（如 35%～75%）。

一旦创建了标签，误差矩阵就被构建了。表 13-6～表 13-9 显示了 4 个地图评价的初始矩阵。与大多数精度评价一样，第一个矩阵通常与最终矩阵有很大不同。事实上，将初始矩阵命名为差异矩阵可能更正确，因为它们表明参考和地图标签之间存在差异（不一定是地图错误）。

表 13-6　冠层郁闭度差异矩阵（1981 年地图）

		参考数据					
	类	0%	1%～9%	10%～33%	34%～75%	76%～100%	行总和
地图数据	0%	0	1	9	8	1	19
	1%～9%	4	17	78	34	3	136
	10%～33%	1	2	59	69	7	138
	34%～75%	2	1	21	93	11	128
	76%～100%	3	0	2	37	17	59
	列总和	10	21	169	241	39	480

生产者精度		用户精度	
参考	百分比	地图	百分比
0%	0	0%	0
1%～9%	81	1%～9%	13
10%～33%	35	10%～33%	43
34%～75%	39	34%～75%	73
76%～100%	44	76%～100%	29

总体一致性 = 186/480 = 39%

表 13-7 冠层郁闭度差异矩阵（1990 年地图）

		参考数据					
	类	0%	1%～9%	10%～33%	34%～75%	76%～100%	行总和
地图数据	0%	4	1	1	7	5	18
	1%～9%	1	11	42	12	0	66
	10%～33%	1	7	97	84	4	193
	34%～75%	4	2	29	135	22	192
	76%～100%	0	0	0	3	8	11
	列总和	10	21	169	241	39	480

生产者精度		用户精度	
参考	百分比	地图	百分比
0%	40	0%	22
1%～9%	52	1%～9%	17
10%～33%	57	10%～33%	50
34%～75%	56	34%～75%	70
76%～100%	21	76%～100%	73

总体一致性 = 255/480 = 53%

应该对误差矩阵进行两种类型的分析。首先，我们必须确定矩阵中的结果在统计上是否有效（第 8 章）。接下来，我们需要了解导致样本偏离对角线的原因（第 9 章）。

13.5.2 统计分析

对这些差异矩阵进行统计分析，包括使用迭代比例拟合方法（Margfit）和 Kappa 一致性度量。标准化过程允许直接比较矩阵中的各个单元格值，而无需考虑样本大小的差异。计算了每个矩阵的归一化精度。表 13-10 和表 13-11 显示了 1981 年和 1990 年地图的冠层郁闭度图的归一化结果。请注意，现在可以在矩阵之间对每个单元格值进行比较，更有趣的是，主对角线中的值是地图类精度的单一度量，而不是像在原始矩阵中那样查看生产者和用户的精度。

表 13-8　覆盖类型差异矩阵（1981 年地图）

	类	参考数据 NH	BOGP	BOW	COW	MH	VOW	行总和
地图数据	NH	0	1	8	5	4	2	20
	BOGP	1	19	40	4	22	5	91
	BOW	2	6	68	4	112	7	99
	COW	2	1	22	54	10	5	94
	MH	3	5	8	27	81	1	125
	VOW	1	0	7	14	8	2	32
	列总和	9	32	153	108	137	22	461

生产者精度 参考	百分比	用户精度 地图	百分比
NH	0	NH	0
BOGP	59	BOGP	21
BOW	25	BOW	69
COW	5	COW	63
MH	59	MH	65
VOW	9	VOW	6

总体一致性 = 224/461 = 49%

表 13-9　覆盖类型差异矩阵（1990 年地图）

	类	参考数据 NH	BOGP	BOW	COW	MH	VOW	行总和
地图数据	NH	4	0	1	2	9	0	16
	BOGP	1	18	27	3	18	3	70
	BOW	0	9	98	7	18	10	142
	COW	2	0	12	71	9	6	100
	MH	1	5	8	20	75	1	110
	VOW	1	0	7	5	8	2	23
	列总和	9	32	153	108	137	22	461

生产者精度 参考	百分比	用户精度 地图	百分比
NH	44	NH	25
BOGP	56	BOGP	26
BOW	64	BOW	69
COW	66	COW	71
MH	55	MH	68
VOW	9	VOW	9

总体一致性 = 268/461 = 58%

表 13-10 归一化的冠层郁闭度矩阵（1981 年地图）

	组别	0%	1%～9%	10%～33%	34%～75%	76%～100%
	0%	0.167 2	0.317 1	0.246 0	0.138 3	0.131 9
地图	1%～9%	0.185 8	0.456 8	0.251 0	0.069 3	0.038 0
数据	10%～33%	0.115 0	0.121 2	0.353 3	0.259 3	0.151 2
	34%～75%	0.196 9	0.074 7	0.131 2	0.358 4	0.238 2
	76%～100%	0.335 1	0.030 3	0.018 5	0.174 7	0.440 7
归一化精度 =36%						

表 13-11 归一化冠层郁闭度差异矩阵（1990 年地图）

	组别	0%	1%～9%	10%～33%	34%～75%	76%～100%
	0%	0.567 0	0.144 6	0.027 6	0.094 8	0.166 5
地图	1%～9%	0.083 8	0.491 9	0.347 0	0.070 1	0.006 7
数据	10%～33%	0.048 3	0.184 8	0.458 6	0.272 9	0.034 8
	34%～75%	0.151 4	0.064 4	0.145 0	0.457 3	0.181 9
	76%～100%	0.149 4	0.114 3	0.021 8	0.104 9	0.610 1
归一化精度 =52%						

Kappa 分析的结果如表 13-12 和表 13-13 所示。对单个矩阵的显著性进行了测试，以查看分类过程是否明显优于随机分配地图类标签。表 13-12 表明，这些结果对所有 4 个矩阵都很显著。表 13-13 给出了成对比较的结果。该检验确定一个误差矩阵是否在统计上与另一个有显著差异。

表 13-12 单个误差矩阵 Kappa 分析结果

误差矩阵	KHAT	方差	Z 统计量
表 13-4	0.17	0.001 037 1	5.4
表 13-5	0.28	0.001 168 8	8.1
表 13-6	0.34	0.000 800 1	12.1
表 13-7	0.45	0.000 832 3	15.6

表 13-13 误差矩阵成对比较的 Kappa 分析结果

成对比较	Z 统计量
表 13-6 和表 13-7	2.203 6
表 13-8 和表 13-9	2.670 3

在本案例研究中，比较 1981 年航空照片解译和 1990 年卫星影像处理生成的冠层郁闭图的结果是合适的。将 1981 年航空照片解译得出的覆盖类型图与通过卫星影像处理创建的 1990 年覆盖类型图进行比较也是合适的。在这两种情况下，矩阵（以及地图）彼此之间存在显著差异。通过检查精度测量，可以得出结论，1990 年卫星影像生成的地图明显优于 1981 年航空影像解译生成的地图。

13.5.3 非对角线样本分析

在对矩阵进行统计分析之后，需要检查矩阵的非对角线元素是否可行：

1. 参考数据错误；
2. 分类方案对观察者差异的敏感性；
3. 阔叶林牧场冠层郁闭度照片解译或卫星遥感方法不当；
4. 制图错误。

13.5.4 冠层郁闭度分析

为了了解矩阵差异的原因是由于错误还是解译的变化，我们对 173 个地点的同一精度评价参考样本进行了两次独立的解译：一个室内图像解译，一个在现场解译。同一位照片解译员不会同时对同一地点的样本既在室内又在现场进行解译。表 13-14 对这些解译进行了比较。一般来说，成对解译的类别值落在或非常靠近主对角线上，清楚地说明了解译的影响。

表 13-14　冠层郁闭度的室外和现场照片解译的比较

		现场照片样本数					
	类	0%	＜10%	10%～33%	34%～75%	76%～100%	行总和
	0%	4	0	0	0	0	4
室内照片样本数	1%～9%	0	3	3	0	0	6
	10%～33%	1	4	41	11	0	57
	34%～75%	1	1	10	60	3	75
	76%～100%	1	0	0	7	23	31
	列总和	7	8	54	78	26	173

生产者精度		用户精度	
参考	百分比	地图	百分比
0%	57	0%	100
1%～9%	38	1%～9%	50
10%～33%	76	10%～33%	72
34%～75%	77	34%～75%	80
76%～100%	88	76%～100%	74

总体一致性 = 131/173 = 76%

室内照片解译和现场照片解译的冠层郁闭度值的平均差异为 9.31%。为了补偿现场人工解译对冠层郁闭度图精度评价的影响，在所有室外解译的站点上实施了 ± 9% 的冠层郁闭度方差。例如，现场解译的 11% 的冠层郁闭度估计值将被认为与照片解译的 1%～9% 类（11−9=2）或 10%～33% 类相同（11+9=20）。表 13−15 说明了如何在所有冠层郁闭度类别中实现方差运算。

表 13-15 冠层郁闭度和相应的可接受标签

如果站点值等于	可接受的标签照片
0%	0 或 19
1%～9%	0 或 1～9 或 10～33
10%～18%	1～9 或 10～33
19%～24%	11～33
25%～42%	11～33 或 34～75
43%～66%	34～75
67%～84%	34～75 或 76～100
85%～100%	76～100

表 13-16 说明了在矩阵上比较成对站点的实现。共有 16 个站点超出了允许范围。这 16 个站点的照片解译因以下原因而有所不同：

- 照片解译错误。在两个地点，室内的照片解译错误地将阔叶林标记为灌木。
- 分类系统对观察者差异的敏感性。一个地点的阔叶林标签与非阔叶林标签不同，因为该地点是混合阔叶树 / 针叶树。阔叶树或针叶树的估计值有 9% 的差异会将场地置于不同的类别中。现场的照片解译指出，阔叶林分类是可以接受的。
- 变化。在照片拍摄日期（1981 年）和实地考察日期（1991 年）之间采集了两个样本点。

表 13-16 针对冠层郁闭度变化调整的室内和现场照片解译的比较

		现场照片样本数								
	类	0%	1%～9%	10%～18%	19%～24%	25%～42%	43%～66%	67%～84%	85%～100%	行总和
室内照片样本数	0%	4	0	0	0	0	0	0	0	4
	1%～9%	0	3	2	0	0	1	0	0	6
	10%～33%	1	4	12	10	24	5	1	0	57
	34%～75%	1	1	1	0	27	31	14	0	75
	76%～100%	1	0	0	0	0	4	6	20	31
	列总和	7	8	15	10	51	40	21	20	172

生产者精度

参考	百分比
0%	57
1%～9%	88
10%～18%	93
19%～24%	100
25%～42%	98
43%～66%	78
67%～84%	95
85%～100%	100

用户精度

地图	百分比
0%	100
1%～9%	83
10%～33%	88
34%～75%	96
76%～100%	84

总体一致性 = 157/172 = 91%

其余 11 个地点的照片解译估计值的差异超出了允许的范围。9% 的方差是一个平均值。通过采用平均值（而不是完整测量的变异分布），我们接受了当矩阵中的某些差异确实是人为解译的变化引起的差异时，它们将被算作地图错误。

冠层郁闭度估计值的 ±9% 差异引发了对照片解译标记冠层郁闭度的适当性的质疑。考虑到每个标签在任一方向上的变化幅度高达 9%，这些标签是否可以接受？这个问题的答案在于地图的预期用途。80 多年来，土地管理者和监管机构已经接受了用于冠层郁闭度的照片解译，而很少对照片解译地图的准确性进行调查。这种以往接受历史表明，对于许多应用来说，冠层郁闭度估计的相对性质“足够好”。但是，了解冠层郁闭度估计值的差异是十分重要的，无论它们是用于创建地图还是评估另一张地图。

13.5.5 冠层郁闭度地图结果

表 13-17 给出了 1981 年地图的冠层郁闭度误差矩阵。该矩阵包括 ±9% 的方差，总体精度为 60%。一般来说，1981 年的地图系统地低估了冠层郁闭度，此外，遗漏误差也很大，在地图上的 19 个非阔叶林站点中，有 18 个站点实际上包含超过 10% 的阔叶林冠层郁闭度。大多数这些遗漏误差是由于阔叶林被错误地识别为灌木造成的。将非阔叶林识别为阔叶林的错误很少，几乎总是包括混合阔叶林 - 针叶林，地图照片解译员估计该地点的针叶树多于阔叶树。

表 13-17　冠层郁闭度误差矩阵（1981 年地图）

类	参考数据								行总和
	0%	1%～9%	10%～18%	19%～24%	25%～42%	43%～66%	67%～84%	85%～100%	
0%	0	1	2	2	8	4	1	1	19
1%～9%	4	17	40	20	33	15	5	2	136
10%～33%	1	2	18	13	59	32	10	3	138
34%～75%	2	1	4	4	36	54	18	9	128
76%～100%	3	0	0	1	11	20	13	11	59
列总和	10	21	64	40	147	125	47	26	480

生产者精度

参考	百分比
0%	40
1%～9%	95
10%～18%	91
19%～24%	33
25%～42%	65
43%～66%	43
67%～84%	66
85%～100%	42

用户精度

地图	百分比
0%	5
1%～9%	45
10%～33%	67
34%～75%	84
76%～100%	41

总体一致性 = 286/480 = 60%

表 13-18 给出了 1990 年地图的冠层郁闭度误差矩阵，参考数据与地图之间的总体一致性为 73%，与 1981 年的地图一样，1990 年的地图似乎系统地低估了冠层郁闭度。然而，与 1981 年的地图不同，1990 年的地图存在用于参考数据的航空影像与影像日期之间 10 年的差异。采伐、火灾和城市扩张导致的冠层郁闭减少将导致 1981 年照片和 1990 年地图的室内照片解译之间存在非地图误差差异。

表 13-18　冠层郁闭度误差矩阵（1990 年地图）

	参考数据								
类	0%	1%～9%	10%～18%	19%～24%	25%～42%	43%～66%	67%～84%	85%～100%	行总和
0%	4	1	0	1	0	4	4	4	18
1%～9%	1	11	21	7	20	5	1	0	66
10%～33%	1	7	36	24	79	35	10	1	193
34%～75%	4	2	7	8	47	79	32	13	192
76%～100%	0	0	0	0	1	2	0	8	11
列总和	10	21	64	40	147	125	47	26	480

生产者精度

参考	百分比
0%	50
1%～9%	90
10%～18%	89
19%～24%	60
25%～42%	86
43%～66%	63
67%～84%	68
85%～100%	31

用户精度

地图	百分比
0%	28
1%～9%	50
10%～33%	76
34%～75%	82
76%～100%	73

总体一致性 = 350/480 = 73%

此外，假设从 1990 年基于像素的地图中生成多边形标签的标记过程会导致每个样本多边形的“真实”标签。然而，可以用开发几种不同的标签算法来产生几种不同的标签。实施的标记算法假设类的中值是该类的较好估计。使用每个类别的平均冠层郁闭度百分比可将精度提高约 2%。

1990 年的地图上也存在遗漏误差。在 1990 年地图中被错误标记为非阔叶林的 13 个样品中有 9 个在 1981 年的照片解译地图中被标记为阔叶林。与 1981 年的地图一样，在阔叶林—针叶树混合的地点也会出现包含误差。

13.5.6　覆盖类型分析

为了了解误差矩阵对冠层覆盖度估计的差异和照片解译的误差的敏感性，在冠层郁闭度分析中使用的 173 个站点，引入了覆盖类型的解译。表 13-19 显示了同一样本单元的室内照片解译标签与现场照片解译标签的比较结果。非对角线元素是由照片解译错误（如物种的错误识别）或解译的差异引起的。例如，在显示 BOW 和 BOGP 标签差异的 10 个站点中，有 9 个被现场照片解译者识别既可以接受为 BOW，又可以接受为 BOGP。所有 8 个站点都包含灰松，而问题在于灰松冠层郁闭度百分比的估计值。

表 13-19　覆盖类型的室内与现场照片解译的比较

	现场照片样本点						
类	NH	BOGP	BOW	COW	MH	VOW	行总和
NH	4	0	0	0	0	0	4
BOGP	0	3	1	0	1	0	5
BOW	1	9	38	0	4	2	54
COW	0	2	10	41	7	5	65
MH	1	4	4	1	14	1	25
VOW	0	0	1	0	1	3	5
列总和	6	18	54	42	27	11	158

生产者精度		用户精度	
参考	百分比	地图	百分比
NH	67	NH	100
BOGP	17	BOGP	60
BOW	70	BOW	70
COW	98	COW	63
MH	52	MH	56
VOW	27	VOW	60

总体一致性 = 103/158 = 65%

为了解释这种变化，解译员为每个精度评价样本单元填写了一个覆盖类型模糊逻辑矩阵。每个样本都被评估 6 种可能的覆盖类型中的某一种的可能性（Gopal and Woodcock，1992）。“可能性”是使用“绝对错误”“可能错误”“可接受”“可能正确”和“绝对正确”等术语来衡量的。例如，如果一个总冠层郁闭度为 65% 的地点由 20% 的山谷橡木、25% 的蓝橡木、10% 的灰松林和 10% 的内陆活橡木组成，则可能会出现以下解译：

蓝橡木林地 =>可接受

蓝橡木灰松 =>可能是对的

谷橡树林地 =>可接受

海岸橡树林地 =>可能是错误的

山地阔叶林 =>可能是错误的

另一方面，具有 100% 牧草覆盖的场地将被解译为：

蓝橡木林地 =>绝对错误

蓝橡木灰松 =>绝对错误

谷橡树林地 =>绝对错误

海岸橡树林地 =>绝对错误

山地阔叶林 =>绝对错误

表 13-20 将模糊逻辑“可接受的”解译合并到混淆矩阵中。站点的异质性越大，就越有可能拥有多个“可接受”标签。总体一致率从 65% 增加到 80%，这表明 15% 的分歧是由解译的差异而不是照片解译错误引起的。

表 13-20　使用模糊逻辑方法对覆盖类型的室内与现场照片解译的比较

		室内照片样本点						
	类	NH	BOGP	BOW	COW	MH	VOW	行总和
现场照片样本点	NH	4	0	0	0	0	0	4
	BOGP	0	4	1	0	0	0	5
	BOW	0	0	49	0	3	2	54
	COW	0	2	9	48	2	4	65
	MH	0	2	2	1	19	1	25
	VOW	0	0	1	0	1	3	5
	列总和	4	8	62	49	25	10	158

生产者精度		用户精度	
参考	百分比	地图	百分比
NH	100	NH	100
BOGP	80	BOGP	50
BOW	91	BOW	79
COW	74	COW	98
MH	76	MH	76
VOW	60	VOW	30

总体一致性 = 127/158 = 80%

矩阵中存在差异的站点主要是由于照片解译错误而发生的。在野外很难区分阔叶林树种，更不用说航空影像了：

- 几乎所有 BOW 或 BOGP 和 COW 之间的差异都是由于室内照片解译错误地将海岸活橡木识别为蓝橡木造成的。

- BOW 或 BOGP 和 MH 之间的差异是由于将海岸活橡木误认为是内陆活橡木，以及二元键的认为影响错误地将混合的内陆活橡木—蓝橡木标记为山地阔叶林而不是 BOW 的人为错误造成的。

- VOW 和 BOW 或 COW 之间的差异是由于将山谷橡木误认为是蓝橡木或海岸活橡木而出现的。

13.5.7　覆盖类型地图结果

表 13-21 和表 13-22 给出了 1981 年和 1990 年地图的覆盖类型的误差矩阵。两

个表都包含所有“正确”“可能正确”和“可接受”标签作为矩阵对角线上的匹配项。与表 13-8 和表 13-9 相比，总体精度提高了 7%～9%，这表明解译差异对矩阵的影响。与冠层郁闭度一样，在类边界边缘的站点的类标签之间存在歧义。

表 13-21　覆盖类型误差矩阵（1981 年地图）

		参考数据						
	类	NH	BOGP	BOW	COW	MH	VOW	行总和
地图数据	NH	0	1	8	5	4	2	20
	BOGP	1	30	33	4	19	4	91
	BOW	2	1	77	5	9	5	99
	COW	2	0	22	59	9	2	94
	MH	2	3	8	23	88	1	125
	VOW	1	0	7	14	7	3	32
	列总和	8	35	155	110	136	17	461

生产者精度		用户精度	
参考	百分比	地图	百分比
NH	0	NH	0
BOGP	86	BOGP	33
BOW	50	BOW	78
COW	54	COW	63
MH	65	MH	70
VOW	18	VOW	9

总体一致性 = 257/461 = 56%

表 13-22　覆盖类型误差矩阵（1990 年地图）

		参考数据						
	类	NH	BOGP	BOW	COW	MH	VOW	行总和
地图数据	NH	4	0	1	2	9	0	16
	BOGP	1	31	17	3	15	3	70
	BOW	0	1	111	7	16	7	142
	COW	2	0	11	77	7	3	100
	MH	0	3	8	16	82	1	110
	VOW	1	0	7	5	7	3	23
	列总和	8	35	155	110	136	17	461

生产者精度		用户精度	
参考	百分比	地图	百分比
NH	50	NH	25
BOGP	89	BOGP	44
BOW	72	BOW	78
COW	70	COW	77
MH	60	MH	75
VOW	18	VOW	13

总体一致性 = 308/461 = 67%

1990 年地图的总体精度超过了 1981 年地图。辅助数据（包括 1981 年的地图）的合并和现场注释的编辑显著提高了 1990 年地图的覆盖类型精度。具体来说，1981 年 BOGP 和 BOW 之间的大部分混淆减少了，COW 和 BOW 或 BOGP 之间的混淆也减少了。然而，结果并不构成照片解译与卫星影像处理方法的比较，因为 1981 年的地图是 1990 年地图创建过程中极其重要的辅助层。

两张地图的误差矩阵中最显著的混淆仍然存在于 BOW 与 BOGP、BOGP 或 BOW 与 MH、MH 与 COW 以及 VOW 与所有其他阔叶林类型之间。下面回顾一下造成差距的原因：

• 对蓝橡木林中灰松数量的各种估计造成的差异继续导致 BOGP 和 BOW 标签之间的混淆。18 个 BOW-BOGP 混淆地点中有 12 个含有不同百分比的灰松。由于树冠稀疏，灰松在航空影像和卫星影像上都极难被看到和估计。

• 物种识别错误继续导致差异。如表 13-18 所示，这种混淆也出现在参考数据中，并导致地图精度降低。很难将地面上的活橡树与其他橡树区分开来，更不用说从遥感数据中区分出来了。同样，斜坡上的谷橡树也很难与蓝橡树区分开来。蓝橡树和活橡树之间的混淆可以通过使用多时相影像来帮助，因为蓝橡树是落叶树，而活橡树是常绿橡树。

• 许多明显的混淆可能是分类系统缺陷的原因。该系统没有充分解决以室内活橡木或俄勒冈白橡木为主的阔叶林类型的分类。例如，当地图列出 BOW 或 BOGP 时，参考数据确定为 MH 的地点中，31 个地点中有 20 个是纯室内活橡木或仅纯室内活橡木和蓝橡木的混合物，一些地点含有灰松。

• 大多数 MH 指示物种，包括纯室内活橡木、黑橡木、棕褐色橡木、太平洋马德隆和峡谷活橡树，除了许多相关物种，特别是加利福尼亚月桂树、山谷橡树和海岸活橡树本身，也经常出现在 COW 林分里。

13.5.8 评价结果

最终误差矩阵评估了 1981 年地图精度和 1990 年地图精度。如表 13-23 和表 13-24 所示，1981 年的地图包含明显的遗漏误差。在 1981 年的地图上，102 个（84%）精度评价地点中有 86 个（84%）被标记为非阔叶林，但在 1990 年地图上分类为阔叶林也被参考数据标记为阔叶林。1990 年地图的范围比 1981 年地图的范围更准确。考虑到 1990 年地图在 1981 年地图范围之外的区域没有进行编辑或质量控制，这一点尤其重要。

表 13-23　范围误差矩阵（1981 年地图）

类	参考数据 非阔叶林	阔叶林	行总和
非阔叶林	16	86	102
阔叶林	10	451	461
列总和	26	537	563

生产者精度 参考	百分比	用户精度 地图	百分比
非阔叶林	62	非阔叶林	16
阔叶林	84	阔叶林	98

总体一致性 = 467/563 = 83%

表 13-24　范围误差矩阵（1990 年地图）

类	参考数据 非阔叶林	阔叶林	行总和
非阔叶林	5	16	21
阔叶林	21	521	542
列总和	26	537	563

生产者精度 参考	百分比	用户精度 地图	百分比
非阔叶林	19	非阔叶林	24
阔叶林	97	阔叶林	96

总体一致性 = 526/563 = 93%

13.6　讨论

1990 年的测绘项目为超过 3 200 万英亩的土地创建了土地覆盖信息；大约占加州面积的 1/3，是 1981 年测绘项目范围的 3 倍。在这 3 200 万英亩的土地中有 1 140 万是阔叶林牧场；380 万是针叶林；390 万为灌木地；至少有 790 万是草原；50 万是城市；60 万是水；340 万是其他土地（如农业等）。

阔叶林牧场的面积比 1981 年基于照片的制图项目中报告的要多得多。大部分新增种植面积位于北海岸和萨克拉门托山谷的北部。除了照片地图中省略的阔叶林牧场外，照片地图和影像地图都提供了有关加州阔叶林牧场的宝贵信息。

1981 年和 1990 年地图的精度评价为地图用户提供了宝贵的信息：

- 两张地图始终略微低估了冠层郁闭度。
- 由于某些阔叶林树种难以相互区分，在难以区分的树种同时出现的地区，可能会出现覆盖类型混淆。在海岸活橡木和室内活橡木都出现的地区，覆盖类型标签也会出现混淆。同样，斜坡上的谷橡树也很难与蓝橡树区分开来。谷橡树是最容易混淆的类型，山坡上的混合谷橡树不太可能从航空影像或卫星影像中充分分类。

最后，由于其稀疏的树冠，灰松在航空影像和卫星影像上都极难被看到。遥感数据缺乏高分辨率导致蓝橡木林地和蓝橡木 – 灰松林地之间的混淆。

- 包含误差（将一个区域标记为阔叶林而实际不是阔叶林）在两张地图中都很少见，并且通常发生在阔叶林 – 针叶树混合林分中。
- 分类系统的缺陷可能会造成混乱，因为该系统没有充分处理以内陆活橡木或俄勒冈白橡木为主的阔叶林类型的分类。此后，该问题已通过加州更新的植被分类方案得到解决。
- 此外，评估还表明，卫星影像处理是绘制和监测加州阔叶林牧场的宝贵工具，并且可以生成超过照片解译精度的地图。它也很灵活，允许改变分类系统，并且具有成本效益，允许项目区域范围扩大 3 倍而不会增加项目成本。最后，它可以提供更详细的信息和更丰富的数据库，并有助于监测土地利用和土地覆盖随时间的变化。

13.7 结论

本章介绍的精度评价分析显示了任何项目面临的复杂性和意料之外的情况。有几点特别重要：

- 稳健的分类系统的开发和实施对于任何测绘或精度评价项目的成功而言都至关重要。如本章所述，分类系统在设计、数据收集和分析中起着至关重要的作用。没有明确规则的、模棱两可的分类系统将导致灾难性的后果。
- 精度评价分析必须超越简单的误差矩阵创建。地图的制作者和用户需要了解站点为何偏离对角线。地图用户和制作者必须了解混淆是否不可避免和可接受，如由冠层郁闭度估计值的变化引起的混淆；或不可避免的和不可接受的，如由于对阔叶林物种的错误识别而导致的混淆。

- 用户和生产者还必须了解地图和参考标签之间的混淆有多少是由参考错误、重叠的分类系统边界、不恰当地使用遥感技术或地图错误造成的。在本项目中：

①存在参考错误，特别是在物种识别中。如果覆盖类型的照片解译只有 80% 正确（表 13-20），对地图精度评价有什么影响，对高度依赖照片解译的参考数据的地图精度评价有何影响？

②模糊的类边界和估计的差异是显著的。这是可接受的吗？在这种情况下，使用遥感技术节省的成本足以弥补地图标注准确度的损失。在其他应用中，这种损失可能是不可接受的，导致放弃遥感而转而使用地面测绘。

在大多数精度评价中，样本设计和数据收集的严谨性和实际考虑之间的权衡是不可避免的。特别是，现场数据收集经常排除使用随机选址。然而，在每一种情况下，重要的是要记住，每一种方法或程序都必须在统计上有效并且实际上是可实现的。牺牲任何一个要求都是不可接受的；相反，有必要在两者之间找到最佳平衡点。

14

高级主题

到目前为止，除了本书已经介绍的内容外，还有许多高级主题需要涵盖。本章首先讨论变化检测精度评价，随着变化检测误差矩阵的形成，提出了进行这种评估的复杂性。任何变化检测精度评价中的一个关键问题是认识变化是罕见的事件，必须进行抽样以专门处理此问题。虽然可以创建变化检测误差矩阵，但它需要大量的工作，在许多情况下甚至是不可能的。因此，提出并证明了一种折中的两步法，它可以提供一种更实用的方法来评估变化的精度。本章最后对多层精度评价进行了简短讨论。

14.1 变化检测

遥感数据越来越流行，其重要的应用是变化检测。变化检测是通过在不同时间观察物体或现象来识别其状态差异的过程（Singh，1989）。变化检测有 4 个方面很重要：①检测已经发生的变化；②识别变化的性质；③测量变化的区域范围；④评估变化的空间模式（Brothers and Fish，1978；Malila，1985；Singh，1986）。由于影像数量的不断增加、更全面处理数字数据的技术、更好的图像分析软件以及计算能力的显著发展，使用数字图像执行变化检测的技术已经变得多种多样。正如评价单一日期地图的精度至关重要一样，变化检测精度评价是任何变化分析项目的重要组成部分。

本书提出的由遥感数据生成的单日期或单时间点（one point in time，OPIT）专题图的精度评价是一项虽然复杂但可以实现的工作。除了与遥感数据的单一日期精度评价相关的复杂性外，变化检测提出了需要考虑的更困难和更具挑战性的问题。变化检测的本质使得精度的定量分析变得困难。例如，如何获得过去拍摄的影像的参考数据？如何对未来将发生变化的区域进行足够多的抽样以进行统计上有效的评价？对于给定的环境变化，哪种变化检测技术最有效？位置精度在变化检测中也起着重要作用。确定一个区域是否确实发生了增加，或者明显的变化是否仅仅是由于位置误差引起，这一点至关重要。图 14-1 是对本书前文介绍的单一日期评价的错误来源图的修改（图 2-5），并显示了执行变化检测时错误来源变得更加复杂。到目前为止，大多数关于变化检测的研究都没有给出他们工作的定量结果，这使得很难确定应该将哪种方法应用于未来的项目。

以下部分介绍了在准备执行变化检测精度评价时要考虑的主题。在任何变化检测精度评价中都必须考虑 3 个关键因素。它们是参考数据、采样和变化检测误差矩阵。

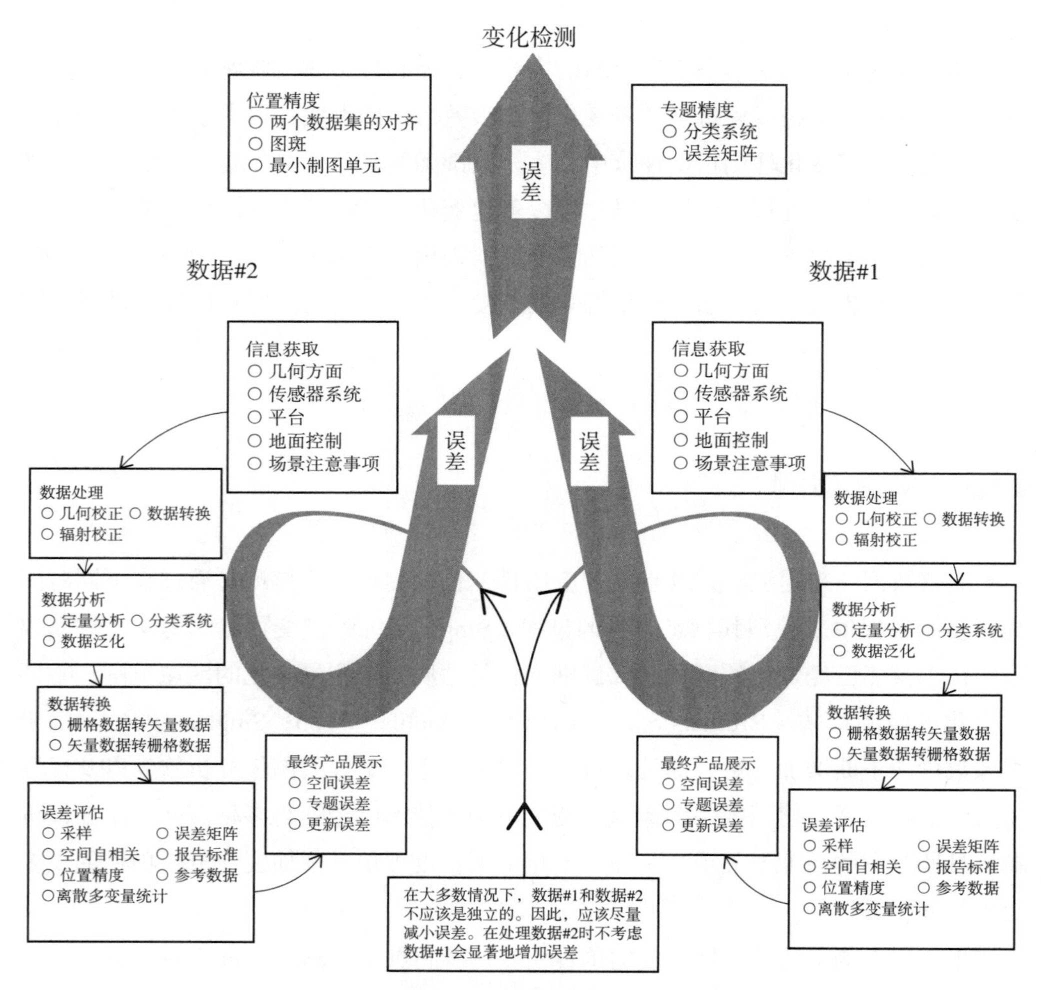

图 14-1　遥感数据变化检测分析中的误差来源

注：经美国摄影测量和遥感学会许可转载，来自 Congalton R.G.（1996）。精度评价：土地覆盖制图的关键组成部分；差距分析：生物多样性规划的景观方法。ASPRS/GAP 研讨会的同行评审会议记录。

14.1.1 参考数据

有效参考数据的收集是任何精度评价的核心，无论是单一日期评估还是变化检测评估。假设在 2018 年开展一个变化检测项目，将 1998 年由 Landsat 影像生成的植被或土地覆盖图（称为时间 1）与从 2018 年 Landsat 影像生成的另一张地图（称为时间 2）进行比较。让我们进一步假设用于两个地图的分类方案是相同的，因为我们创建了两个地图。2018 年可在地面采集评估 2018 年地图的参考数据，甚至在 2019 年，这些数据仍然被认为有效。但是，如何获得用于评价 1998 年地图的参考数据，从而获得变化检测？

有几个可能的答案。第一，最可能的答案是，1998 年该地区没有使用相同分类方案的现成参考数据，因此，确实没有办法评估这种变化。第二，可能有一些该地区的航空影像与 1998 年 Landsat 影像大约在同一时间获得。当然，这里的规模是一个问题。如果照片的比例尺如此之小，以致无法根据地图项目中使用的分类方案准确地解译足够的细节，那么这些照片就不能用于提供参考数据。即使尺度足够，照片解译也会有误差，而且这里的参考数据可能并不合适，这取决于分类方案的复杂程度。第三，可能有一些有关区域的地面调查数据可以用作参考数据。这第三种可能性极其渺小，即使确实存在，也必须考虑最小制图单元和样本单元大小的问题。如前所述，在实地进行的许多地面调查缺乏足够的规模，无法作为有效的参考数据样本单位。因此，在尝试进行变化检测精度评价时，缺乏有效的参考数据通常是一个限制因素。

14.1.2 采样

在对变化检测精度评价进行抽样时，必须考虑一个问题，该问题超出本书中已经为单日期评估提出的抽样问题。不考虑这个问题注定变化评价是白费力气。必须记住，变化是少有的事件。在正常情况下，超过 10% 的给定区域在 5～10 年发生变化是不寻常的。更有可能的是，变化将接近 5%，在极端情况下，可能会出现 20% 的高变化率。当然，在某些灾难性情况下（如野火、飓风、龙卷风等），发生变化的区域的百分比可能会更高。

现在，考虑抽样以找到变化的区域。使用随机抽样方法，即使在具有高变化率（20%）的地图中，平均只有 1/5 的样本才会发现任何变化。在更常见的情况下，可能需要多达 20 个样本才能找到已变化的区域。鉴于收集样本以进行精度评价所需的时间和精力，必须避免在非变化区域进行过度采样。应采用区域分层以优先在变化区域进行抽样。然而，究竟如何描绘这些变化区域并不总是显而易见的。如果所有的变化区域都是已知的，那么就不需要新的变化图了。幸运的是，对于许多应用来说，逻辑或经验决定了可能发生变化的地方。例如，城市变化发生在现有城市中心周围的地区。在偏僻的地方建造一座新城市是罕见的。与随机放置的样本相比，在城市中心周围的缓冲区中对城市变化进行抽样会增加发现它的机会。在这种情况下，在高优先级区域抽取部分样本似乎是有意义的。

在另一个例子中，MacLeod 和 Cong Alton（1998）对监测新罕布什尔州大湾的鳗草变化进行了变化检测精度评价。由于变化是如此罕见，因此有必要将更多的抽样工作按比例分配到更容易发生变化的区域。在这个绘制鳗草的例子中，我们知道鳗草不太可能在河道（深水区）中生长，采样应排除在河道中。另外，鳗草更可能出现在两个地方，即现有鳗草周围和目前没有鳗草生长的浅水区域。应在这些区域加大抽样力度。因此，我们通过以下方式修改了抽样工作：①只有 10% 的采样工作发生在深水区；② 40% 的采样工作专门用于现有鳗草的一个样本网格（像素）内的缓冲区；③ 50% 采样工作专门用于可能出现新的鳗草幼苗的浅水区域。通过这种方式，抽样旨在发现变化区域（Cong Alton and Brennan，1998）。

在进行变化检测精度评价时，还需要考虑许多其他因素。然而，没有注意到的是，变化是一种罕见的事件，它会影响所有这些其他因素，因此必须首先考虑。

14.1.3 变化检测误差矩阵

为了将已建立的精度评价技术应用于变化检测，标准的单日期分类误差矩阵需要适应 Cong Alton 和 Macleod（1994）以及 Macleod 和 Cong Alton（1998）提出的变化检测误差矩阵。这个新矩阵具有与单日期分类误差矩阵相同的特征，但也评估两个时间段（时间 1 和时间 2 之间）之间变化的误差，而不仅仅是单个分类。

表 14-1 回顾了本书中已经介绍过的单日期误差矩阵和相关的描述性统计数据、总体精度、生产者精度和用户精度。此单日期误差矩阵适用于 3 种植被或土地覆盖地图类别（F= 森林、U= 城镇和 W= 水）。该矩阵的维数为 3 × 3。误差矩阵的 y 轴表示从遥感分类（地图）派生的 3 种植被或土地覆盖图类，x 轴显示参考数据中标识的 3 个地图类别。

该矩阵的主对角线被突出显示并表示正确分类。换句话说，当分类表明该类别是 F 并且参考数据同意它是 F 时，那么矩阵中的 [F，F] 单元格被计数。其他地图类别遵循相同的逻辑：U 和 W。矩阵中的非对角线元素表示分类中存在的不同类型的混淆（称为遗漏和包含误差）。当一个区域从正确的类别中被省略时，就会发生遗漏误差。当一个区域被放置在错误的类别中时，就会发生包含误差。此信息有助于引导用户找到分类中存在的主要问题。

表 14-1　显示总体精度、用户精度和生产者精度的单个日期（一个时间点）误差矩阵示例

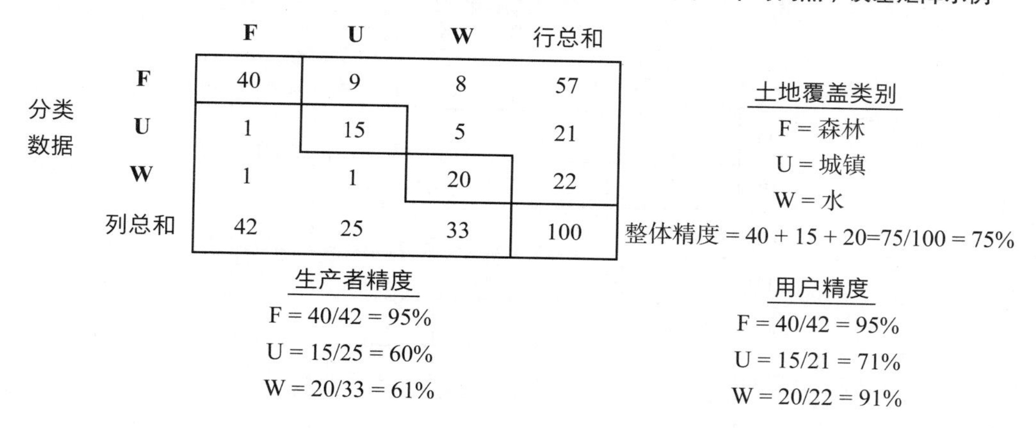

分类数据	F	U	W	行总和
F	40	9	8	57
U	1	15	5	21
W	1	1	20	22
列总和	42	25	33	100

土地覆盖类别

F = 森林

U = 城镇

W = 水

整体精度 = 40 + 15 + 20=75/100 = 75%

生产者精度

F = 40/42 = 95%

U = 15/25 = 60%

W = 20/33 = 61%

用户精度

F = 40/42 = 95%

U = 15/21 = 71%

W = 20/22 = 91%

图 14-2 的上半部分显示了相同的 3 种植被或土地覆盖地图类别（F、U 和 W）生成的变化检测误差矩阵。但是请注意，矩阵不再是 3 × 3 维，而是 9 × 9 维。这是因为我们不再关注单一分类，而是关注在不同时间生成的两个不同地图之间的变化。请记住，在单日期误差矩阵中，每个地图类别都有一行和一列。然而，在评估变化检测时，误差矩阵是地图类数量的平方。因此，感兴趣的问题是，“时间 1 时该区域是什么地图类别，时间 2 时是什么地图类别”？对于矩阵的每个轴，答案有 9 种可能的结果（时间 1 的 F 和时间 2 的 F，时间 1 的 U 和时间 2 的 U，时间 1 的 W 和时间 2 的 W，时间 1 的 F 和时间 2 的 U，时间 1 的 F 和时间 2 的 W，时间 1 的 U 和时间 2 的 F，时间 1 的 U 和时间 2 的 W，时间 1 的 W 和时间 2 的 F，时间 1 的 W 和时间 2 的 U），所有这些都沿误差矩阵的行和列表示。然后，重要的是要注意遥感数据对变化的描述，并将其与参考数据指示的内容进行比较。这种比较使用与单一分类误差矩阵完全相同的逻辑；它只是被两个时间段（变化）复杂化了。同样，主对角线表示正确分类，而非对角线元素表示错误或混淆。还可以计算描述性统计数据（总体、用户和生产者的精度）。

需要注意的是，变化检测误差矩阵也可以简化或合并成一个 2 × 2 无变化和变化误差矩阵（图 14-2 底部）。可以通过对由虚线划分的完整变化检测误差矩阵的 4 个部分中的适当单元求和来生成无变化或变化误差矩阵。例如，要获得分类和参考数据都确定在两个日期之间没有发生变化的区域数量，您只需将左上框中的所有 9 个单元格相加（在任何一种分类中均未发生变化的区域的数据或参考数据）。要汇总或合并在分类数据和参考数据中都发生变化的单元格，您可以将右下角框中的 36 个单元格相加。无变化或变化矩阵中的其他两个单元将以类似方式确定。从这个无变化和变化误差矩阵中，分析人员可以很容易地确定低精度是否由变化检测技术不佳、分类错误还是两者兼而有之导致的。

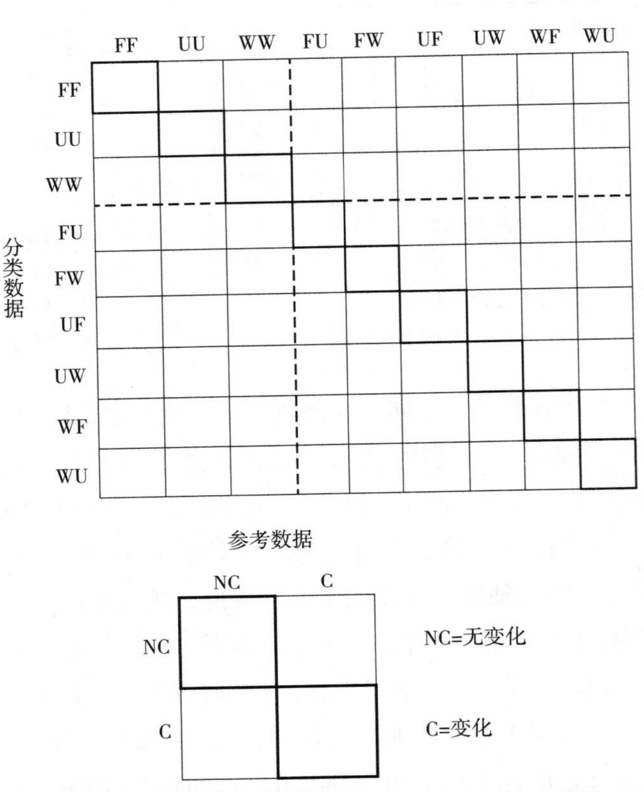

图 14-2　变化与单日期矩阵以及合并的无变化 / 变化矩阵相同的 3 个地图类（森林、城市、水）的误差矩阵

读者应该清楚，执行变化检测精度评价是一项非常复杂的工作。简单地缩放单一日期评估方法会导致误差矩阵的大小以及评估所需的样本数量增加。在单日期 3 类地图的示例误差矩阵中（表 14-1），需要 150 个样本（3 个类别 ×50 个样本 / 类）。当添加第二个时间段时，样本数将增长到 450 个（9 个变化类 ×50 个样本 / 类）。如果一个单日制图项目有 10 个类，则所需样本量为 5 000 个（每类 10×10×50 个样本）样本。由于并非所有变化在给定时间段内都是合乎逻辑的或可能的（例如，人们预计水不会在 5 年内变成森林），因此该数字可能会更小，但所需样本的数量仍远大于单日期精度评价的样本，在大多数时间和预算条件下可能不可行。

因此，虽然可能无法对每个变化检测项目进行完整的变化检测精度评价并生成变化检测误差矩阵，但尝试回答以下两个问题仍然具有相关性：①在时间 1 和时间 2 之间变化的区域绘制的精度如何？②捕获变化的效果如何？为了回答这些问题，变化检测精度评价过程可以分为两个步骤，而不是使用单一评估和变化检测误差矩阵方法。

14.1.4 变化检测精度评价的两步法

如果无法使用变化检测误差矩阵方法来执行变化检测精度评价，那么您可能希望使用这种两步法。此方法不允许获得所有变化类别的精度（例如，地图在时间 1 是森林，在时间 2 是住宅；从森林到住宅），但它确实提供了在时间 2 中发生变化的精度以及整体变化被捕获的程度。

此过程的第一步是仅评价两个时间段之间发生变化的区域的精度。换言之，仅对时间 1 和时间 2 之间发生变化的区域进行单日期精度评价。抽样程序类似于传统的单日期精度评价，该评价中每个土地覆盖类别的样本数量是使用从地图区域中选择的抽样策略选择的。然而，在这种情况下，只有分类为变化的区域（地图类别在时间 2 中与在时间 1 中不同）可以用于选择样本。那么只需要对时间 2 的变化区域进行精度评价，因为地图的其余部分与时间 1 的地图中所有未发生变化的区域的精度相同。

此过程的第二步是简单的变化 / 非变化验证。此步骤类似于将变化检测误差矩阵合并为图 14-2 底部所示的变化或无变化（2×2）矩阵。这里的不同之处在于，不必进行采样以填充整个变化检测误差矩阵，而是仅执行采样以评估变化或无变化。将地图视为二元方案（变化或无变化）要比构建完整变化检测误差矩阵的多项情况更简单。由于我们处理的是两种情况，我们只想知道分类是变化还是不变，我们可以使用二项分布来计算样本量。Ginevan（1979）将这种采样方法引入遥感界并得出结论：

- 该方法接受低精度地图的概率较低；
- 该方法应该有很高的概率接受高精度的地图；
- 该方法应该需要最少数量的样本。

计算二项式方法的样本量需要使用查找表，该表显示给定最小误差和所需置信水平所需的样本量。例如，选择精度为 90%（10% 错误）并使用 95% 置信水平的地图（在 95% 时，我们冒着 1/20 的机会拒绝实际正确的地图），评估所需的最小样本数为 298。鉴于此样本大小，如果超过 21 个被错误分类，则地图将被拒绝为不准确。

因此，这种两步法非常有效。它虽然没有产生完整的变化检测误差矩阵或评估每个变化类别的精度，但它确实提供了一种评估两个时间点之间的变化区域的标记精度（专题精度）的方法。此外，可以使用二项式变化或无变化方法生成对是否准确捕获变化的评估。与使用变化检测误差矩阵方法相比，这两个步骤要容易得多，并且需要的时间、金钱和资源要少得多。但是，如果所需资源可用，则变化检测误差矩阵可提供有关变化分析的最多信息，并且是推荐使用的方法。

14.1.5 案例分析

本案例研究详细介绍了 2001—2005 年肯塔基州景观普查（KLC）国家土地覆盖数据集（NLCD）变化检测精度评价。附录 14-1 提供了土地覆盖类别列表和每个类别的简要说明。由于时间和资源有限，该项目无法收集足够的数据来生成变化检测误差矩阵。相反，此变化分析的目标是评估变化分类（2001—2005 年发生变化的区域）的精度，以确定两个日期之间的总体变化情况。

为了完成这项任务，精度评价分两步完成。首先，将 2005 年的变化区域被当作单一日期的土地覆盖图。通过解译在 2005 年收集的 Landsat 影像（NLCD 分类）获得参考数据样本。生成的每个类别至少有 30 个样本的误差矩阵，计算地图的整体精度以及地图中每个单独专题类的遗漏和包含误差率。其次，变化掩膜被评估为二进制的变化 / 非变化图。在肯塔基州使用分层随机选择方法收集样本。为了将选择区域限制在可能发生变化的区域，我们创建了各种地层来优先选取样本。通过在这两个独立的步骤中进行评估，“2005 年变化图有多准确？”以及“土地覆盖变化的捕捉情况如何？”这两个问题，得到了答复。

14.1.5.1 第 1 步：变化区域的精度

变化检测精度评价的第一步是将变化区域的精度评价为单独的单一日期地图。抽样程序类似于任何传统的精度评价，每个土地覆被类别随机抽取 30～50 个样本。然而，在这种情况下，仅使用 2001—2005 年变化的区域来抽取样本，并且仅评估了 2005 年的分类。这一时期的参考数据是来自国家农业库存计划（NAIP）的 1 m 彩色影像。NAIP 提供了对肯塔基州所有地区覆盖的影像。

2005 年变化区域的精度评价结果以误差矩阵的形式呈现在表 14-2 中。误差矩阵表明，并非所有类别都经过精度评价并包含在误差矩阵中。虽然美国地质调查局（USGS）分类方案（附录 14-1）中的所有类别都进行了分类，但大部分变化仅发生在部分土地覆盖类别中。湿地和森林再生类别等地图类别的变化数量不多，因此可用于评估这些类别精度的样本太少。

表 14-2 误差矩阵显示 2005 年变化区域的精度

标签	参考 水体	开放的开发区	低强度开发区	中等强度开发区	高强度开发区	裸地	灌木	草原
水体	15	0.0	0.0	0.0	0.0	0.4	0.0	0.0
开发的开发区	0.0	9	21.1	4.0	0.0	2.5	0.0	1.2
低强度开发区	0.0	4.0	24	3.0	1.1	1.3	0.0	0.1
中等强度开发区	0.0	0.0	4.0	5	1.0	0.3	0.0	0.0
高强度开发区	0.0	0.0	2.0	0.0	11	0.0	0.0	0.0
裸地	0.0	0.0	1.2	0.1	0.0	49	0.0	1.0
灌木	0.0	0.1	0.1	0.0	0.0	0.6	31.0	19.12
草原	0.0	1.0	0.0	0.0	0.0	9.18	0.2	40.0
生产者精度								
确定性汇总	15/15	9/15	24/56	5/13	11/14	49/100	31/33	40/76
确定性精度	100.0%	60.0%	42.9%	38.5%	78.6%	49.0%	91.7%	52.6%
模糊总计	15/15	14/15	52/56	12/13	13/14	61/100	31/33	61/76
模糊精度	100.0%	93.3%	92.9%	92.3%	92.9%	61.0%	91.7%	90.3%

用户精度

确定性汇总	准确精度	模糊总计	模糊汇总
15/19	78.9%	15/19	78.9%
9/45	20.0%	37/45	82.2%
24/38	63.2%	33/38	86.8%
5/13	38.5%	10/13	76.9%
11/13	84.6%	13/13	100.0%
49/54	90.7%	51/54	94.4%
31/61	50.8%	50/61	82.0%
40/70	57.1%	50/70	71.4%

总体精度

确定性		模糊	
184/313	58.8%	250/313	79.9%

2005 年变化区域的总体确定性精度为 58.8%，模糊精度为 79.9%。确定性精度和模糊精度之间 21.1% 的差异可归因于两个类似的效果。首先，模糊精度的提高在很大程度上与开发区的类别混淆有关；其次，草地和灌木地之间存在单独但相似的

混淆。4 个开发类由每个类中不透水表面的百分比定义：

- 开发区、开放：0%～25%
- 开发区、低强度：26%～50%
- 开发区、中等强度：51%～75%
- 开发区、高强度：76%～100%

虽然这种划分导致了明确定义的类别边界，但存在一定程度的不确定性，该不确定性与转化为最终分类的不透水面所占的百分比地图相关。由于不透水面百分比图中的像素是通过统计回归分析技术得到的，因此每个估计值都有一定程度的误差，通常为 ±10%。这导致类边界不到 10% 的像素可能位于两个开发区地图类中。例如，一个值为 55% 的像素将被归类为中等强度开发区；但是，通过考虑估计的不确定性程度，它也可以归类为低强度开发区。出于此精度评价的目的，如果通过考虑不确定性程度，一个开发区的样本单元满足多个开发区类别的分类标准，则它会被给予模糊解译。最终地图中开发区地图类别的优势及其固有的不确定性导致确定性和模糊性精度评价之间的差异。

草和灌木之间的类似混淆是确定性精度和模糊精度之间差异的第二个主要因素。这些类别在肯塔基州很少自然地发现。相反，这两个类别更多地代表了与林业或采矿相关的干扰后植被生长的过渡或连续性。根据硬分类标准确定灌木到草地的数量会导致某些精度评价中的模糊性。

14.1.5.2　第 2 步：变化或无变化评估

将地图视为二元方案，仅包含变化或无变化，仅需要一种采样方案，该方案比生成包含所有“从某类”和“到某类”的完整变化检测误差矩阵需要更简单的采样技术。我们可以使用二项式分布来计算样本大小（Ginevan，1979）。可以使用一个简单的查找表来确定给定最小误差和所需置信水平下所需的样本量。对于 90% 的地图精度和使用 95% 的置信水平（在 95% 时，我们冒着 1/20 的机会拒绝实际正确的地图），所需的最小样本数为 298，其中如果超过 21 幅地图被错误分类，则地图将被拒绝为不符合精度标准。

为了弥补景观变化的稀有性，设计了一种方法，采用 5 个分层来增加对可能变化区域的采样。第一层称为变化掩膜，包含本项目中通过使用的图像分析变化方法表明已发生变化的所有区域；30% 的采样是在变化掩膜内执行的。采样的第二个区域是在变化掩膜周围的缓冲区。预计变化将在附近发生，因此采样应该在变化区域周围，25% 的样本是在变化掩膜周围的缓冲区中进行的。第三层用于另外 25% 的采样，包括了两幅图像的光谱分析显示变化的区域。第四层分配给变化量最大的地图类，包含 10% 的样本。换句话说，对于那些在 2001—2005 年发生显著变化的地图类别，增加了抽样。最后，剩余 10% 的抽样分配给了地图的其余部分。表 14-3 列出了按层划分的抽样分配摘要以及在每个层中抽取的样本数量。

表 14-3　基于分层的抽样样本

地层	占总样本的百分比	样本数
变化掩膜	30	88
变化缓冲区掩膜	25	75
光谱变化掩膜	25	75
变化的可能性掩膜	10	30
剩余未采样区域掩膜	10	30

变化或无变化评估的总体精度为 96%（表 14-4）。7 个样本在地图上被标记为变化，但在参考数据上没有变化，而 6 个样本在地图上被标记为没有变化，但实际上确实发生了变化。总共只发现了 13 个错误。鉴于选择的二项式抽样具有 90% 的所需地图精度和 95% 的置信水平，允许出现 21 个错误。因此，这张图的精度为 90%，误差矩阵显示真实精度为 96%。

表 14-4　最终变化 / 无变化矩阵

		参考		生产者精度	
		变化	无变化	总计	精度
MAP	变化	75	7	75/82	92%
	无变化	6	210	210/216	97%
		用户精度		总体精度	
	总计	75/81	210/217	总计	精度
	精度	93%	97%	285/298	96.0%

确定 KLC 变化图的精度是该项目的关键组成部分。本案例研究演示的过程旨在评估 2005 年地图上变化区域的精度，并评估 2001—2005 年变化的捕捉情况。在这个项目中，不可能进行全面的变化检测精度评价并生成变化检测误差矩阵。当没有时间和资源进行全面评估时，这种两步法是一种有效的折中方案。而这些结果表明，捕获变化的成功率为 96%。虽然确定性精度评价低至 58.8%，但分类的模糊评价显示良好的总体分类精度达到 79.9%。

14.2 多层次评估

到目前为止，本书中介绍的所有内容，除了最后一节关于变化检测的内容外，都涉及单个地图图层的精度。然而，多层次评估是很重要的。图 14-3 展示了一个场景，其中 4 个不同的地图图层被组合以生成野生动物栖息地适宜性地图。在这种场景下，已经对每个地图图层进行了精度评价；每一层都是 90% 的精度。问题是野生动物适宜性地图的精度到底如何？

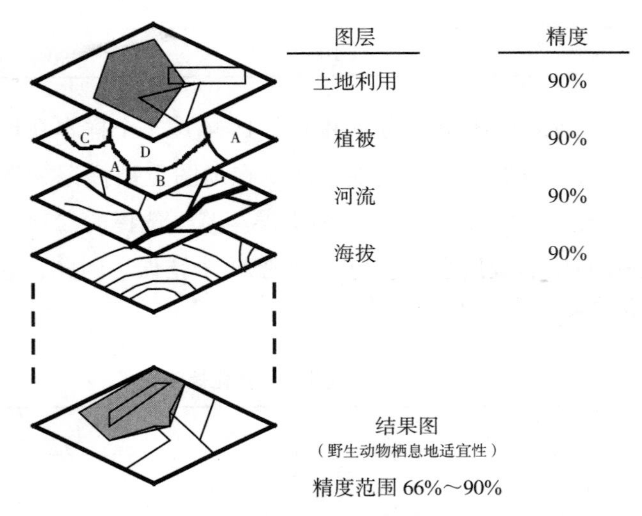

图 14-3 通过组合多层空间数据做出决策的精度范围

如果 4 个地图图层是独立的（每个地图中的误差不相关），那么概率告诉我们，地图精度将通过将各层的精度相乘来计算。因此，最终地图的精度是 90% × 90% × 90% × 90%=66%。但是，如果 4 个地图图层不是独立的，而是完全相互关联的（所有 4 个层的误差都在完全相同的位置），那么最终地图的准确率是 90%。事实上，这两种情况都不太可能发生。地图图层之间通常存在一些相关性。例如，植被肯定与靠近溪流的程度有关，也与海拔有关。因此，最终地图的实际精度只能通过对该图层进行另一次精度评价来确定。我们确切地知道了这个准确率为 66%～90%，并且可能会更接近 90% 而不是 66%。

这里应该提到最后一个观察结果。令人震惊的是，使用 4 个地图图层，即使所有这些图层都具有非常高的精度，最终的地图可能只有 66% 的精度。事实上，如果我们添加第五个地图图层，并且它的精度也达到了 90%，我们会看到我们的野生动物地图的精度可能会下降到60%以下。另外，我们长期以来一直在使用这些类型的地图，但对其精度一无所知。但是不要气馁，毫无疑问的是，这些知识只能帮助我们提高有效利用空间数据的能力。

附录14-1 2005年NLCD土地覆盖的类别描述

类别	描述
开放水域	开阔水域的所有区域，一般植被或土壤覆盖率低于25%
开发区、开放空间	包括混合了一些建筑材料的区域，但主要是草坪草形式的植被。不透水表面占总覆盖面积的比例不到20%。这些区域最常见的包括大型单户住宅单元、公园、高尔夫球场和在开发环境中种植的用于娱乐、水土保持或美学目的的植被
开发区、低强度	包括混合了建筑材料和植被的区域。不透水表面占总覆盖面积的20%～49%。这些区域最常见的是单户住宅单元
开发区、中等强度	包括混合了建筑材料和植被的区域。不透水表面占总覆盖面积的50%～79%。这些区域最常见的是单户住宅单元
开发区、高强度	包括人们大量居住或工作的高强度开发区地区。示例包括公寓大楼、排屋和商业/工业。不透水表面占总覆盖率的80%～100%
裸地	基岩、陡坡、冲积扇、滑坡、火山物质、冰川碎片、沙丘、露天矿、砾石坑和其他土质堆积物的贫瘠地区。一般来说，植被占总覆盖率不到15%
落叶林	以树木为主的区域，树木一般高5 m以上，占总植被覆盖率的20%以上。超过75%的树种会随着季节变化同时落叶
常绿森林	以树木为主的区域，一般高5 m以上，占总植被覆盖率的20%以上。超过75%的树种全年保持叶子。冠层永远有绿叶
混交林	以树木为主的区域，一般高5 m以上，占总植被覆盖率的20%以上。落叶树种和常绿树种均不超过总树木覆盖率的75%
低矮灌木	以低于5 m高的灌木为主的区域，灌木冠层通常超过总植被的20%。此类包括真正的灌木、早期演替阶段的幼树或因环境条件而发育不良的树木
草原草本	以禾本科或草本植被为主的地区，一般超过总植被的80%。这些地区不受耕作等集约化管理，但可用于放牧
牧场干草	为牲畜放牧或种子或干草作物生产而种植的草、豆类或草豆类混合物的区域，通常为多年生循环。牧场/干草植被占总植被的20%以上
农作物	用于生产一年生作物的区域，如玉米、大豆、蔬菜、烟草和棉花，以及多年生木本作物，如果园和葡萄园。作物植被占总植被的20%以上。此类还包括所有正在积极耕作的土地
木本湿地	森林或灌丛植被占覆盖面积的25%～100%，土壤或基质周期性地水饱和或被水覆盖的地区
新兴草本湿地	多年生草本植被占覆盖面积的75%～100%，土壤或基质周期性地水饱和或被水覆盖的地区

15

总结和结论

本书提供了对从遥感数据生成的地图进行有效精度评价所需的原则和实践，写这篇文章的目的不是为了回顾曾经发表过的关于这个主题的所有学术实例，相反，它被编写成一个实用指南，为地理空间分析员提供进行评价所需的原则，同时展示实践中出现的考虑因素和限制性。您现在了解了这些工具的历史和发展，并了解了这不仅仅是遵循一个简单的方法的问题。相反地，在成功的过程中必须做出许多考虑、权衡和决策。必须同时考虑位置精度和专题精度，如果处在错误的位置，正确地标记该区域是没有用的；出现在正确的地方但错误地标记它也没有价值。如果要具有成本效益且统计合理，则必须在每次精度评价中进行大量的计划和思考。无论您是进行位置精度评价、专题精度评价还是两者兼而有之，都必须收集有效的参考数据以与地图进行比较。尽可能有效和高效地规划是决定项目成功的关键组成部分。

本书提供了进行有效和重要的精度评价所需的知识。然而，在进行这样的评价时，应该强调一些智慧的要点。这些要点以项目符号的形式显示在以下方面，并对每一项进行了简要说明。我们希望本摘要能够在为项目执行最合适的精度评价时提供必须了解的许多注意事项、权衡和决策：

- 精度评价是一个复杂的过程，必须在测绘项目开始时仔细考虑和计划。想想看，在没有成功所需的仔细计划的情况下直接投入事件是人类的天性。在没有仔细考虑和计划的情况下执行精度评价将注定比在最好的（有计划）情况下所需的成本要高得多，甚至在最坏情况下有可能导致评价有缺陷或无效。使用本书中的流程图和其他材料，在项目开始时真正考虑一下，就会取得成功。

- 位置精度和专题精度不是独立的，必须一起规划，为两者共同计划。对位置精度和专题精度进行同步规划很重要，因为两者都会影响其中的另一个。您需要在正确的位置使用正确的地图标签，地图才能在该位置被视为准确。

- 分类方案必须明确，并且必须使用相同的方案来制作地图和收集参考数据。

确保分类方案的定义，以便每个人都清楚，似乎是一个简单的概念。然而，这并非总是如此。该方案必须同时具有标签和定义这些标签的方法，这一点至关重要；也就是说，定义或某种类型的关键。同样重要的是，该方案是相互排斥的、完全详尽的和分层的。最后，应该确定一个最小制图单位。

- 有效收集参考数据是任何精度评价的最重要组成部分。请认真理解这一点，无论您是进行位置精度评价还是专题精度评价，收集必要的参考数据都是最昂贵和最耗时的部分。因此，整个评价的成功取决于认真收集这些数据。接下来的几个要点提供了有关有效参考数据收集注意事项的详细信息。

- 样本单位大小必须基于位置精度考虑和影像的像素大小。样本单元的大小必须使分析人员坚信为参考数据区域提供的地图类标签对应于地图上的相同位置。换句话说，任何位置误差都会被消除，参考数据仅表示正在评价的专题精度。在处理中等到高空间分辨率影像的几乎所有情况下，样本单位都不应该是单个像素。因此，应仔细考虑样本单元的大小。

- 用于评价精度的样本数量将影响评估的统计有效性和评价成本。为每个地图类别收集足够的样本很重要，这样才能进行统计上有效的评价。有经验法则和公式来帮助确定适当的样本数量。如果没有收集到足够数量的样本，那么评价是无效的，并且努力是白费的。

- 选择适当的抽样方案可以尽可能有效地收集参考数据。随机抽样和成本或工作效率之间存在权衡，特别是如果要在现场收集参考数据。在大多数情况下，分层抽样方法可以很好地为每个地图类收集足够的样本。

- 未能考虑空间自相关会导致在收集参考数据时浪费精力，因为样本不是相互独立的，因此违反了抽样过程的关键统计假设。通过设置制图项目中使用的所有样本之间的最小距离（用于训练和精度评价），避免空间自相关，从而使参考样本彼此独立且训练数据独立。

- 为您的项目选择合适的误差矩阵。有许多可能的方法来表示用于评价制图项目准确性的误差矩阵。这些包括传统的基于计数的矩阵、使用基于对象的分类方法时的基于面积的确定误差矩阵和模糊误差矩阵。本书对每一项都进行了详细的讨论。在某些情况下，分析员可能会选择使用不止一种方法来表示误差矩阵。在项目开始时必须为特定项目选择适当的表达。

- 从误差矩阵计算描述性统计数据。一旦生成了误差矩阵，就可以计算总体、生产者和用户的精度，从而提供有关正在评价的地图的更多信息。

- 在误差矩阵上运行基本分析技术。可以运行许多分析技术来进一步研究由误差矩阵显示的精度评价结果。应该由分析人员和地图用户来实施那些他们认为最适合他们特定需求的技术。

• 地图用户和地图制作者都将从误差矩阵的非对角单元的分析中学到比对角单元更多的知识。知道哪些地图类别相互混淆，可以让地图用户更有效地使用地图。研究误差矩阵以了解地图类相互混淆的原因并且允许地图制作者通过专注于纠正混淆来发展新的方法。

• 人类对植被覆盖类型的估计总是不同的。在许多精度评价中没有绝对的对错，只有灰色分类。分类方案越复杂，人为差异对参考样本进行标记的影响就越大。接受差异的存在，并使用本书中介绍的技术来解释它。

• 精度评价的成本很高。很多时候，当没有足够的资金来进行可信的评价时，精度评价是事后才添加到项目中的。了解精度评价是任何制图项目的基本要求，应该从项目开始就计划，并确保有预算。

• 必须全面描述整个精度评价过程。考虑到在进行精度评价时必须做出的许多考虑、权衡和决定，分析人员必须全面描述和记录用于其特定项目的过程。通过这种方式，每个人都将准确了解评价是如何进行的，并能够自己判断地图是否对他们的目的有用。未能记录该过程会导致评价未完成，地图的用处也会降低。

参考文献

Ager, Thomas. (2004). *An Analysis of Metric Accuracy Definitions and Methods of Computation*. Unpublished memo prepared for the National Geospatial-Intelligence Agency. InnoVision.

Aickin, M. (1990). Maximum likelihood estimation of agreement in the constant predictive probability model, and its relation to Cohen' s kappa. *Biometrics*.Vol. 46, pp. 293-302.

American Society of Photogrammetry. (1960). *Manual of Photographic Interpretation*. ASP, Washington, DC.

American Society for Photogrammetry and Remote Sensing(ASPRS)Specifications and Standards Committee. (1990). ASPRS accuracy standards for large-scale maps. *Photogrammetric Engineering and Remote Sensing*. Vol. 56, No. 7, pp. 1068-1070.

Anderson, J. R., E. E. Hardy, J. T. Roach, & R. E. Witner. (1976). A land use and land cover classification system for use with remote sensor data. *USGS Professional* Paper . Vol. 964, 28 pp.

Aronoff, Stan. (1982). Classification accuracy: A user approach. *Photogrammetric Engineering and Remote Sensing*. Vol. 48, No. 8, pp. 1299-1307.

Aronoff, Stan. (1985). The minimum accuracy value as an index of classification accuracy. *Photogrammetric Engineering and Remote Sensing*. Vol. 51, No. 1, pp. 99-111.

ASPRS. (1989). ASPRS interim accuracy standards for large-scale maps. *Photogrammetric Engineering & Remote Sensing*. Vol. 54, No. 7, pp. 1038-1041.

ASPRS. (2004). *ASPRS Guidelines, Vertical Accuracy Reporting for Lidar Data*. American Society for Photogrammetry and Remote Sensing.

ASPRS. (2014). ASPRS positional accuracy standards for digital geospatial data. *Photogrammetric Engineering and Remote Sensing*. Vol. 81, No. 3, pp. A1-A26.

ASPRS & ASCE. (1994). Glossary of the Mapping Sciences. ASPRS, Bethesda, MD; ASCE, New York.

Biging, G. & R. Congalton. (1989). Advances in forest inventory using advanced digital imagery. Proceedings of Global Natural Resource Monitoring and Assessments: Preparing for the 21st Century. Venice, Italy. September, 1989. Vol. 3, pp. 1241-1249.

Biging, G., R. Congalton, & E. Murphy. (1991). A comparison of photointerpretation and ground measurements of forest structure. Proceedings of the Fifty-Sixth Annual Meeting of the American Society of Photogrammetry and Remote Sensing. Baltimore, MD. Vol. 3, pp. 6-15.

Bishop, Y., S. Fienberg, and P. Holland. (1975). *Discrete Multivariate Analysis: Theory and Practice*. MIT Press, Cambridge, MA. 575 pp.

Bitterlich, W. (1947). Die Winkelzahlmessung(Measurement of basal area per hectare by means of angle measurement). *Allg. Forst. Holzwirtsch. Ztg*. Vol. 58, pp. 94-96.

Blaschke, T. (2010). Object based image analysis for remote sensing. *ISPRS Journal of Photogrammetry and Remote Sensing*. Vol. 65, pp. 2-16.

Bolstad, Paul. (2005). *GIS Fundamentals*. 2nd edition. Eider Press, White Bear Lake, MN. 543 pp.

Bolstad, Paul. (2016). *GIS Fundamentals: A First Text on Geographic Information Systems*. 5th Edition. XanEdu Publishers, Ann Arbor, MI. 770 pp.

Brennan, R. & D. Prediger. (1981). Coefficient kappa: Some uses, misuses, and alternatives. *Educational and Psychological Measurement*. Vol. 41, pp. 687-699.

Brothers, G. L. & E. B. Fish. (1978). Image enhancement for vegetation pattern change analysis. *Photogrammetric Engineering and Remote Sensing*. Vol. 44, No. 5, pp. 607-616.

Campbell, James B. (1981). Spatial autocorrelation effects upon the accuracy of supervised classification of land cover. *Photogrammetric Engineering and Remote Sensing*. Vol. 47, No. 3, pp. 355-363.

Card, D. H. (1982). Using known map categorical marginal frequencies to improve estimates of thematic map accuracy. *Photogrammetric Engineering and Remote Sensing*. Vol. 48, No. 3, pp. 431-439.

Chrisman, N. (1982). Beyond accuracy assessment: Correction of misclassification. Proceedings of the 5th International Symposium on Computer-Assisted Cartography. Crystal City, VA. pp. 123-132.

Cliff, A. D. & J. K. Ord. (1973). *Spatial Autocorrelation*. Pion Limited, London, England. 178 pp.

Cochran, William G. (1977). *Sampling Techniques*. John Wiley & Sons, New York. 428 pp.

Cohen, Jacob. (1960). A coefficient of agreement for nominal scales. *Educational and Psychological Measurement*. Vol. 20, No. 1, pp. 37-40.

Cohen, Jacob. (1968). Weighted kappa: Nominal scale agreement with provision for scaled disagreement or partial credit. *Psychological Bulletin*. Vol. 70, No. 4, pp. 213-220.

Colwell, R. N. (1955). The PI picture in 1955. *Photogrammetric Engineering*. Vol. 21, No. 5, pp. 720–724.

Congalton, Russell G. (1981). The use of discrete multivariate analysis for the assessment of Landsat classification accuracy. MS Thesis, Virginia Polytechnic Institute and State University, Blacksburg, VA. 111 pp.

Congalton, R. G. (1984). A comparison of five sampling schemes used in assessing the accuracy of land cover/land use maps derived from remotely sensed data. PhD Dissertation, Virginia Polytechnic Institute and State University, Blacksburg, VA. 147 pp.

Congalton, R. G. (1988a). Using spatial autocorrelation analysis to explore errors in maps generated from remotely sensed data. *Photogrammetric Engineering and Remote Sensing*. Vol. 54, No. 5, pp. 587–592.

Congalton, R. G. (1988b). A comparison of sampling schemes used in generating error matrices for assessing the accuracy of maps generated from remotely sensed data. *Photogrammetric Engineering and Remote Sensing*. Vol. 54, No. 5, pp. 593–600.

Congalton, R. (1991). A review of assessing the accuracy of classifications of remotely sensed data. *Remote Sensing of Environment*. Vol. 37, pp. 35–46.

Congalton, R. (2009). Accuracy and error analysis of global and local maps: Lessons learned and future considerations. In: *Remote Sensing of Global Croplands for Food Security*. P. Thenkabail, J. Lyon, H. Turral, and C. Biradar(Editors). CRC/Taylor & Francis, Boca Raton, FL. pp. 441–458.

Congalton, R. (2015). Assessing positional and thematic accuracies of maps generated from remotely sensed data. In: *Remote Sensing Handbook*; *Vol. I: Data Characterization. Classification, & Accuracies*. P. Thenkabail(Editor). CRC/Taylor & Francis, Boca Raton, FL. pp. 583–601.

Congalton, R., & G. Biging. (1992). A pilot study evaluating ground reference data collection efforts for use in forest inventory. *Photogrammetric Engineering and Remote Sensing*. Vol. 58, No. 12, pp. 1669–1671.

Congalton, R., & M. Brennan. (1998). Change detection accuracy assessment: Pitfalls and considerations. Proceedings of the Sixty Fourth Annual Meeting of the American Society of Photogrammetry and Remote Sensing. Tampa, Florida. pp. 919–932(CD-ROM).

Congalton, R., & M. Brennan. (1999). Error in remotely sensed data analysis: Evaluation and reduction. Proceedings of the Sixty Fifth Annual Meeting of the American Society of Photogrammetry and Remote Sensing. Portland, OR. pp. 729–732(CD-ROM).

Congalton, R., & K. Green. (1993). A practical look at the sources of confusion in error matrix generation. *Photogrammetric Engineering and Remote Sensing*. Vol. 59, No. 5, pp. 641–644.

Congalton, R., & K. Green. (2009). *Assessing the Accuracy of Remotely Sensed Data: Principles and Practices*. 2nd edition. CRC/Taylor & Francis, Boca Raton, FL. 183 pp.

Congalton, R. G., & R. D. Macleod. (1994). Change detection accuracy assessment on the NOAA Chesapeake Bay pilot study. Proceedings of the International Symposium of Spatial Accuracy of Natural Resource Data Bases. Williamsburg, VA. pp. 78–87.

Congalton, R. G., & R. A. Mead. (1983). A quantitative method to test for consistency and correctness in photo-interpretation. *Photogrammetric Engineering and Remote Sensing*. Vol. 49, No. 1, pp. 69–74.

Congalton, R., & R. Mead. (1986). A review of three discrete multivariate analysis techniques used in assessing the accuracy of remotely sensed data from error matrices. *IEEE Transactions of Geoscience and Remote Sensing*. Vol. GE-24, No. 1, pp. 169–174.

Congalton, R. G., R. G. Oderwald, & R. A. Mead. (1983). Assessing Landsat classification accuracy using discrete multivariate statistical techniques. *Photogrammetric Engineering and Remote Sensing*. Vol. 49, No. 12, pp. 1671–1678.

Cowardin, L. M., V. Carter, F. Golet, & E. LaRoe. (1979). *A Classification of Wetlands and Deepwater Habitats of the United States*. Office of Biological Services. U.S. Fish and Wildlife Service. U.S. Department of Interior, Washington, DC. 103 pp.

CropScape—Cropland Data Layer, United States Department of Agriculture, National Agricultural Statistics Service. Available online: https: //nassgeodata.gmu.edu/ CropScape.

Czaplewski, R. (1992). Misclassification bias in aerial estimates. *Photogrammetric Engineering and Remote Sensing*. Vol. 58, No. 2, pp. 189–192.

Czaplewski, R. & G. Catts. (1990). Calibrating area estimates for classification error using confusion matrices. Proceedings of the 56th Annual Meeting of the American Society for Photogrammetry and Remote Sensing. Denver, CO. Vol. 4, pp. 431–440.

DMA (Defense Mapping Agency). (1991). Error theory as applied to mapping, charting, and geodesy. Defense Mapping Agency Technical Report 8400.1. Fairfax, Virginia. 71 pages plus appendices.

Environmental Systems Research Institute, National Center for Geographic Information and Analysis, & The Nature Conservancy. (1994). Accuracy Assessment Procedures: NBS/ NPS Vegetation Mapping Program. Report prepared for the National Biological Survey and National Park Service. Redlands, CA, Santa Barbara, CA, and Arlington, VA, United States.

Eyre, F. H. (1980). *Forest Cover Types of the United States and Canada*. Society of American Foresters, Washington, DC. 148 pp.

FEMA(Federal Emergency Management Agency). (2003). *Guidelines and Specifications for Flood Hazard Mapping Partners*.

FEMA, https: //www.fema.gov/media-library/assets/documents/13948.

FGDC(Federal Geographic Data Committee). (1998). *Geospatial Positioning Accuracy Standards. Part 3: National Standard for Spatial Data Accuracy*. FGDC-STD-007.3-1998: Washington, DC, Federal Geographic Data Committee. 24 pp.

Ferris State University. (2007). http: //www.ferris.edu/faculty/burtchr/sure340/note s/History.pdf.

Fitzpatrick-Lins, K. (1981). Comparison of sampling procedures and data analysis for a landuse and land-cover map. *Photogrammetric Engineering and Remote Sensing*. Vol. 47, No. 3, pp. 343-351.

Fleiss, J., J. Cohen, & B. Everitt. (1969). Large sample standard errors of kappa and weighted kappa. *Psychological Bulletin*. Vol. 72, No. 5, pp. 323-327.

Foody, G. (1992). On the compensation for chance agreement in image classification accuracy assessment. *Photogrammetric Engineering and Remote Sensing* . Vol. 58, No. 10, pp. 1459-1460.

Foody, G. M. (2009). Sample size determination for image classification accuracy assessment and comparison. *International Journal of Remote Sensing*. Vol. 30, No. 20, pp. 5273-5291.

Freese, Frank. (1960). Testing accuracy. *Forest Science*. Vol. 6, No. 2, pp. 139-145.

Ginevan, M. E. (1979). Testing land-use map accuracy: Another look. *Photogrammetric Engineering and Remote Sensing*. Vol. 45, No. 10, pp. 1371-1377.

Gong, P. & J. Chen. (1992). Boundary uncertainties in digitized maps: Some possible determination methods. In: Proceedings of GIS/LIS' 92. Annual Conference and Exposition. San Jose, CA. pp. 274-281.

Goodman, Leo. (1965). On simultaneous confidence intervals for multinomial proportions. *Technometrics*. Vol. 7, pp. 247-254.

Gopal, S. & C. Woodcock. (1994). Theory and methods for accuracy assessment of thematic maps using fuzzy sets. *Photogrammetric Engineering and Remote Sensing*. Vol. 60, No. 2, pp. 181-188.

Grassia, A. & R. Sundberg. (1982). Statistical precision in the calibration and use of sorting machines and other classifiers. *Technometrics*. Vol. 24, pp. 117-121.

Green, K. & R. Congalton. (2004). An error matrix approach to fuzzy accuracy assessment: The NIMA Geocover project. A peer-reviewed chapter. In: *Remote Sensing and GIS Accuracy Assessment*. R. S. Lunetta and J. G. Lyon(Editors). CRC Press, Boca Raton, FL. 304 pp.

Green, K., K. Schulz, C. Lopez, et al. (2015). Vegetation Mapping Inventory Project:

Haleakalā National Park. National Park Service. Fort Collins, Colorado. Natural Resource Report NPS/PACN/NRR2015/986. https : //ir ma.np s.gov /App/ Refer ence/ Download Digital File? code= 52534 1&fil e=hal erpt. pdf.

Green, K., R. G. Congalton, & M. Tukman. (2017). *Imagery and GIS: Best Practices for Extracting Information from Imagery*. ESRI Press, Redlands, CA.

Greenwalt Clyde, & Melvin Schultz. (1962, 1968). *Principles of Error Theory and Cartographic Applications*. United States Air Force. Aeronautical Chart and Information Center. ACIC Technical Report Number 96. St. Louis, MO. 60 pages plus appendices. This report is cited in the ASPRS standards as ACIC, 1962.

Griffin, J. & W. Critchfield. (1972). The distribution of forest trees in California. USDA Forest Service Research Paper PSW-82. Pacific Southwest Forest and Range Experiment Station, Berkeley, CA.

Hay, A. M. (1979). Sampling designs to test land-use map accuracy. *Photogrammetric Engineering and Remote Sensing*. Vol. 45, No. 4, pp. 529-533.

Hay, A. M. (1988). The derivation of global estimates from a confusion matrix. *International Journal of Remote Sensing*. Vol. 9, pp. 1395-1398.

Hill, T. B. (1993). Taking the out of "ground truth" : Objective accuracy assessment. In: Proceedings of the 12th Pecora Conference. Sioux Falls, SD. pp. 389-396.

Hopkirk, P. (1992). *The Great Game*. The Struggle for Empire in Central Asia. Kodansha International. 565 pp.

Hord, R. M., & W. Brooner. (1976). Land-use map accuracy criteria. *Photogrammetric Engineering and Remote Sensing*. Vol. 42, No. 5, pp. 671-677.

Hudson, W., & C. Ramm. (1987). Correct formulation of the kappa coefficient of agreement. *Photogrammetric Engineering and Remote Sensing*. Vol. 53, No. 4, pp. 421-422.

Husch, B., Beers, T. W., & Kershaw, J. A., Jr. (2003). *Forest Mensuration*. 4th edition. John Wiley & Sons, Hoboken, NJ. 443 pp.

Jensen, John. (2016). *Introductory Digital Image Processing: A Remote Sensing Perspective*. 4th edition. Pearson Education, Glenview, IL. 623 pp.

Katz, A. H. (1952). Photogrammetry needs statistics. *Photogrammetric Engineering*. Vol. 18, No. 3, pp. 536-542.

Kearsley, M. J., K. Green, M. Tukman, et al. (2015). Grand Canyon National Park-Grand Canyon/Parashant National Monument vegetation classification and mapping project. Natural Resource Report. NPS/GRCA/ NRR— 2015/913. National Park Service. Fort Collins, CO. Published Report-2221240. https: //ir ma.np s.gov/Data Store/Down loadF ile/5 20521.

Landis, J. & G. Koch. (1977). The measurement of observer agreement for categorical data. *Biometrics*. Vol. 33, pp. 159–174.

Lea, Chris, & Anthony, Curtis. (2010). Thematic accuracy assessment procedures. National Park Service Vegetation Inventory, Version 2.0. Natural Resources Report NPS/NRPC/NRR–2010/204. 116 pp.

Liu, C., P. Frazier, & L. Kumar. (2007). Comparative assessment of the measures of thematic classification accuracy. *Remote Sensing of Environment*. Vol. 107, pp. 606–616.

Lopez, A., F. Javier, A. Gordo, et al. (2005). Sample Size and Confidence When Applying the NSSDA. XXII International Cartographic Conference(ICC2005). Hosted by The International Cartographic Association. Coruna, Spain. July 11–16, 2005.

Lowell, K. (1992). On the incorporation of uncertainty into spatial data systems. In: Proceedings of GIS/LIS' 92. Annual Conference and Exposition. San Jose, CA. pp. 484–493.

Lunetta, R., R. Congalton, L. Fenstermaker, et al. (1991). Remote sensing and geographic information system data integration: Error sources and research issues. *Photogrammetric Engineering and Remote Sensing*. Vol. 57, No. 6, pp. 677–687.

MacLean, M., M. Campbell, D. Maynard, et al. (2013). Requirements for labeling forest polygons in an object–based image analysis classification. *International Journal of Remote Sensing*. Vol. 34, No. 7, pp. 2531–2547.

MacLean, M., & R. Congalton. (2013). Applicability of multi–date land cover mapping using Landsat 5 TM imagery in the Northeastern US. *Photogrammetric Engineering and Remote Sensing*. Vol. 79, No. 4, pp. 359–368.

Macleod, R., & R. Congalton. (1998). A quantitative comparison of change detection algorithms for monitoring eelgrass from remotely sensed data. *Photogrammetric Engineering and Remote Sensing*. Vol. 64, No. 3, pp. 207–216.

Malila, W. (1985). Comparison of the information contents of Landsat TM and MSS data. *Photogrammetric Engineering and Remote Sensing*. Vol. 51, No. 9, pp. 1449–1457.

Massey, Richard, Temuulen T. Sankey, et al. (2018). Integrating cloud–based workflows in continental–scale cropland extent classification. *Remote Sensing of Environment* .(In Review).

Maune, David(Editor). (2007). *Digital Elevation Model Technologies and Applications: The DEM Users Manual*. 2nd Edition. American Society of Photogrammetry and Remote Sensing, Bethesda, MD. 655 pp.

Mayer, K., & W. Laudenslayer(Editors). (1988). A guide to wildlife habitats in California. *California Department of Forestry and Fire Protection*. Sacramento, CA.

McGlone, J. C.(Editor). (2004). Manual of Photogrammetry . American Society for *Photogrammetry and Remote Sensing*, Bethesda, MD. 1151 pp.

McGuire, K. (1992). Analyst variability in labeling unsupervised classifications. *Photogrammetric Engineering and Remote Sensing*. Vol. 58, No. 12, pp. 1705–1709.

Mikhail, E. M., & G. Gracie. (1981). *Analysis and Adjustment of Survey Measurements*. Van Nostrand Reinhold. 340 pp.

MPLMIC. (1999). *Positional Accuracy Handbook. Using the National Standard for Spatial Data Accuracy to Measure and Report Geographic Data Quality*. Minnesota Planning land Management Information Center, St. Paul, MN. 29 pp.

National Vegetation Classification Standard. (2018). http: //usn vc.or g/data–standard/natural–vegetation–class ification/. Site last visited June 23, 2018.

NDEP. (2004). *Guidelines for Digital Elevation Data*. Version 1.0. National Digital Elevation Program. May 10, 2004. Pillsbury, N., M. DeLasaux, R. Pryor, and W. Bremer. 1991. Mapping and GIS database development for California's hardwood resources. California Department of Forestry and Fire Protection, Forest and Rangeland Resources Assessment Program(FRRAP). Sacramento, CA.

Pontius, R., & M. Millones. (2011). Death to Kappa: Birth of quantity disagreement and allocation disagreement for accuracy assessment. *International Journal of Remote Sensing*. Vol. 32, No. 15, pp. 4407–4429.

Prisley, S., & J. Smith. (1987). Using classification error matrices to improve the accuracy of weighted land–cover models. *Photogrammetric Engineering and Remote Sensing*. Vol. 53, No. 9, pp. 1259–1263.

Radoux, J., R. Bogaert, D. Fasbender, et al. (2010). Thematic accuracy assessment of geographic object–based image classification. *International Journal of Geographical Information Science*. Vol. 25, No. 6, pp. 895–911.

Rhode, W. G. (1978). Digital image analysis techniques for natural resource inventories. National Computer Conference Proceedings. pp. 43–106.

Rosenfield, G., & K. Fitzpatrick–Lins. (1986). A coefficient of agreement as a measure of thematic classification accuracy. *Photogrammetric Engineering and Remote Sensing*. Vol. 52, No. 2, pp. 223–227.

Rosenfield, G. H., K. Fitzpatrick–Lins, & H. Ling. (1982). Sampling for thematic map accuracy testing. *Photogrammetric Engineering and Remote Sensing*. Vol. 48, No. 1, pp. 131–137.

Sammi, J. C. (1950). The application of statistics to photogrammetry. *Photogrammetric Engineering*. Vol. 16, No. 5, pp. 681–685.

Singh, A. (1986). Change detection in the tropical rain forest environment of northeastern

India using Landsat. In: *Remote Sensing and Tropical Land Management*. M. J. Eden and J. T. Parry(Editors). John Wiley & Sons, London. pp. 237–254.

Singh, A. (1989). Digital change detection techniques using remotely sensed data. *International Journal of Remote Sensing*. Vol. 10, No. 6, pp. 989–1003.

Spurr, Stephen. (1948). *Aerial Photographs in Forestry*. Ronald Press, New York. 340 pp.

Spurr, Stephen. (1960). *Photogrammetry and Photo-Interpretation with a Section on Applications to Forestry*. Ronald Press, New York. 472 pp.

Stehman, S. (1992). Comparison of systematic and random sampling for estimating the accuracy of maps generated from remotely sensed data. *Photogrammetric Engineering and Remote Sensing*. Vol. 58, No. 9, pp. 1343–1350.

Story, M., & R. Congalton. (1986). Accuracy assessment: A user' s perspective. *Photogrammetric Engineering and Remote Sensing*. Vol. 52, No. 3, pp. 397–399.

Teluguntla, P., P. Thenkabail, J. Xiong, et al. (2015). Global Food Security Support Analysis Data(GFSAD)at Nominal 1-km(GCAD)derived from remote sensing in support of food security in the twenty-first century: Current achievements and future possibilities. In: *Remote Sensing Handbook; Vol. Ⅱ: Land Resources Monitoring, Modeling, and Mapping with Remote Sensing*. P. Thenkabail(Editor). CRC/Taylor & Francis, Boca Raton, FL. pp. 131–159.

Tenenbein, A. (1972). A double sampling scheme for estimating from misclassified multinomial data with applications to sampling inspection. *Technometrics*. Vol. 14, pp. 187–202.

Tortora, R. (1978). A note on sample size estimation for multinomial populations. *The American Statistician*. Vol. 32, No. 3, pp. 100–102.

U.S. Bureau of the Budget. (1941, 1947). *National Map Accuracy Standards*. Washington, DC.

United States National Vegetation Classification Database Ver. 2.02. Federal Geographic Data Committee, Vegetation Subcommittee. Washington DC. (2018). https: //www.sciencebase.gov/catalog/item/5aa827a2e4b0b1c392ef337a.

Van Genderen, J. L., & B. F. Lock. (1977). Testing land use map accuracy. *Photogrammetric Engineering and Remote Sensing*. Vol. 43, No. 9, pp. 1135–1137.

Van Genderen, J. L., B. F. Lock, & P. A. Vass. (1978). Remote sensing: Statistical testing of thematic map accuracy. Proceedings of the Twelfth International Symposium on Remote Sensing of Environment. ERIM. pp. 3–14.

Woodcock, C. (1996). On roles and goals for map accuracy assessment: A remote sensing perspective. Proc: Second International Symposium on Spatial Accuracy Assessment in Natural Resources and Environmental Sciences, USDA Forest Service Rocky Mountain Forest and Range Experiment Station, Gen. Tech. Rep. RM-GTR-277, Fort Collins, CO.

pp. 535-540.

Woodcock, C., & S. Gopal. (1992). Accuracy assessment of the Stanislaus Forest vegetation map using fuzzy sets. In: *Remote Sensing and Natural Resource Management*. Proceedings of the 4th Forest Service Remote Sensing Conference, Orlando, FL. pp. 378-394.

Yadav, Kamini, & Russell G. Congalton. (2018). Issues with large area thematic accuracy assessment for mapping cropland extent: A tale of three continents. *Remote Sensing*. Vol. 10, No. 1, p. 53. doi: 10.3390/rs10010053.

Young, H. E. (1955). The need for quantitative evaluation of the photo interpretation system. *Photogrammetric Engineering*. Vol. 21, No. 5, pp. 712-714.

Young, H. E., & E. G. Stoeckler. (1956). Quantitative evaluation of photo interpretation mapping. *Photogrammetric Engineering*. Vol. 22, No. 1, pp. 137-143.

Zadeh, L. A. (1965). Fuzzy sets. *Information and Control*. Vol. 8, pp. 338-353.

Zar, J. (1974). *Biostatistical Analysis*. Prentice-Hall. 620 pp.

致谢

本书的顺利出版得到很多人的支持和帮助。首先非常感谢原著作者 Russel G. Conglton 和 Kass Green 的支持与鼓励，遥感数据精度评价这一主题非常地吸引我，在我将我想要翻译此书的想法告诉作者后得到了他们的大力支持，这极大地鼓励我完成本书的翻译工作；非常感谢我研究生期间的导师冯兆东教授、赵传燕教授和颉耀文教授，他们严谨的治学态度、勤奋的工作状态是我学习的榜样；非常感谢兰州交通大学测绘与地理信息学院闫浩文、杨树文等老师对本书出版的鼓励和支持；非常感谢于林均、王菲菲、邓振铎三位同学，他们给我在本书的文字校正、绘图制表方面提供了很大的帮助；非常感谢中国环境出版集团的编辑以及 Taylor & Francis 出版社工作人员的所有帮助，在校订译稿、整体设计方面承担了大量工作。本书的出版得到了国家自然科学基金（41930101，42101096），甘肃省青年科技基金计划项目（21JR7RA341）和兰州交通大学青年托举人才项目和青年基金项目的资助。最后感谢我的妻子强文丽女士和儿子别金磊的支持和鼓励。